当我们仰望夜空时，BBC和那些科学家们都在想什么

[英] 帕特里克·摩尔
[英] 克里斯·诺斯 ◎ 著　　钟沛君 ◎ 译

科学技术文献出版社
SCIENTIFIC AND TECHNICAL DOCUMENTATION PRESS
·北京·

序

《仰望夜空》(*The Sky at Night*)是全世界由同一个人主持并且播出时间最久的一档节目，而且帕特里克·摩尔爵士(Sir Patrick Moore)每个月都会刷新这项独一无二的纪录，我甚至怀疑不会再有任何人能够打败他。《仰望夜空》节目的成功自然要归功于摩尔爵士，以及他以满腔热情探讨的迷人主题。

《仰望夜空》于1957年4月24日首播，迎接了太空竞赛时代的到来。自开播以来，节目中的主题五花八门，涵盖了从彗星到类天体等天文学的各个方面。而摩尔爵士也以他绝妙的幽默感讨论了一些不寻常的故事，如不明飞行物(UFO)和“小绿人”等。摩尔爵士一直坚称，如果外星人来到他家的花园，他会邀请外星人进入书房，请“他”坐下来，再拿杯杜松子酒请“他”喝——我从来不排除这件事发生的可能性。

过去十年，摩尔爵士每个月都邀请英国广播公司(BBC)到他家拍摄《仰望夜空》节目，将他的书房变成你在电视上看到的节目场景，这可是相当令人紧张的任务。他的家中堆满了珍贵的文献与手稿，还有各式各样的遥控器与望远镜，一切都维持着有秩序的混乱。但不幸的是，我的工作就是要让一切都回到“正确”的位置。

用如此丰富的资源来制作如此长寿的节目，意味着我们无时无刻不在创造历史。似乎就在昨天，我们才为庆祝《仰望夜空》播出50周年制作了《时间旅行》(*Time Lord*)特别节目：我们回到过去，造访了首播节目的场景，并与乔恩·卡尔肖（Jon Culshaw）扮演的年轻摩尔碰面；我们又前往未来，与皇后合唱团的吉他手兼天文学博士布莱恩·梅（Brian May）一起去奥林匹斯山上的火星天文台，另一位主持人兼天文学家克里斯·林托特（Chris Lintott）则在一旁穿着宇航服打板球。我记得那时候，林托特还怪火星稀薄的大气层影响了他的旋球。

《仰望夜空》在2011年又创造出了新的历史——播出第700集节目。这次的特别节目有两个画面给我留下了深刻的印象：第一个是布莱恩·梅和皇家天文学家马丁·里斯（Martin Rees）在镜头之外擦肩而过，里斯还说他觉得梅长得很像牛顿；另一个就是摩尔爵士与卡尔肖扮演的1982年的“自己”共话当年。当时我真不知道该看哪一个摩尔才好。

现在，我们要庆祝《仰望夜空》播出55周年，也是我制作本节目的第十年（2012年）。我很高兴，也很荣幸可以和如此优秀的主持人合作这样一档无与伦比的节目，我从中收获了许多美好的回忆，并期待能收获更多。

简·弗莱彻（Jane Fletcher）

《仰望夜空》节目制作人

前言

本书起源于第 700 集《仰望夜空》节目——从 1957 年开播第 1 集至今，这个节目已经播放了超过半个世纪。我们征集了观众们特别想知道的各种问题，反响非常热烈，并由此收集了数以百计的问题。于是我们想，不如将这些问题结集成册，一定会是一本很棒的书。

从严肃的天文学家、观星的初学者到对宇宙广泛问题感兴趣的人，都提出了问题。一如往常，一些很棒的问题是由年轻的观众们提出的。这些问题有的来自英国各地，有的跨越欧洲各国——爱尔兰、法国、荷兰、希腊等，还有的来自加拿大、美国，甚至澳大利亚。幸好，大部分来到我们面前的问题都是用英文写的！

在回答这些问题时，有些事情我们必须牢记在心。我们其中一位客串主持人（克里斯 · 诺斯，Chris North）是专业的天文学家与宇宙学家，而另一位常驻主持人（摩尔）则是业余人士，他的专长是月球以及那些离我们较近的天体！至少这代表我们的观点会有些不同。所以第一步是先将问题分门别类，这部分工作由诺斯完成。接下来就是分工，看看谁来回答哪些问题！显然所有和宇宙学有关以及技术性的问题都交给诺斯，而摩尔则回答关于太阳系与月球那些不那么艰深的问题。我们希望达成正确的平衡——至少让你有很多选择。

既然这些问题都具有广泛的背景，答案自然也涵盖了相当广的背景知识。对于每一个详细而复杂的问题，背后似乎都有另一个更基本的问题。

但有一件事是肯定的：看似基本的问题，事实上可能会出现最复杂的答案。我们已经避开了数学公式，因为那是本书不需要涉足的领域。我们希望这是一本大家都能拿起来阅读并乐在其中的书。

在写这本书的过程中，我们意识到，从某种意义上来说，我们正在创作一件全新的事物，我们试着尽可能囊括最新的结果，但我们不得不承认天文学是一个发展迅速的领域。希望你们会喜欢我们的成果，如果不是这样，请让我们知道，我们会再试一次！

祝福各位。

摩尔与诺斯

本书中用到了几种不同的单位来表示距离，它们也是天文学中常见的单位。下面简单列出换算公式：

1千米＝0.621英里

1英里＝1.61千米

1天文单位＝15×10^{7}千米（9.3×10^{7}英里，相当于地球到太阳的距离）

1光年＝9.46×10^{12}千米（5.88×10^{12}英里，相当于光在一年中前进的距离）

最后，当我们使用“十亿”（billion）这个词时，等值于现在的一千个百万，而不是旧英式英文中指的“一百万个百万”。

摩尔与他的 15 英寸反射式望远镜的合影，他靠这架望远镜绘制了月球地图。

目录

观测

裸眼观测

Q001 对于比《仰望夜空》节目更年轻的人，你会如何建议他们开始从事业余天文观测呢？

鲁弗斯 · 西格，伍斯特特郡（Rufus Segar, Worcestershire）

我（摩尔）是从看一些很初级的书开始的，先让我的脑袋里有些基本概念。接着，我就在一个晴朗的夜晚到户外去看星星。天上看起来有好多星星，一开始我不知道怎么把它们分类。我总是觉得星星离我们太远了，它们的运动速度相对较慢，以至于我们在一生中都无法注意到它们的位置变化。想想看，著名的构成大熊星座（Great Bear）的北斗七星（Plough，美国常用 Big Dipper），这几颗星星似乎一直维持着相同的相对位置，所以排列出的图形也没有什么变化。[1] 另外，在英国这样的纬度地区，大熊星座永远不会沉下去。

我的下一步是制作一张基本的星座图，并把大熊星座当作“指针”。例如，北斗七星中末端的两颗 [2] 指向天空的北极，位置非常接近小熊星座（Little Bear）中的北极星（Polaris）。而另外一端的三颗星 [3] 则向下指向一颗非常明亮的橙色星星——牧夫座（Boötes）里的大角星（Arcturus）。这样你就明白我是怎么做的了：利用星座里星星的排列，辨识出天空中的方向。冬天的夜空里还有另外一个很容易找到的星座——猎户座（Orion），同样也是可以当作指针的重要星座。

---

1 事实上，北斗七星的形状并不是一成不变，构成北斗七星的 7 颗星在缓慢地相对运动，其中 5 颗星的运动方向大致相同，而另外两颗星朝着相反的方向运动，几万年或是十几万年后，北斗七星的形状将与今日所看到的形状不同。——编者注

2 指勺口位置的星。——编者注

3 指勺柄位置的星。——编者注

在英国，全年你都可以通过北斗七星找到夜空中其他的星星和星座。

不过接下来，热衷于观星的人就需要使用比眼睛更强大的工具了。我建议你买一副双筒望远镜，价格不会太高，但对天文观测的帮助却很大。双筒望远镜能让你看到月球上的环形山、双星、彩色的星星、星团以及夜空中许多其他的天文现象。

一旦你真正熟悉了通过双筒望远镜观测到的夜空，也许就会开始考虑买天文望远镜。不过我觉得在那之前，还有一件更重要的事要做：加入一个天文学会。除了英国天文协会（British Astronomical Association）之外，很多城镇或城市都有自己的天文协会——如在西萨塞克斯郡[1]就有“南方丘陵天文学会”（South Downs Astronomical Society），服务范围涵盖奇切斯特、博格诺里吉斯及周边所有区域。通过加入天文学会，你不仅能交到很多新朋友，还能与志同道合的人交换你的想法和观测结果。

另外，在奇切斯特有一座“南方丘陵天文馆”（South Downs Planetarium），这是一栋装有可以投影星星的特殊投影设备的大型圆顶建筑，可以给人真实星空的直观感受。除此之外，这座天文馆还能做到一些本来要等待很久的事，比如你希望在英格兰看到完整的日食，原本需要等上80年左右，但是在天文馆里你可以随时看到！英国各地有许多这样的天文馆，我建议你多去参观。

Q002　太阳是如此明亮，而太空本身却如此黑暗，这是为什么呢？

海伦·亚当斯，默西赛德郡，南港（Helen Adams, Southport, Merseyside）

一个东西要看起来明亮，只能靠它自己发光或者反射光线。空空荡荡的太空里没有东西能做到这些，所以我们看到的太空是暗的——基本上来说，就是没有光。相反地，天空在白天的时候很亮，只是因为大气对太阳光的散射作用。

太空是黑暗的，这是宇宙并非永远不变的第一证据。如果宇宙真的永远不变，那么不管我们从哪一个方向看，都应该能看到一颗星星。往旁边一点看，就可以看到另外一颗可能更远一点的星星。尽管光的传播速度有限（假设非常快），

1　西萨塞克斯郡（West Sussex）是英国英格兰南部的一个非都市郡，郡治是奇切斯特（Chichester），博格诺里吉斯（Bognor Regis）为郡内一个民政教区和海边度假地。——编者注

但如果宇宙是无穷大的，而且在无穷的时间范围内都维持着相同的状态，那么我们应该就能看到无穷远的星星。这意味着整个天空都应该被遥远星星的光照亮。因此，“太空是黑暗的”这一事实表明，有些天体距离我们实在太远，以至于它们发出的光还没来得及到达我们这里。

这种看法经常被称为“奥伯斯佯谬”（Olbers' Paradox），一般认为是德国天文学家海因里希·奥伯斯（Heinrich Olbers）于1823年提出的，不过他绝对不是第一个，也不会是最后一个提出这个问题的人。随着20世纪大爆炸理论的出现，这个问题也有了答案。大爆炸理论确定了宇宙的年龄，也就解释了为什么我们无法在每个方向都看得无穷远。

Q003 当我站在英国面向太阳时，太阳似乎是从我的左边向右边移动。如果我站在澳大利亚，太阳移动的方向会改变吗？

苏珊·科沃德，希腊，雅典（Susan Coward, Athens, Greece）

会的。不过在澳大利亚，你必须面向北方才能看到太阳，而不是面向南方。事实上，从遥远的南半球观察天空会让人不知所措，因为看上去很多星座的移动方向都错了。事实上，我们其中一个人（诺斯）曾经和一群天文学家在法属圭亚那[1]朝错误的方向开了半小时的车，因为我们忘记了当地的太阳是在天空的北方而不是南方。我想应该会有这样一个笑话：在南半球到底需要多少个天文学家，才能正确地靠太阳找到方向？！

Q004 从北极、南极或者赤道上某一点观察到的夜空会有什么不同吗？

彼得·王尔德，诺丁汉郡，曼斯菲尔德
（Peter J Wilde, Mansfield, Nottinghamshire）

如果你从北极观测夜空，由北极星标示出天空中的北天极（north celestial

1 法属圭亚那（French Guiana），南美洲北海岸的地区、法国的海外省份，位于南美洲东北部赤道附近。——编者注

pole)，天赤道就会落在地平线的位置。从南极来看，天空中的南天极（south celestial pole）就会在你正上方。不论你在南极还是北极，尽管天空会绕着圆圈转动，但你只能看到一半的天空。当然，极地的夜晚也会比较长，甚至会持续好几个月，所以你一定要注意保暖！有很多望远镜都利用南极的地理位置，观测某些特定区域。在赤道上，如果你等得足够久，原则上是可以看到整个天空的。

从不同纬度观察星星，会发现它们的运动轨迹不同。例如，从赤道看猎户座，它是从东方垂直升起，直接从头顶掠过，然后在西方落下。我（摩尔）记得当我站在很接近赤道的新加坡时，在天空的这一半看到大熊星座，而在另一半看到了南十字星（Southern Cross）。

Q005 为什么没有真正明亮的星星呢？在晴朗的夜晚外出时可以看到很多星星，但是肉眼看来它们的亮度都差不多。照逻辑来说，应该有一些特别亮的星星才对，它们可能非常大或离我们非常近，以至于我们在白天都可以看得到。

丹尼·希恩，伦敦（Danny Sheehan, London）

人的眼睛是很厉害的工具，特别是在充分适应了黑暗的时候。夜空中肉眼可见的最暗的星星大约比最亮的星星暗1000倍，不过它们都非常遥远。除了太阳之外，人类肉眼可见的最近的恒星是半人马座阿尔法星（Alpha Centauri），这颗恒星距离我们大约4光年，但它并不是天空中最亮的星星。夜空中最亮的星其实是天狼星（Sirius），而它与我们的距离是半人马座阿尔法星与我们的两倍多。还有一些星星本身更亮，但是距离我们数百光年，所以从地球上看起来并不会特别亮。所有的星星都很遥远，即使通过世界上已发明的最大望远镜来看，它们也不过是小小的光点。毕竟太空非常大，1光年大约是100000亿千米（约60000亿英里）。

我们用“星等”（magnitude）来表示星星的亮度，这有点像高尔夫球的“差点”[1]，越亮的星星，星等数值越小。明亮的星星称为1等星，暗一些的星星则是2

1 差点（handicap）是差点指数的简称，是衡量高尔夫球员在标准难度球场打球时潜在打球能力的指数。它是一个保留到小数点后一位的数字，是国际通用的技术标准。——编者注等星，以此类推。大部分的人用肉眼都能看到 6 等星，而世界上功能最强大的望远镜能看到大约 30 等星。最明亮的星星可以达到 0 等，甚至会有负值出现，如天狼星的星等就是 –1.5 等。太阳系里的一些行星比天狼星更明亮，这是因为它们离我们更近，尽管它们只是反射了太阳的光。最亮的行星是金星，它的星等大约是 –4 等，甚至太阳在地平线之上时都可以看到它，接近凌晨与黄昏的时候尤为明显。为了方便比较，在这个级别上，太阳的星等是 –27 等！

Q006 在猎户座的左下方有一颗很大的星星，总是明亮地一闪一闪着。通过双筒望远镜看过去，我们会看到如万花筒般的颜色：红色、蓝色、绿色、黄色。你能告诉我这个美妙的景象是什么吗？

苏珊 · 汤普森，兰开夏郡，伯恩利
（Susan Thompson, Burnley, Lancashire）

那是大犬星座（Great Dog）中的天狼星，它实际上是一颗纯白色恒星，但是从英国看过去，它的位置总是很低，所以它的光会穿过相当厚的大气层到达地球。而光线经过大气层时会被扭曲，使得它看起来会闪烁出不同颜色的光芒。如果从比较靠南的地方看天狼星，就会是明亮的白色了。

关于这颗星还有一个小小的谜团：数千年前，很多天文学家都把天狼星描述为一颗红色的星星，但现在它却并不是红色的。我敢肯定这是某种错误或误译，因为星星的颜色不会那么快地改变。[1]

1 现存公元前至公元 7 世纪中国古籍中对天狼星颜色的可信记载表明天狼星在此期间呈白色，如《史记 · 天官书》中记载："白比狼，赤比心，黄比参左肩，苍比参右肩，黑比奎大星。""白比狼"即描述天狼星的颜色为白色。（江晓原；中国古籍中天狼星颜色之记载 [J]; 天文学报 ;1992 年 04 期）——编者注

Q007 过去我经常用肉眼看到国际空间站飞过夜空，有时候看起来很壮观，但我应如何用更高倍数的望远镜观察它呢？它移动的速度很快，我可以追踪它吗？

布鲁斯·坎宁，剑桥（Bruce Canning, Cambridge）

国际空间站是夜空中最亮的人造卫星，而且在太阳能板排列得恰到好处的时候，它会比金星还亮。它的确移动得非常快，这就意味着想通过双筒望远镜或天文望远镜追踪它是很困难的。

一架大型双筒望远镜也许能让你看到不太规则的形状，但天文望远镜显然能让你看得更清楚。不过关键还是在于移动望远镜的速度要够快，才能在天空中追

业余天文爱好者从地面拍摄到的日本 HTV 补给船接近国际空间站的景象。这位名叫拉尔夫·范登伯格（Ralf Vandenbergh）的天文爱好者使用 10 英寸（约 25 厘米）口径的天文望远镜，配合娴熟的技巧拍摄了这一画面。

踪国际空间站。而且，望远镜的视野范围最好也够广。天文望远镜没有默认追踪空间站的模式，据我了解，大多数拍到空间站影像的业余爱好者都是自己手动追踪，而不是利用自动追踪功能去追踪空间站的位置。有些用业余望远镜拍到的空间站影像非常清楚，甚至还有航天飞机与空间站对接的画面！

Q008 我的父亲观察到在北极星不远的地方，发生了像恒星爆炸的现象。在肉眼看来，这一颗恒星爆炸后就完全消失了，这是经常发生的事吗？

米兰达 · 泰勒（Miranda Taylor）代替布莱恩 · 温曼（Bryan Winman）发问，汉普郡，黑克菲尔德（Heckfield, Hampshire）

我几乎可以确定，那是一颗径直冲向你并爆炸的流星，它一定是在我们的太阳系内，并且不是一颗恒星。这种情况有时候会发生，我也同意这是非常令人困惑的事情。

另外的唯一可能性是，那是某种人造卫星。有一种被称为铱星[1]的人造卫星具有高反射率的平坦表面，它们在旋转的时候会反射太阳的光线，光束会射到地球，并投射出好几千米宽的范围。通常情况下，这些卫星看起来都相当暗，但在反射的光线恰好对准你的所在地时，这些卫星可能会在几秒钟内看起来比任何恒星或行星都要亮。因为这些卫星都在绕极轨道上，所以它们会从北极星周围经过，那么这种“铱闪光”（Iridium Flare）现象的确有机会出现在北极星附近。

Q009 有一个绿色圆柱体快速地移动，既不是垂直也不是水平的，它的速度比流星慢，但看起来更大，那是什么呢？

布莱恩 · 库珀，谢菲尔德（Brian Cooper, Sheffield）

这听起来很像一颗火球，也可能是一颗重回地球大气层的人造卫星。这种事

1 铱星（Iridium satellites）指 1997、1998 年，美国铱星公司发射的 66 颗用于手机全球通信的人造卫星。——编者注

件很少见，但并非闻所未闻，现在每几个月就会有火球的新闻。近地轨道现在越来越热闹了，会有越来越多正在衰减轨道中的卫星最终回到大气层并燃烧殆尽。

大部分卫星在这个过程中都会被摧毁，不过也可能有一些残骸可以回到地表。因为地球大部分的面积都被海洋覆盖，所以这些太空残骸的碎片大部分会掉进海里。如果探测器或卫星有能力控制自己的运行轨道，那么重新进入大气层的轨道设计应尽可能避免残骸撞上地面。

火球的颜色取决于燃烧的残骸的化学成分，例如，绿色可能是由于含有铜的成分。这类事件很罕见，而且通常都很壮观，你应该觉得自己很幸运！

天文望远镜

Q010 对于初学者来说，刚开始最好使用哪一种天文望远镜呢？用这种望远镜能看到什么？

彼得· 艾尔斯，布里斯托尔；雪莉· 史密斯，埃塞克斯郡，巴斯尔登；乔斯，多塞特郡；克里斯· 杜尔金，多塞特郡，三脚交叉；艾普尔· 赖德，什罗普郡；伯福德，萨默塞特郡，巴斯；约翰· 卡瓦那，利物浦；罗伯特· 韦斯科特，萨福克郡，伊普斯维奇；罗杰· 克里德，萨里郡，坎伯利；汤姆· 克拉克，卢顿；乔治· 萨洛威，德比；约翰· 黑瑟尔登，威尔特郡；安德鲁· 梅瑞德斯，泰恩威尔，桑德兰；詹姆斯· 戴维斯，克鲁（Peter Isles, Bristol; Sherri Smith, Basildon, Essex; Jos, Dorset; Chris Durkin, Three Legged Cross, Dorset; April Ryder, Shropshire;R Burford, Bath, Somerset; John Kavanagh, Liverpool; Robert Westacott, Ipswich, Suffolk; Roger Creed, Camberley, Surrey; Tom Clarke, Luton; George Salloway, Derby; John Heselden, Wiltshire; Andrew Meredith, Sunderland, Tyne & Wear; and James Davies, Crewe）

首先，我假设各位初学者都是货真价实的初学者，对天文学一无所知。我要重复先前的建议，先去看点书，用你自己的方法开始了解天空。在这方面，最佳工具是平面天体图（也就是星座图，planisphere），上面展示了一年中任意一天，以及夜晚的任意时刻天空中可以看到的星星。另外，你也可以借助一些很棒的软件。我强烈建议在考虑买天文望远镜之前，天文观测的入门者应该投资的是双筒望远镜。我有一架非常好的“7 × 50”的双筒望远镜，“7”是放大倍数，“50”则表示这个双筒望远镜的两个小筒口径各是 50 毫米——我记得这个望远镜是我在失物招领处买的，才 4 英镑左右（约合人民币 30 多元）！当然，双筒望远镜也有许多种类，口径与放大倍率更高的望远镜可以收集更多光线，也能看到更多细节。

不过，提问者问的是天文望远镜。天文望远镜主要分成两类：折射式望远镜和反射式望远镜。折射式望远镜利用形状特殊的玻璃镜片聚集光线，这种玻璃镜片称为“物镜”或“接物透镜”。光会穿透物镜，各种光线就会“变成一束”，集中在焦点上。影像会在焦点形成，由第二片镜片——也就是“目镜”——放大。目镜是可以替换的，所有的天文望远镜都有好几个目镜：一个在低倍率观看时使用，一个用来看更多的细节，可能还有一个更高倍率的，可以在天气特别好的夜晚观测特殊天体。

我的第一架天文望远镜是 3 英寸（约 76 毫米）的折射式望远镜，意思是折射透镜的物镜直径是 3 英寸。无论是当时还是现在，这架望远镜对我来说都非常实用。当然底座也很重要，如果底座不稳，你看到的物体就会一直动来动去，这样观测的结果就没什么用了。简单的三脚架搭配我的 3 英寸望远镜就已经可以满足观测需求了。

我曾经说过，物镜直径小于 3 英寸的折射透镜并不实用，我也不建议购买价格低于 100 英镑（人民币约 900 元）的天文望远镜。不过现在情况不同了，用低于 100 英镑的价格也可以买到实用的小型折射式望远镜，这种望远镜能让你看到月球的更多细节，也能让你看到木星的 4 个主要的卫星，甚至连土星那些可爱的环都能看清楚。至于其他行星，金星会有盈亏，也就是说它的形状会像月球那样改变，不过观察金星很难看到什么，因为金星真正的表面其实都被厚重的大气层盖住了。

通过天文望远镜看星星，你会看到各种各样的奇景，特别是寻找红色的星星、星团，以及星云（拉丁语中 nebulae 的意思是“云”）的特征。有些星云是可以形成恒星的气体云，也有些“星云”是由恒星组成的，本身就是恒星系统或星系，和我们的银河系一样。你要花很长的时间才能用你新买的天文望远镜完成对整个夜空的粗略观测，实在是有太多东西可以看了！当然，你也可以买物镜更大、倍率更高的折射式望远镜，但这偏离了我们作为初学者想要探索夜空的初衷。物镜越大，进入望远镜的光就越多，这样就能看到更暗的物体，但是使用这种望远镜需要更丰富的经验，所以最好先从比较普通的望远镜开始学起。

你也可以考虑购买反射式望远镜。反射式望远镜通过曲面镜聚集光，其中最

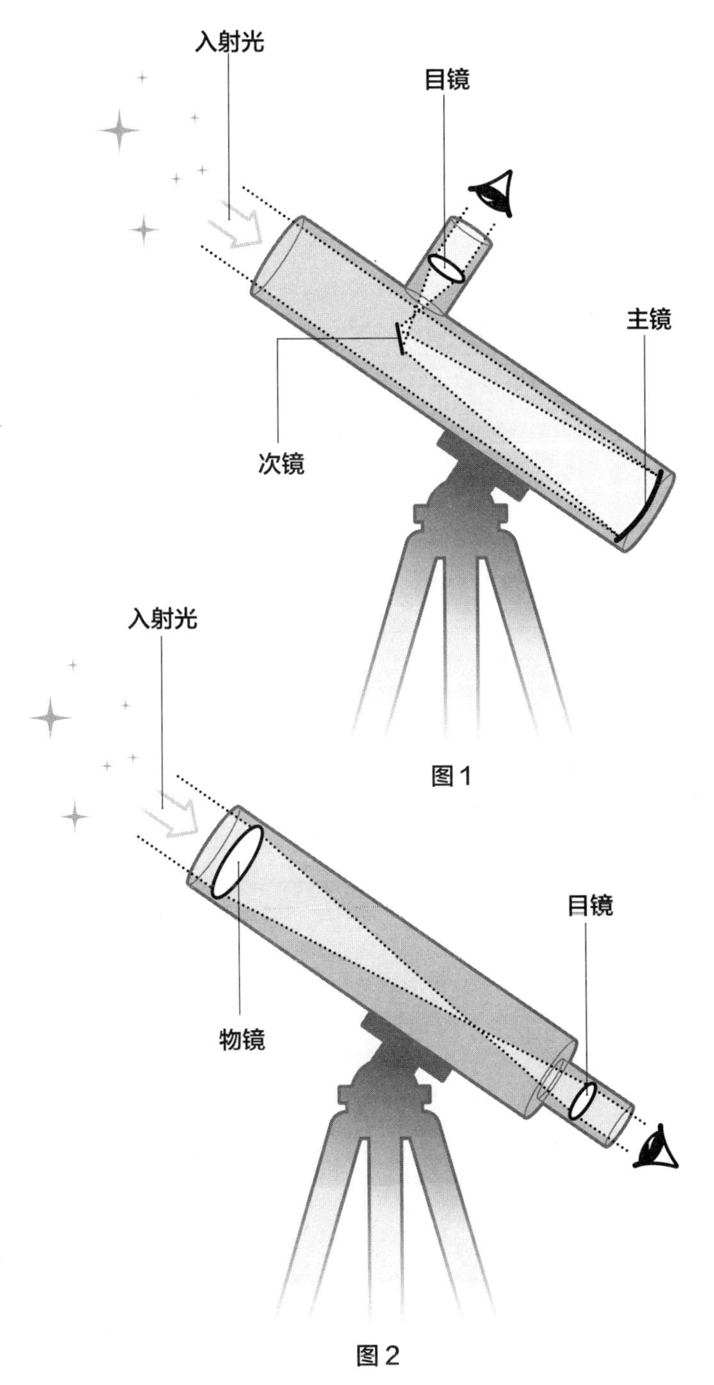

图1

图2

反射式望远镜（图1）利用镜片来聚焦光，而折射式望远镜（图2）则使用透镜。这两种望远镜各自都有很多变化类型。

常见的一种是牛顿式望远镜，最早由牛顿于1668年发明。光线穿过一根敞口的镜筒照射到底部的镜子，这面曲面镜会将光反射到置于镜筒中的一块较小的平面镜上，这面较小的平面镜放置角度为45°。平面镜会将光线导向镜筒的侧边，使光线聚焦在镜筒的侧面，侧边的目镜再将形成的影像放大。因此，在使用牛顿式反射式望远镜时，你是从望远镜的侧面“看进去”，而不是镜筒的后面。反射式望远镜有很多种，而牛顿式望远镜是最简单的一种。例如，经验丰富的天文观测者经常使用的施密特－卡塞格林式望远镜（Schmidt-Cassegrain telescope），它比牛顿式望远镜更小巧，不过价格更高。

现在让我们来比较一下这两种望远镜的优缺点。折射式望远镜的好处是几乎不需要维护，只要适当地保养就可以终身使用。相较之下，反射式望远镜就比较难伺候了。一般来说，反射式望远镜里面的镜子是由玻璃制成的，表面还会镀上薄薄一层反射性很强的物质，如银或铝。这些镜子必须定期重新镀膜，而且并不是想象中的那么简单。除此之外，一般来说在相同倍率的望远镜里，反射式望远镜一开始的价格会比折射式望远镜更便宜。如今，全世界所有大型的望远镜都是反射式望远镜，不过这主要是因为制作超大的镜子会比制作超大的透镜更容易（有些望远镜内的镜子直径超过8米）！

4英寸（约10厘米）或6英寸（约15厘米）的反射式望远镜就能为你带来无穷的乐趣，很多业余天文爱好者都很喜欢这种尺寸的望远镜。当然，你不需要花一大笔钱来买这些精密的设备，因为小型的反射式或折射式望远镜就能让你很好地开始观测了。如果你确实需要额外的帮助，可以联络当地的天文协会，一定可以找到愿意提供帮助的人。

Q011 我该如何最清楚地看到梅西耶天体（Messier objects），特别是那些星系呢？

马克·布罗斯特，诺威奇（Mark Broster, Norwich）

有些梅西耶天体是难以捉摸的，它们的形状也很难确认。这类天体是18世纪70年代由法国天文学家查尔斯·梅西耶（Charles Messier）编录的，当时他其实是在寻找彗星——大部分通过天文望远镜观测到的彗星，看起来就像是一团团模糊的斑块！梅西耶星云星团表（The Messier catalogue）是一份非彗星天体清单，其中大部分是星团、星云或星系。

当然，你的望远镜越大、倍率越高，你就越容易发现这些天体。当你确定了目标的位置，但仍看不见时，就是练习“眼角余光法”（averted vision）的好机会，眼睛看向偏离目标的地方，而使用余光来观察模糊的物体——眼睛最灵敏的部位可不在眼球中央。有些梅西耶天体相当引人注目，如旋涡星系梅西耶 51 号天体（Whirlpool Galaxy, Messier 51），但其他天体就不如 M51 震撼了。要是你想百分之百确定你的辨识是正确的，并且如果有良好的拍摄设备，那就拍一张长时间曝光的照片吧。

Q012 你能解释一下“闪烁星云”（Blinking Nebula）的异常现象吗？我知道这是某种视错觉，但眼睛为何会被“欺骗”呢？

金·罗宾逊，莱斯特（Kim Robinson, Leicester）

“闪烁星云”是一种行星状星云，是濒死的恒星抛出它的外壳层后产生的现象。中央的恒星还是能看得见，而且比周围的星云状物质更明亮。这使得用小口径的望远镜很难看到这些星云状的物质，这是因为行星状星云中央的恒星太过于夺目，使得眼睛无法看到更为弥散的区域。

想清楚地看到这些星云，观测者必须使用“眼角余光法”，也就是眼睛看向稍微偏离星星一点的地方，利用视觉周边的余光观察。这样一来，没有中央的恒星干扰眼睛的灵敏度，星云状物质就会在视野中出现。当眼睛自然地在望远镜的视野范围中移动时，星云状物质就会忽明忽暗地闪烁，因此得名。

眼角余光法的观测技巧在很多情况下都可以使用，因为余光更适合用来看比较暗的物体。从眼睛的中央看东西的影像分辨率虽然比较高，但实际上并不那么敏感。

Q013 观测宇宙是使用双筒望远镜、两眼一起看更好，还是使用天文望远镜、一只眼睛看更好？市面上有专业的双筒天文望远镜吗？

加文·霍尔，东赖丁约克郡（Gavin Hall, East Riding of Yorkshire）

市面上有很多观测者能使用双眼观测的天文望远镜可以选购，其实这就是双筒望远镜。双筒望远镜包含两面组合在一起的小折射镜，可以一起或分开对焦。用两只眼睛观测会更容易，但是要把两个大天文望远镜放在一起并且用一双眼睛观测就比较困难了。

当然，也有一些大型的专业望远镜，如大双筒望远镜（Large Binocular Telescope）。这种望远镜的分辨率相当于两倍直径的天文望远镜，但价格比两倍大的主镜低，不过制作这种望远镜的技术细节会更复杂。而且，由于每面主镜的直径是 8.4 米，就不是业余人士会接触的领域了！

Q014 我有一架 3 英寸（76 毫米）的反射式望远镜，配有几个目镜，从 20 毫米到 4 毫米都有。我可以用这种低配设备看到什么呢？

保罗·鲍斯威尔，东萨塞克斯，纽黑文
（Paul Boswell, Newhaven, East Sussex）

这样的设备并不低阶，而是很多天文学家一开始使用的设备——本书的两位作者其实一开始使用的几乎也是这样的设备！ 76 毫米的天文望远镜已经足以看到月球上的很多细节了，甚至还能看见木星四大卫星和土星环。这些设备也足以看到一些最亮的星团，如巨蟹座（Cancer the Crab）里的蜂巢星团（Beehive Cluster，中国名为鬼星团）、英仙座（Perseus）里的双星团（Double Cluster）或武仙座（Hercules）里的梅西耶 13 号天体（Messier 13）。这些天体从寻星镜中看起来就像是一块块模糊的光斑，主望远镜就能很容易地找到它们。当然，我们不能忘记美妙的昴星团（Pleiades），又称为七姐妹星团。借助小型望远镜，肉眼所见的这几颗星星就会变成数十颗，真是太神奇了！

位于美国亚利桑那州格雷厄姆山山顶的大双筒望远镜，装有两面直径8.4米的主镜。

至于其他较暗的天体，使用这样的设备，应该有机会看到其中较亮的星云，如猎户座星云（Orion Nebula.）。甚至还能看到一些星系，例如，梅西耶81、82号天体，以及梅西耶31号的仙女座星系（Andromeda galaxy, M31）。

观测这些天体最好的方法就是先使用最低倍率，也就是焦距最长的目镜——就提问者的例子而言，就是20毫米的目镜。这样看到的视野会比较广，在寻找目标的时候尤为实用，也比较容易进行观测。当你找到目标之后，再换成低倍率的目镜，如焦距为10毫米左右的目镜，这样就能更清楚地看到你的目标。更换目镜时要小心，因为更换的过程中很容易晃动望远镜，这样就必须重新对焦。4毫米的目镜已经很强大了，只有在最佳观测条件下才需要使用这一目镜，因为在大部分的夜晚，它根本无法让你看清楚——甚至有时候你可能会觉得用它观测变得更模糊了。

Q015 不同的目镜分别有什么功能呢？如25毫米的广角目镜？

格雷厄姆·霍尔，西米德兰兹郡，考文垂
（Graham Hoare, Coventry, West Midlands）

目镜是天文望远镜里最重要的部件。如果你用一个质量不佳的目镜搭配一个好的望远镜使用，就像试图在一台唱针质量不佳的唱机上播放唱片或透过牛奶瓶的底部看电影一样！目镜的强度取决于焦距长度，也就是目镜上的数字，焦距通常以毫米为单位，放大倍数则是主透镜或主镜的焦距（小型望远镜的范围大约在1米内，不过这取决于设计）除以你使用的目镜的焦距。但重点是你不能在太小的望远镜上使用太强大的目镜。例如，我有一架非常好的3英寸（约76毫米）折射式望远镜，这是一架我从小时候一直使用到现在的望远镜。使用这架望远镜搭配100倍率的目镜，观测效果会非常好。但是如果我尝试使用300倍率的目镜，观测到的物体就会非常模糊，反而没有起到什么作用。一般来说，观测效果最好的望远镜的最大倍数大约是孔径大小（以英寸为单位）的50倍，通常使用较低的放大倍数的目镜反而会带来较好的观测效果。

摩尔使用的 12.5 英寸反射式望远镜，非常适合观测月球和行星。

Q016 装有发动机的望远镜对新手有用吗？

艾伦·凯斯，东萨塞克斯郡，布赖顿
（Alan Keys, Brighton, East Sussex）

装有发动机的望远镜当然有用，但绝对不是新手必需的设备。

有些发动机仅驱动望远镜的其中一个轴，这样当天空旋转的时候，望远镜可以始终对准同一物体（但它必须装有赤道仪，并且正确设置）。尽管发动机对所有望远镜来说都是一个很有用的附加设备，但对于初学者来说却不是重要设备，其实完全没有必要在你刚开始观测天空时就购买昂贵或精密的设备。

更昂贵的计算机化发动机还能让望远镜对准数据库里的任何目标，但我仍然建议你先用自己的方式浏览整个天空，否则你会发现自己连天体都很难辨识出来。这就像那些从小就使用计算器的人，长大后会不知道如何笔算乘法和除法！

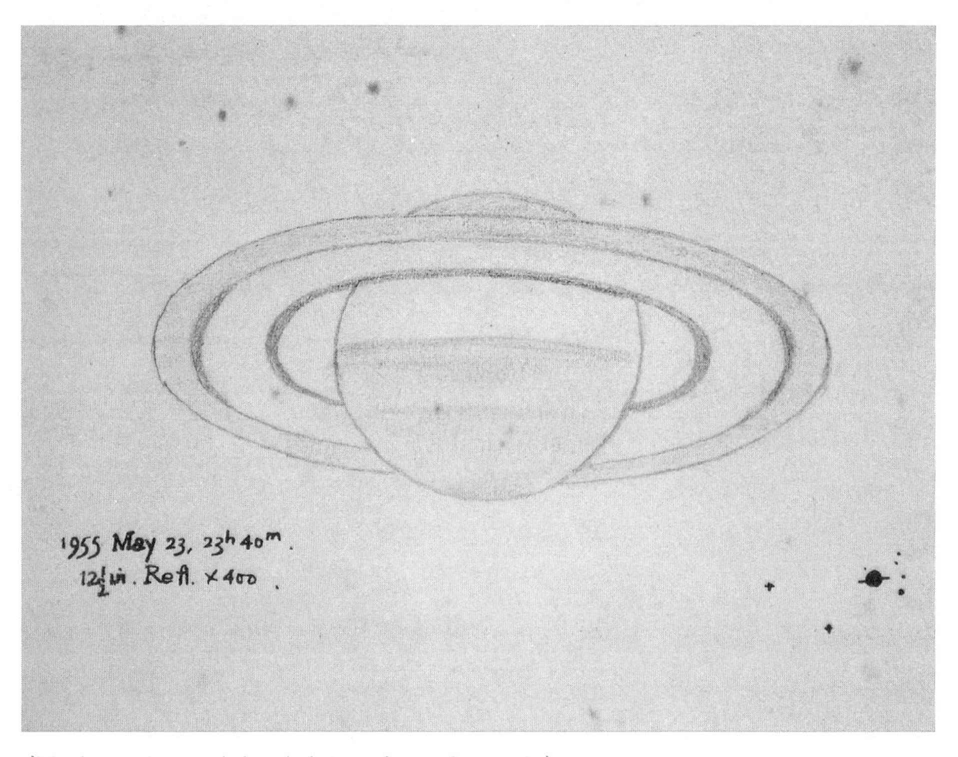

摩尔借助他的 12.5 英寸反射式望远镜绘制出的土星素描。

Q017 在21世纪，随着业余天文摄影技术的进步，素描还有用吗？业余的素描画家还能有所贡献吗？

皮特·梅勒，萨德尔沃思沼泽区
（Pete Mellor, Saddleworth Moor）

答案是“绝对有”！这些素描画家有时候会画出摄影师容易错过的、不寻常的特征。特别是由于人类眼睛的适应能力很强，能够妥善利用大气层的条件；而与之相反的是，长时间曝光的相片会因为大气湍动而使得图像模糊。很多天文摄影师都会使用不同的滤镜拍摄黑白照片，最后组成一张彩色照片，但眼睛可以立刻看出较明亮物体的颜色。

更重要的是，素描是开始观测并熟悉夜空的一个好方法。眼睛需要时间与耐心才能适应通过目镜看到的景象，这是使用望远镜来熟悉夜空的绝妙良方。我建议你试试看！

Q018 我通过天文望远镜看到的影像都是黑白的，可是为什么哈勃太空望远镜的影像总是有灿烂的颜色呢？

乔治·布朗，苏格兰，韦斯特罗斯
（George Brown, Wester Ross, Scotland）

这个问题有很多答案。首先，哈勃太空望远镜的影像使用了色彩处理，大部分的天文影像都是这样。其次，就是眼睛的敏感度问题，或者说是缺乏敏感度。通过天文望远镜看到的天体通常都很黯淡模糊，所以眼睛只能看到模糊的黑白影像。别忘了，天空中有一些色彩相当美丽的天体，其中我最喜欢的是天鹅座（Cygnus）中的双星辇道增七（double star Albireo），又称为天鹅座β（Beta Cygni），它有一颗金黄色的主星和一颗蓝色的伴星。当然，火星一定是红色的，而土星是黄色的。

Q019 我是卡尔·萨根（Carl Sagan）的粉丝，我想知道有没有可能从地球上看到第2709号小行星萨根（asteroid 2709 Sagan）呢？

邓肯·波灵顿，贝德福德郡（Duncan Borrington-Chance, Bedfordshire）

第2709号小行星萨根围绕太阳公转，和太阳的距离大约是地球和太阳距离的两倍，位于主小行星带中。它的星等大约是13.3等，需要用大型望远镜才能看到。这颗小行星于1982年被发现，它的发现者并不是卡尔·萨根，而是亚利桑那州弗拉格斯塔夫附近洛厄尔天文台的E·鲍威尔（E Bowell）。这颗小行星的正式名称是1982 FH，但为了纪念卡尔·萨根——这位20世纪最顶尖的天文学家之一，就以他的名字命名了。

天文摄影

Q020 星星在夜空中会移动，我要怎样做才能拍到它们的照片呢？

马克 · 布拉德，伦敦（Mark Bullard, London）

只要使用能够长时间曝光的普通照相机，就能轻松地做到这件事。当然，拍出来的星星是一条条划过夜空的长条轨迹，但这样的效果也很壮观，而且星星的颜色也能很好地呈现出来。

否则，你需要安装发动机驱动望远镜对准相同的位置，可能还需要一个导星镜，以确定天体始终处在影像中的同一位置。只要经过练习，拍出完美的星星的影像就不会太难。不过，处理影像就需要大量的专业知识了。

Q021 如果《仰望夜空》这个节目再播 700 集，53 年以后，我们能看到怎样的照片或影像呢？它们的清晰度又会如何？

杰森 · 艾道斯，曼彻斯特（Jason Eddowes, Manchester）

要预测半个世纪以后的事是很难的。到那时，可能大口径的业余天文望远镜也都会安装自适应光学（adaptive optics）系统，拍摄的成品可以与如今最好的专业影像相媲美。我们也许能通过专业的天文望远镜得到类似地球的行星围绕其他恒星运动的影像，或者能看到宇宙中的初代恒星。当然，我们也可以期待电磁波谱（electromagnetic spectrum）中的每一个波段所观测影像都会出现新的突破。

天文摄影家斯图尔特·瓦特（Stewart Watt）在瑟索城堡（Thurso Castle）历时 83 分钟拍摄的星轨（star trail）照片。

光污染

Q022 对付光污染最好的方法是什么？有没有什么技巧避免呢？

艾普莉 · 卡鲁奇，伦敦；保罗 · 福斯特，伦敦，克拉珀姆；摩根 · 詹姆斯 · 摩根，米德尔塞克斯郡，特威克纳姆
（April Carlucci, London; Paul Foster, Clapham, London; Morgan James Morgan, Twickenham, Middlesex）

光污染是一个日益严重的问题。一种想当然的解决方法，就是带着你的望远镜到一个真正黑暗的地方，尽可能远离人造光进行观测。但这并没有以前那么容易，而且这也意味着你的望远镜必须是便携式的。如果你只能在乡镇或城市中观测，那就只能看到比较明亮的天体了。你也可以在望远镜上加一些滤光片，过滤不想要的光线，或只让你想要的波长通过。如果你家花园旁边的路灯很亮，那最好的解决方法可能就是用气枪把灯泡打破。不过这可是犯法的，我们不可能鼓励或纵容你们这么做！

我（摩尔）本人认识一位本国的天文学家，他家的篱笆旁边有一盏明亮的路灯。有一天晚上，他走出家门，把路灯漆成了绿色，从此它就几乎不发光了。据我所知，当地议会还没有发现这盏路灯几乎没有发挥照明的作用！

Q023 英国哪些地方是远离光污染、最适合观测星空的呢？

约翰 · 罗伊尔，利物浦；艾登 · 斯通，南约克郡，罗瑟勒姆
（John Royle, Liverpool and Aiden Stone, Rotherham, South Yorkshire）

有很多地方都非常黑暗，例如，诺森伯兰郡的基尔德公园以及苏格兰的加洛

韦。另外，还有一些偏远地区，因为人口较少所以光污染并不强，如海峡群岛之一的萨克岛[1]。总而言之，对于大部分人来说，解决光污染的有效方法还是去看不到城市灯光的偏远地区，而且一定要使用便携式望远镜。也许你不必去太远的地方，只要有几棵树或一座小山丘，可能就足以遮蔽来自城镇的严重光污染了。

Q024 我住在一个光污染非常严重的地方，只能看到最亮的恒星和行星。如果我知道自己的地点以及天空中天体的位置，有没有方法可以辨识出这个天体呢？

布莱恩·阿姆斯特朗，默西赛德郡（Brian Armstrong, Merseyside）

对于那些不会在天空中移动的天体，平面天体图就可以提供你想要的信息，不过你要花一点时间才能上手。在大部分情况下，你在英国境内的观测地点并不会影响你看到天体。更为简单的解决方法就是借助天文软件，例如，观星软件“虚拟天文馆”（Stellarium）就可以免费下载使用，操作界面也非常简单。

Q025 我们在夜间观测星空时，处于地球的阴暗面，但是太阳光还是直接照射我们观测方向的天空。为什么太阳光不会对夜空造成任何干扰呢？

迈克尔·布什，谢菲尔德（Michael Bush, Sheffield）

主要原因是没有东西会散射或反射太阳光，所以夜间我们看不到太阳光。不过，太阳光也会以另一种方式造成干扰，而且是一种绝对值得一看的现象，叫作“黄道光”（Zodiacal Light）。这是一种黯淡的圆锥状光线，从太阳的位置向上照，但此时太阳已经落在地平线以下了。位于太阳系的主盘上弥散的星际尘埃被太阳光照亮就形成了黄道光。日落后或日出前是观测黄道光的最佳时机，但是这

---

1 萨克岛（Sark）位于英吉利海峡，是海峡群岛的一个岛屿，岛上约600名居民，禁用街灯和机动车辆，每到晚上仍能看到清晰星空。——编者注

种光非常黯淡，只有在条件很好的情况下[1]才能观测到。更难得一见的是对日照（Gegenschein），也称为“反晖”（Counterglow），是在夜空中正好与太阳方向相反的位置（反日点）上出现的一片暗弱的光斑，这是由于太阳光被面向太阳与地球那一侧的尘埃颗粒背向散射形成的。不过，我（摩尔）在英国也只清楚地看过两三次这样的景象而已！

1 在赤道附近，黄道面有时完全垂直于当地的地平面，就会有利于观测。除了低纬度地区，观测点应尽可能选择海拔高的地方，以求大气透明度好，并借以避开人为光源的干扰。此外，为了避开可能出现的极光，最好在低磁纬的地方观测。当然，观测点也应有良好的天气条件，可以选择春分与秋分前后（最有利于观测黄道光的时机）有连续晴夜、大气透明而稳定的地点。1 ~ 3 月间日落之后的西方天空，以及 10 ~ 11 月间黎明前的东方天空，都比较容易看到黄道光。——编者注

射电天文学

Q026 听说射电望远镜（radio telescope）和光学望远镜不同，可以连续 24 小时观测，这是为什么呢？

克里斯 · 邦德，萨里郡（Chris Bond, Surrey）

射电望远镜不会受到地球大气层的散射或反射影响，也不受云雾影响。毕竟，光学望远镜无法在白天观测正是由于大气层会散射太阳光，使光线从四面八方而来（另外一个原因当然是有时候白天会是阴天）。不过，射电望远镜也有其他问题，例如，会受到地面发射的无线电波干扰，很多射电望远镜都会被手机发出的信号干扰。

Q027 过去 50 年里，越来越多的人开始学习天文学，还有很多公司在制造与销售天文望远镜。你认为在未来 50 年里，会不会有公司制造一般人可购买的、可以放在后院的射电望远镜？

布莱恩 · 伍斯南，北威尔士（Brian Woosnam, North Wales）

在硬件制造方面，射电望远镜使用的很多技术比光学望远镜更简单，真正的问题在于尺寸。为了要发挥效果，射电望远镜需要很大的镜面。以相对较低的价格购买或建造小型射电望远镜是可能的，当然制造商在未来可能也会找到方法解决尺寸的问题。也许将来会有业余射电望远镜观测者组成团队一同工作，就像现在专业的射电望远镜观测团队那样。

业余科学家

Q028 哪些领域的科学是业余天文爱好者可以参与的？

彼得·豪斯，兰开夏郡，彭沃瑟姆；伯纳德·英格拉姆，萨里郡，吉尔福德；詹姆斯·布鲁克，谢菲尔德；马修·波特，安特里姆郡，拉恩（Peter House, Penwortham, Lancashire; Bernard Ingram, Guildford, Surrey; James Brook, Sheffield and Matthew Porter, Larne, Co Antrim）

非常多！举例来说，业余爱好者最适合观测变星，因为它们实在太多了，专业天文学家不可能对它们进行全面的持续观测。业余爱好者也可以观测小行星的运动与行星的表面。由于木星和土星的云层一直在变化，业余爱好者的观测在这方面也做出了宝贵的贡献。甚至还有业余爱好者曾发现其他星系里的超新星（Supernova）。

澳大利亚业余天文爱好者安东尼·卫斯理（Anthony Wesley）于2009年7月第一次发现了木星上新的黑斑，并正确判断出黑斑为撞击后的痕迹。很多业余爱好者花费几天甚至几周对黑斑进行追踪。而世界上最大型的几座望远镜观测的结果表明，这一黑斑的确是小行星撞上木星的结果。

安东尼·卫斯理拍摄的木星照片，这是首次发现小行星的撞击痕迹。

Q029 在《仰望夜空》播出的历史中，业余天文爱好者的角色有什么变化吗？你觉得在接下来的50年里，他们的角色又会有怎样的发展呢？

伊恩·格雷厄姆，法国，巴黎；马丁·霍普金斯，剑桥郡，彼得伯勒（Ian Graham, Paris, France and Martyn Hopkins, Peterborough, Cambridgeshire）

业余天文爱好者在这50年里一直都很重要。多亏了快速发展的科技，业余爱好者们现在可以做的事情已经差不多是许多专业天文学家十多年前做的事情了。业余的天文望远镜的平均尺寸也在增加，我认为这个趋势还会持续下去。这将使业余爱好者可以看到越来越多更暗的天体，尤其是搭配上未来的各种照相技术之后，就更不会有问题了。

再过50年，也许业余爱好者们可以从事严谨的光谱学研究，探测宇宙中的化合物与元素。虽然无法和专业的天文望远镜相比，但未来光谱照片的分辨率也许会和现在的一般照相机一样好。

总的来说，业余天文爱好者可能会继续做他们一直以来都在做的事：赞叹天空中的奇观并且继续观测。

Q030 我们很期待在福克兰群岛（Falkland Islands）上建造天文台。鉴于这个天文台位于南大西洋，你认为它对天文学专家和业余爱好者来说有什么用途呢？

琳达和邓肯·鲁南，格拉斯哥（Linda and Duncan Lunan, Glasgow）

就专业的天文台而言，福克兰群岛（阿根廷称为马尔维纳斯群岛）难以和几千米之外的智利国内的设施相匹敌，毕竟世界上几座最大的望远镜[1]就在智利。福克兰群岛的地势并不是特别高，而且作为群岛，可能并不具备适合专业级设施的观测条件。天文台最好的位置是在海拔高度至少2500米（约8000英尺）的地方，这样才能让它们不受恶劣气候的影响。

但是作为业余天文台，福克兰群岛可以很好地填补全球业余天文观测网络的空缺。在世界各地设立天文台主要有两大好处：首先，简单来说，地球上没有任何一个地方可以清楚地看到整个天空。在英国，我们一整年里都能看到整个北半球的天空，但南半球天空我们只能看到一小部分。我们永远看不到南纬39° 以南的天空，就算到了南方海岸也没办法。天球赤道（celestial equator）下方的天体永远也不会从我们的地平线升起。

福克兰群岛位于地球南端，大约是英国在北半球的相对位置，那里的情况与英国恰好相反，很容易就能观测到南方的天空。除了南极的少数专业天文台之外，在南半球的天文台很少。福克兰群岛的好处是它接近南美洲的经度位置。除了南美洲的最南端，南半球较远的主要陆地只有南非、澳大利亚和新西兰，以及大西洋与太平洋中的几个零星小岛。因此，在那里设立天文台，有助于监测光变周期在几小时以内的瞬变源。如果这种事件发生在南方的天空，那么必须在这个经度范围内的望远镜才能进行持续监测。这类事件可能包括木星或土星大气层的奇特现象以及从天空掠过的近地小行星等。

1　世界上几座最大的望远镜：甚大望远镜（Very Large Telescope，缩写为VLT）是欧洲南方天文台建造的位于智利帕瑞纳天文台的大型光学望远镜，由4台相同的口径为8.2米的望远镜组成。双子望远镜是以美国为主导的一项国际设备，由美国大学天文联盟（AURA）负责实施，第一台坐落于夏威夷莫纳克亚山，第二台坐落于智利塞罗—帕拉纳山，两台分别位于东西半球上的两个最佳天文学观测点，便于进行全天候系统协同观测。麦哲伦望远镜（Giant Magellan Telescope, 缩写为GMT）是目前最新建造的双体望远镜，坐落于智利阿塔卡马沙漠的高处。智利北部的沙漠是世界上最干燥的地方之一，干燥的气候再加上该区域众多高海拔地区都极利于天文观测，因此，这些世界上最大型的望远镜均坐落于智利境内。——编者注

过去和未来的天空

Q031 古时候的人类是如何准确测量星星的运动以及地球自转轴的进动（precession）的？

伊恩 · 唐宁，伦敦；米克 · 斯库特，赫特福德郡，埃尔森汉姆
（Ian Downing, London and Mick Scutt, Elsenham, Hertfordshire）

世界上最早出现的天文学家是巴比伦人和苏美尔人，他们在 3000 多年前居住于现在的阿拉伯地区。太阳、月球和星星的运动自古就为人所知，黄道带（zodiac）[1] 附近的星座也是最早被发现的星座之一。当时的人们可能已经知道，在不同的时间会看到星星排列的不同图案，但他们还不知道原因。这些文明是最早注意到天象变化的文明。他们可能注意到有些行星好像会在恒星之间移动，特别是最亮的那颗——金星。当时他们也已经知道在夜晚或早上都看得到金星，苏美尔人还发现了金星出现的周期性。当然，他们并没有把这一现象与其他行星联系起来，而是与神的行为联系到一起。

巴比伦人知道各种不同的周期，如主宰月相改变的周期，不过更重要的是日食和月食的周期。这些周期流传下来，传到了在天文学方面非常有条理和逻辑的古希腊人手中。最令人震撼的天文事件自然是日食与月食，但事实上，许多古代文明都对这种现象感到恐惧。由于太阳与月球在天空中的运行规律不同，日食和月食发生的时间间隔似乎并不规律，但其实它们大约每 18 年出现一次。这一时期被称为沙罗周期（Saros cycle），是日—地—月系统再次恢复成相同的几何结构所需的时间，再加上地球的自转，就必须使用三个沙罗周期来计算，所以大约每

1　指从地球上看太阳运行的轨迹，向两侧延伸 8° 的区域。——编者注

54 年出现一次日月食。这表示，如果你观测到一次日食或月食，那么在 19756 天（或 54 年零 1 个月）之后，在地球上的同一地点，将会再一次看到几乎一模一样的日食或月食。

古代天文学最令人着迷的遗迹之一就是安提凯希拉装置（Antikythera Mechanism），大约建造于公元前 1 世纪或 2 世纪，它由青铜制成，1900 年被发现于希腊安提凯希拉岛海岸的一艘沉船中。经过深入的研究，人们发现这是一台由大约 30 个精心配置的齿轮排列而成的仪器，可以用来预测太阳、月球或行星在任何一天的方位。虽然这台仪器是以地心模型为基础设计建造的，但它对位置预测的准确度却令人震惊。过去我们从未发现过类似的仪器，它基本上是目前已知最古老的科学计算器了。

至于恒星本身的运动，在古代是无法在一个人的有生之年内被测量出来的。古人很精准地测量出了太阳在天空中的位置，可以确定冬至、夏至的二至点以及春分、秋分的二分点时间。当太阳经过天球赤道的时候，就会出现二分点。许多古代天文学家都会监测春分点和秋分点时的太阳在天空中的位置。公元前 2 世纪，希腊天文学家喜帕恰斯（Hipparchus）指出，与前人的观测结果相比，太阳在二分点的位置发生了变化，这一发现被称为“分点岁差”（precession of the equinoxes）。现在我们知道，这是由于地球自转轴相对于背景恒星的旋动造成的，而这一发现成了精密天文学的转折点。欧洲航天局（ESA）的依巴谷天文卫星（Hipparcos）就是以喜帕恰斯的名字命名的，只是字母的拼法略有不同，因为其实这是“高精度视差精准卫星”（High Precision Parallax Collecting Satellite）的缩写（HiPParCoS）。

喜帕恰斯迈出了第一步，他推翻了地球是所有天体运行的中心这一观点。他观察到太阳在全年中移动的速度不同，并且计算出了太阳的运行中心轻微偏离地球。一个多世纪之后，科学家们才真正抛弃成见，推翻地心说，建立出地球以椭圆形轨道围绕太阳转动的理论。

巴比伦人和古希腊人都是最早在天文学上迈出一大步的民族，他们会测量太阳、月球和行星的运动。2000 多年后，尼古拉斯 · 哥白尼（Nicolaus Copernicus）、第谷 · 布拉赫（Tycho Brahe）以及约翰尼斯 · 开普勒（Johannes Kepler）才又向前迈出一大步，推翻了地球是宇宙中心的观点。我（诺斯）认为，我们现在即将迈出天文学与宇宙学方面重大的第三步——开始了解宇宙的真实尺度。

Q032 英国最适合看极光的地方是哪里？

克莱夫 · 卡洛，北安普敦郡，丁利

（Clive Calow, Dingley, Northamptonshire）

唯一一个可以看清楚极光的地方是苏格兰。一旦越过北方的边界，极光就没那么少见了，不过也没有像挪威北部或阿拉斯加出现得那么频繁。关键是要到一个真的很暗的地方，而苏格兰有些地方可以满足这个条件。

定期观测极光是值得的，不过也要做好等待一段时间的准备。如果你是前往挪威北部特罗姆瑟这样的地方，那么你在一年中的大部分夜晚都可以看到极光。

Q033 在《仰望夜空》播出的期间里，天空有什么改变吗？夜空中有没有新的天体出现，有没有星星或其他天体的位置、外观发生了改变？

乔治 · 克里斯蒂安森，林肯郡，厄普顿

（George Kristiansen, Upton, Lincolnshire）

很显然，就算是在比《仰望夜空》节目播出时间更长的期间里，星星和行星都不会改变。我们的确会看到几颗彗星，或是一两颗明亮的新星。但除此之外，情况并没有什么改变。

我在主持《仰望夜空》期间看到过的最壮观的景象，应该是海尔—波普彗星（Hale-Bopp），它真的很壮丽，而且在超过一年的时间内都可以凭肉眼观测到。我想当它离开我们时，我们都很伤心——别难过，它 4000 年后还会回来的！

当然，有些行星总是在改变，尤其是木星和土星。在过去几年中，木星的云带出现了强烈的扰动，而土星上则出现了巨大的风暴。这些都非常值得我们持续关注。

Q034 未来的观星者看到的星星排列阵列会和我们现在所看到的一样吗？比如说，北斗七星、猎户腰带（Orion's Belt）、鹰状星云（Eagle Nebula）等。

艾伦·凯夫，斯塔福德郡（Alan Cave, Staffordshire）

在可预测的未来里，天空中的星星排列阵列不会有可观测到的改变，当然，如果是 1 万年或更久之后，这些星座会发生明显的改变。举例来说，大熊座会扭曲，因为它其中的两颗星（瑶光与天枢，Alkaid and Dubhe）正以与其他五颗相反的方向在太空中移动。但是这些星星在太空中移动得实在太慢了，所以我们很难通过肉眼观测到。不过我要提醒你，100 万年之后，天空就会变得不一样了。

随着时间流逝，星座会因为星星的移动而变形，出现新的排列图案。即使是星云，也会发生改变，因为它们中心的恒星是从气体与尘埃中形成的，尽管这个过程需要好几百万年的时间。

Q035 如果我们可以将时间快进 10 亿年，那时候的天空会是什么样子的呢？会有多少星星不再存在？

斯蒂芬·安德鲁斯，兰开夏郡，利镇
（Stephen Andrews, Leigh, Lancashire）

如果快进那么长的时间，所有星座都会发生非常大的改变，可能我们已经认不出那片天空了。除此之外，一些我们很熟悉的星星也会变得无法辨认，如猎户座的参宿七（Rigel），届时一定已经经历了红巨星（Red Giant）阶段，也许已经发生了超新星爆炸而消失。很多邻近星系中的大质量恒星也会经历同样的演化过程，另外也会有更多恒星在天空中的其他位置上出现。

Q036 如果把太阳系从银河系中剥离出来，然后完整地放在太空中另外一个空旷的区域，我们会变好还是变糟呢？

布莱恩·伍德，切尔滕纳姆（Brian Wood, Cheltenham）

这个嘛，我们会变得糟糕很多，因为我们只能看到太阳系的天体，对于其他星星则一无所知。事实上，我们的知识会被局限在很小的范围内，就像去伦敦却只参观维多利亚车站一样。一定要记得，天文学是最古老的科学之一，伴随着这一古老文明的发展，我们对宇宙的认识正在不断地被修正和增进。

月球

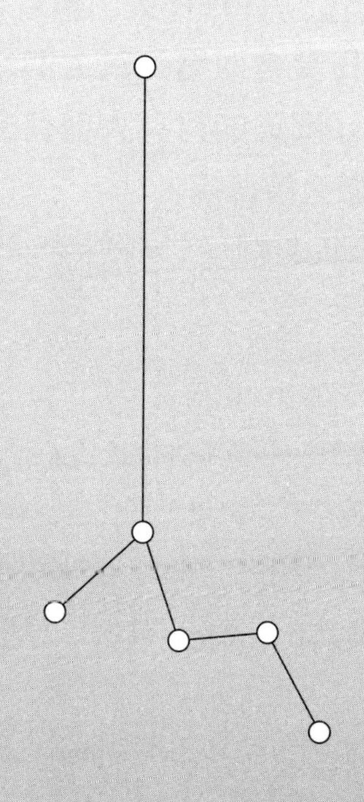

观测

Q037 我记得 20 世纪 70 年代末，也就是我小的时候，我参加一个朋友的生日聚会时看到天上的月亮似乎很大。我记得很多人都在说，那天的月亮大得有多么的不寻常。这种视觉上的错觉该怎么解释呢？

克里斯·沃林，北威尔士（Chris Walling, North Wales）

事实上，低空的月亮并不会比高空的月球大，尽管大家都会这样认为。“月亮错觉”（Moon illusion）在很久以前就为人所知了，而且不止托勒密（Ptolemy）一个人曾经描述过这一现象——他是古代最伟大的天文观测家之一。

这种现象的成因其实并不如想象中那样容易解释。托勒密的解释是，当月亮位置较低时，我们会通过“拥挤的空间”看到它，可以将月亮与树木、山丘之类的物体相比较。当月亮高挂在天空中，就没有东西可以和它相比，所以看起来就没那么大了。

我们其中一人（摩尔）曾经与已故的格雷戈里教授针对这一题目做过一集《仰望夜空》节目。在满月的晚上，我们带着一面可以反射月亮影像的镜子来到塞尔西海滩，因为镜子可以配合月亮的高度进行倾斜，我们想知道位置较低的月亮看起来是不是真的特别大。我们发现，尽管月亮的实际大小一模一样，但位置较低的月亮的确“看起来”比较大。我们也得到了海滩上许多度假游客的帮忙，请他们选一粒石头，代表他们估计的满月大小，通过这样来比较大家眼中的月亮大小到底与实际大小相差多少。结果，大家都错得非常离谱。下次满月的时候，你可以自己试试看，就会明白我的意思了。

总而言之，托勒密的解释好像是对的。不过，尽管月亮错觉非常明显，但也只是个错觉罢了。

Q038 “蓝月”到底是什么？

保罗·杜夫，伦敦（Paul Duff, London）

这个问题有两个答案，并且两个都很直观。如果在一个月份内出现过两次满月，那么第二次满月就被称为“蓝月”（Blue Moon）。这种现象很常见，一个月相的周期（也就是两次满月之间的时间长度）是28.5天。如果闰年的2月1日出现了一次满月，那么在29天后的月底一定会再出现一次满月。由于我们历法的特性，蓝月也会出现在其他月份里。

至于为什么是“蓝”？其实并不是指月亮看起来是蓝色的！这个名字是1937年一份美国期刊《缅因州农民历》（*Maine Farmers' Almanac*）的误传，但为什么一份冷门期刊中的一篇文章会传遍世界，那就无人知晓了，不过这个名字却沿用至今。[1]

但是你也可以看见真正的“蓝”月。在1950年9月26日晚上，我们其中一人（摩尔）在萨塞克斯郡的东格拉斯特观测，并写下记录：“月光从有薄雾的天空洒下，带有轻微的美丽蓝光，就像微弱的电光一样，完全不同于我曾看过的任何景象。”这种景色不只在东格拉斯特能看到，在接下来的48小时内，世界各地都有人报告看到了蓝月，甚至还看到了蓝太阳！原来，当时加拿大发生了猛烈的森林大火，大量尘埃混入高空的大气层，从而造成了这种奇异的现象，而且这一现象大约持续了一周时间。

1 误传发生于1946年对1937年《缅因州农民历》的误解。原本是一季3个月中出现4次满月中的第3个满月，而不是对蓝色误解，蓝色是由于在歌曲中以蓝月形容罕见的现象。1980年1月31日在“Stardate”通俗广播节目中引用蓝月是1个月中的第2个满月的说法之后，这样的定义才被广泛使用。

Q039 地球和太阳之间的距离是否会根据月相而有所改变呢？

马修·克雷文，英格兰，罗切斯特
（Matthew Craven, Rochester, England）

月相和日地之间的距离没有直接关系，但是，在新月的时候，月球位于地球面向太阳的那一面，比地球略靠近太阳一些；在满月的时候，地球位于月球和太阳的中间，比月球更靠近太阳一些。不过别忘了，月球距离地球最多只有 40 多万千米，而地球与太阳之间的平均距离为 1.5 亿千米，所以月相对日地距离的影响其实并不大。

为了将月相与其他现象——如气候——联系起来，人们做过各种各样的努力。我（摩尔）曾经进行过长期研究，试图了解我的家乡塞尔西（Selsey）的气候是否与月相有关，结果什么也没有发现。我想我们可以说，月相对气候的影响也是微乎其微的。

Q040 我们总是看到月球的同一面，从来看不到它背向地球的阴暗面。如果这是真的，那么月球是如何保持这种中立状态达数百万年的呢？这是巧合还是另有原因呢？

马修·克雷文，英格兰，罗切斯特
（Matthew Craven, Rochester, England）

这当然是有原因的，讨论月球的“阴暗面”也很有意义。月球绕地球一圈需要 27.3 天，或者更精确地说，这是围绕地月系统的“重力中心”（barycentre）一圈的时间，不过因为这个重力中心就在地球里面，所以简化成“月球绕着地球转”也是可以的。而月球绕着自己的轴自转一圈的时间也相同，月球上的“一天”就是地球的 27.3 天。月球一直都用同一面面对地球，但面对太阳就不是这样的了。

造成这种现象的原因是潮汐摩擦（tidal friction）。在太阳系形成初期，月球比现在更接近地球，但也因为潮汐摩擦的影响，月球在慢慢地往后退，之后维持成现在的状态达很长的时间。在太空时代之前，我们对月球总是背对我们的那一面一无所知，直到终于将火箭送上月球，我们才得以获得月球另一面的相关信息——结果是，那里和我们熟悉的这一面一样多山、多坑洞，并且同样没有生命。

其他行星的所有主要卫星也都是这样转动的，被称为“潮汐锁定”或“同步”自转。目前我们完成的月球地图不仅有它面对我们的这一面，还有背向我们的那一面。

轨道与潮汐

Q041 月亮比太阳小 400 倍，月亮与我们的距离也比太阳与我们的距离近 400 倍，可是为什么在天空中看起来，太阳和月亮一样大呢？

斯图尔特 · 亚伯，多塞特郡，伯恩茅斯

（Stuart Abel,Bournemouth, Dorset）

纯属巧合，仅此而已！这对我们来说是非常幸运的，因为如果不是这样，我们就看不到完整的日食或月食了。大家经常会怀疑为什么会这样，但它就是这样发生了。很有趣的是，这种情况在太阳系内是独一份的。如果你可以去木星（但是你不行！），木卫一看起来会比太阳还大；如果月亮和太阳的大小看起来不完全一样，日食的现象也就没那么壮观了。

事实上，就算你能去任何行星，都无法看到像在地球上一样的情形。举例来说，火星有两个卫星——火卫一和火卫二，但是如果你可以到火星观测，这两颗卫星看起来都会比太阳小很多。当它们从火星和太阳中间穿过时，看起来就像飞过太阳的小圆盘。2004 年，“机遇号”（Opportunity）火星车就曾拍到过这样的影像。

Q042 如果我们有两个卫星（月球），地球会是什么样子的呢？

艾玛 · 玛丽 · 莉亚，东萨塞克斯郡，布赖顿

（Emma Marie Lea, Brighton, East Sussex）

这取决于第二个月球的大小，而且这个月球可能会比现在的月球距离地球更

杰米·库珀（Jamie Cooper）拍摄的满月图片。

远。当然，它还是会让我们能感觉到它的存在的。例如，如果两个月球同时是满月，那我们的夜晚会变得更加明亮。更重要的是，第二个月球可能也会像现在的月球一样引起潮汐，那么整个情况就会变得非常复杂了！

当然，有些行星有好几个卫星。火星就有两个——火卫一和火卫二，但是它们的直径都小于 32 千米。巨型行星会有一整个卫星家族。木星有 4 个大卫星以及一堆小卫星，土星有一个很大的卫星——土卫六（又称泰坦，Titan），还有好几个大小适中的卫星，以及 60 多个非常小的卫星。天王星有 4 个主要的卫星，海王星有一个，这两颗行星也都有很多小卫星。

Q043 月食对地震有影响吗？如果其他行星排成一条直线的话，会不会有影响呢？

安东尼·阿特金森，北约克郡，北艾尔顿
(Anthony Atkinson, Northallerton, North Yorkshire)

月食对地震没有任何影响。曾经有一种说法认为，各行星可能会排成一条直线并且对地球造成影响，但是实际上这些影响都太轻微了，我们基本可以忽略它们。

当然，日本沿海地区的确在 2011 年 12 月的月食后发生了大地震，但那只是巧合。

Q044 “地月系统”是双行星系统吗？如果不是，为什么呢？

约翰·斯托尼，伍斯特郡，马尔文

（John Stoney, Malvern, Worcestershire）

这是一个非常有意思的问题。地球和月球围绕着同一个重力中心旋转，即“重心”；但是地球的质量是月球的 81 倍，且重力中心就在地球的内部。根据最常见的双行星系统定义，质量中心必须位于两个天体的表面之外，因此，从这个定义来说，地球和月球并不是双星系统。

真正的双星系统在太阳系内屈指可数，因为太阳系内的大部分行星都是小行星。最大也最出名的双星系统，是冥王星及其最大的卫星冥卫一（又称卡戎，Charon）。冥卫一的直径大约是冥王星的一半，质量约为冥王星的 1/10，它们的重力中心位于冥王星的表面之外。

在太阳系八大行星的所有卫星中，我们的月球相对于主星是最大的卫星。尽管有一些比月球更大的卫星（木星系统有三个，土星系统有一个），但它们都围绕着质量更大的巨行星（又称类木行星）旋转。所以地月系统是很特殊的，但我（摩尔）个人认为它是双行星，而非行星与卫星系统。

Q045 为什么月球每 24 小时才完成一圈公转，但我们在 24 小时内却有两次潮汐？

尼加尔，威尔士，康维（Nigal, Conwy, Wales）

潮汐的理论非常复杂。太阳和月球都会在地球上引起明显的潮汐，不过月球造成的潮汐比太阳造成的更剧烈。想象一下，整个地球被一片浅浅的海洋覆盖，而地球和月球都静止不动，此时月球的引力会将海水累积在引力最强的一侧。到这里都没有问题，但乍一看，人们很难理解在地球的另外一边怎么会有第二次的涨潮。很多书中的解释都有点让人难以理解：固态的地球只是被拉离了海水，所以我们暂时假设宇宙里只有地球和月球，并且因为彼此的重力拉扯，使二者互相往对方的方向坠落。再进一步，让我们想象月球是静止不动的，但是地球被拉往月球的方向。地球离月球最近的那一点受到的加速力大于平均值，所以水都会聚集在那里，这样就会出现涨潮。而另外一头的情况则正好相反，加速力会比平均值更小，所以相对于被月球拉过去的地球表面，这个区域的水就会被“留下来”而产生水隆起的现象，造成类似的涨潮。当然，地球并不是朝月球坠落，只是由于二者都围绕相同的重力中心转动，所以保持着适当的距离，且每 27.3 天完成一圈公转。除此之外，地球又会每 24 小时自转一圈。显然，累积的海水——也就是涨潮——并不会跟着转，而是涨潮的地方永远正对着月球。因此，在 24 小时内，每次的海水上涨好像都会绕地球一周，而每天每个区域就都会有两次涨潮和两次退潮了。

关于潮汐，还有很多复杂的原因，不过大致都是我们刚刚描述的情况。举例来说，如果你在涨潮的时候看向月球，会发现它其实不是在正上方，而可能会非常接近地平线。这是由于水的黏性会导致它被推到月球正下方的那个点的前面。

另外，太阳也会造成潮汐，尽管太阳造成的潮汐比月球的潮汐弱很多，但还是会产生影响。太阳和月球在满月和新月的时候会“携手”产生拉力，我们称为大潮，英文叫“spring tides”（春潮），其实和春天一点关系也没有。而在弦月的时候，太阳和月球的潮汐会朝着不同的方向，我们称为小潮（neap tide）。

陆地上也有潮汐，但是通常会被人们忽略，因为陆地是固态而非液态，而且陆地的潮汐力真的非常弱。

Q046 月球在远离地球，是什么力量把它拉离轨道的呢？

戴安·克拉克，伦敦，泰晤士米德镇
（Diane Clarke, Thamesmead, London）

这个问题我担心讲起来会太复杂，在这里会尽量简化一些。问题的关键在于所谓的“角动量”（angular momentum）。一个物体绕着一个点或轴移动的角动量，

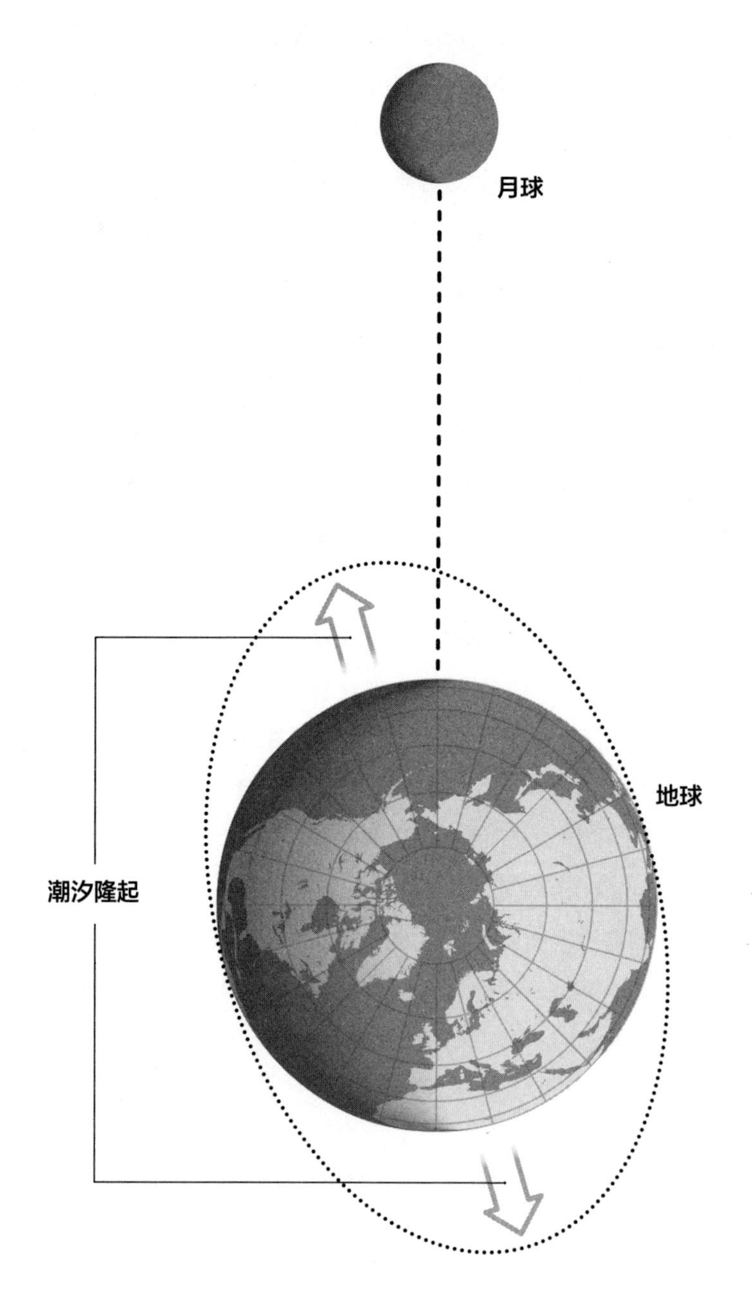

在月球的引力作用下，地球两侧都会出现潮汐。

注：地球和月球间的距离非正确比例。

是描述物体的转动或旋转的剧烈程度的物理量，计算方法是物体的质量、物体和移动中心距离的平方，以及角速度（也就是轴的转动速度）三者相乘。根据一项著名的原则——角动量守恒定律，角动量永远无法被摧毁，只会被转换。因此，如果绕轴转动的速度减慢，就像地月系统因为潮汐力造成的情况，那么“其他东西”就必须增加，而“其他东西”就是两个天体之间的距离。

即使到了现在，这个过程都尚未完成，因为月球对地球的潮汐力依旧在帮我们的转动“减速”，每天大约都比前一天长了 0.000 000 02 秒，但还会有一些和月球无关的不规则变动。另外，月球还是在远离我们，但月球与地球的距离每年大约只增加 4 厘米，所以我们也不用担心它即将消失在我们眼前而急着研究它！

事实上，月球不会一直无止境地后退。如果它退后到 56 万千米以外的地方，它就会再度向前，这是由于太阳的潮汐效应造成的，而且最后它会破碎成一堆粒子——但这些并不会发生，因为在月亮退行趋势发生转折的临界阶段出现之前，地球和月球都会因为太阳膨胀成一颗红巨星而毁灭。到目前为止，我们可以确信，在很长一段时间内，月球不会发生这样戏剧性的事。

Q047 月球在 4 亿年前（泥盆纪初期）与地球的距离是多少呢？当时的潮汐和现在相比有多高呢？

大卫·莱瑟，西约克郡，伊尔克利

（David Leather, Ilkley, West Yorkshire）

目前，月球与地球的平均距离约 38.4 万千米（轨道当然是偏心圆）。如今，大部分天文学家都相信月球是原始的地球受到巨大撞击后形成的，一开始月球和地球的距离非常近，而潮汐摩擦力造成月球以每年约 4 厘米的速度后退。“泥盆纪”（Devonian）[1] 这个名字与英文中“德文郡”（Devonshire）这个地方有关，因为这个时期的岩石在德文郡很常见。泥盆纪大约是 4.08 亿年前开始的，而随后的志留纪（Silurian）[2] 则是生命开始发展的时期。在泥盆纪初期，只有早期的陆生植

1 距今 4 亿至 3.6 亿年前，是晚古生代的第一个纪。——编者注

2 早古生代的最后一个纪，也是古生代第三个纪；约开始于 4.4 亿年前，结束于 4.1 亿年前。——编者注

物、两栖类动物、昆虫以及蜘蛛。泥盆纪是一段温暖的时期，如今的格陵兰、苏格兰西北部以及北美洲在当时可能连在一块儿。

当时月球已经后退了大约32万千米，围绕重力中心一圈的时间大约是18小时，所以那时候月球的一天会比现在短很多。因为当时月球距地球比较近，所以潮汐大约比现在的高一半。过一段时间后，也就是在接下来的石炭纪（Carboniferous）[1]，潮汐才比较缓和，煤系地层形成并出现了最早的爬虫类动物。

Q048　为什么我们有时会在天空的同一区域看到月球和太阳呢？

艾伦·托马斯，约克郡（Alan Thomas, York）

最好的解释方法是想象太阳在天空中静止不动，而月球一个月（其实是27.3天）内围绕地球一圈。如果是这样，在每一次公转的过程中，地球上的任何人都会看到一次月球和太阳很接近的景象。如果月球直接经过太阳前方，就会形成日食。

当然，这3个天体其实都在移动，但我们在地球上会觉得在天空的同一个地方看到了月球和太阳。其实，当月球接近太阳时，我们是很难看到它的，但是当两者距离较远时，我们就能清楚地看见月球了。当月球在其轨道上移动时，我们会看见它的亮面范围在变化，这被称为“月相”。

Q049　火山爆发、陨石撞击、核爆炸、火箭发射等会影响行星或卫星运行的轨道或速度吗？

弗兰克·沃德，莱斯特（Frank Ward, Leicester）

首先，我们来考虑地震。如果地震很剧烈，如2011年的日本大地震，可能会稍微影响到地球的自转周期，但因为这些影响太小，所以实际上是可以被忽略的。举例来说，2011年的日本大地震让地球上的一天缩短了不到0.000 002秒，

1　约处于地质年代2.9亿至3.6亿年前，可以分为2个时期，即始石炭纪（又叫密西西比纪，3.2亿至3.6亿年前）和后石炭纪（又叫宾夕法尼亚纪，2.86亿至3.2亿年前）。——编者注

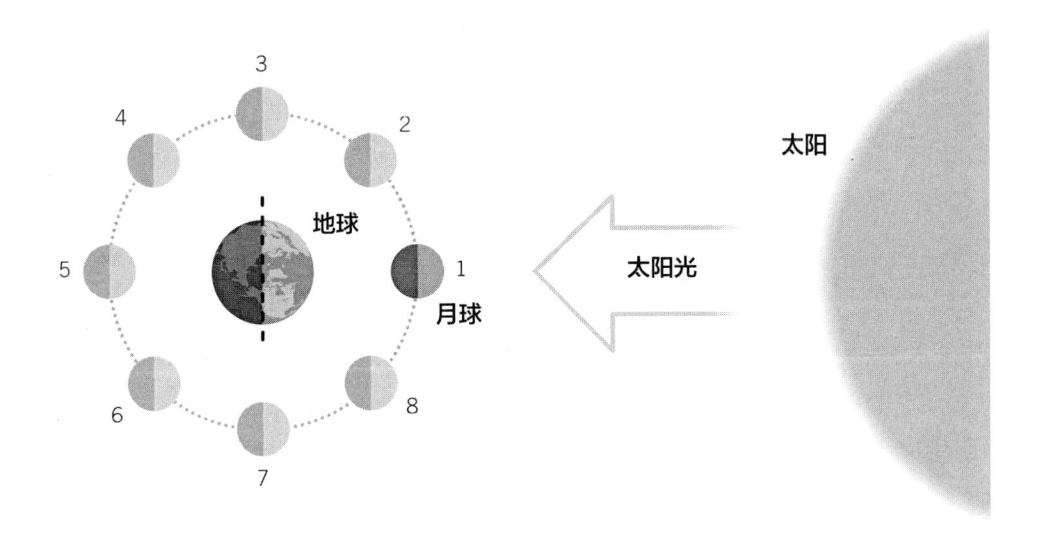

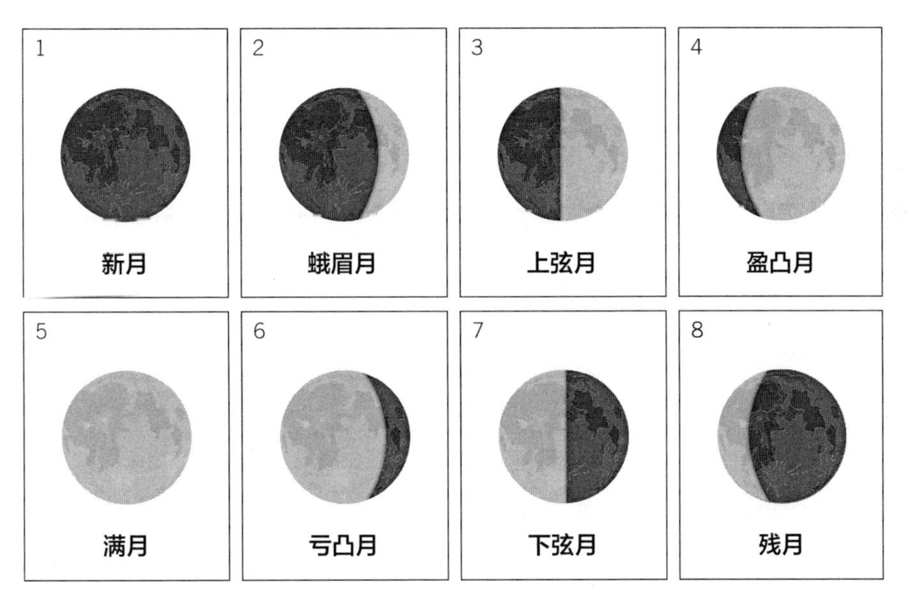

当月球围绕地球旋转时，面向地球的这一面被太阳照亮的范围会发生变化，从而形成月相。

注：非正确比例。

而这根本不需要调整你的手表！火山爆发也可能造成很轻微的影响，核爆炸、火箭发射等则由于太过微弱，所以根本不会对围绕太阳的公转或转速产生任何可测量的影响。

陨石是地球大气层中未燃烧殆尽而坠落在地面的流天体，相对于地球来说，陨石只有灰尘那么大，完全不会产生任何影响。不过，地球曾经被比较大的天体撞击，大部分天文学家都认为，月球就是地球被火星大小的天体撞击后形成的天体。如果这种事再次发生，从我们的角度来看，后果会很严重，但现在看起来，这种情况发生的概率微乎其微。在近代，曾经有相对较大的天体撞上地球，例如，1908年的西伯利亚撞击，但即使是这样的撞击，也不足让地球脱离轨道。这种撞击的效果，就像是对一只正在冲过来的河马丢一粒烤豆子，想阻止它继续奔跑，结果根本没什么作用！

Q050 我们很少听说1986年发现的第二个“月球”——克鲁特尼（Cruithne）。它是不是依旧相对于地球在不规则运行？为什么没有对它进行研究的项目？

埃里克·海曼，伦敦（Eric Hayman, London）

这颗名为克鲁特尼（小行星3753）的小行星是一颗再平常不过的小行星，由邓肯·沃尔德伦（Duncan Waldron）于1986年发现，只是它的轨道不太平常。这颗小行星非常小，直径大约5千米，大约每27小时自转一周。它的最亮视星等是15等，比冥王星还暗。我（摩尔）曾经使用15英寸（约380毫米）的望远镜观测它，但并不是很容易。

就某些方面来说，这颗小行星的轨道的奇怪之处和地球很像。它和太阳的平均距离与地球和太阳的距离几乎一样，都是一个天文单位，而且它倾斜的角度大约也是20°，但是它的轨道比地球奇怪多了。它和太阳的距离最远有1.3个天文单位，最近是0.6个天文单位。这表示它似乎是陪着地球绕太阳转的，而且会定期靠近地球，只是对我们没有危险。曾经有人说，克鲁特尼相对于地球走的路线是一粒豌豆的形状，不过它在公转时也可以接近火星。

尽管它的轨道看起来和地球有关，但这个模式并不是永远不变的，对它安排探索任务目前看起来没有什么实质意义，因为我们对它的了解已经足够了，除了它目前的轨道之外，这颗卫星并没有什么不一样的地方。

另外还有一至两颗这样的小行星，例如，小行星 54509（54509 YORP）以及小行星 1998 UP1。但我们需要弄清楚的是：克鲁特尼是一颗有着不平常轨道的普通小行星，并不是地球的第二颗卫星。1930 年发现冥王星的克莱德·汤博（Clyde Tombaugh）曾经仔细地寻找地球的其他小卫星，但却一颗也没有找到，现在可以有把握地说，我们没有第二颗直径大于 30 厘米或是 60 厘米的卫星了。

火星有 4 颗在同一轨道上运行的小行星，最大的一颗是小行星 5261 特洛伊（5261 Eureka）。目前据我们所知，金星没有任何小行星。

日食和月食

Q051 月食时，地球是完美地遮住了月球吗？

西蒙·富兰克林，利兹（Simon Franklin, Leeds）

月食指的是月球通过地球投射的影子这一过程。地球的影子分成两个部分："本影"（又称"暗影"，umbra）是地球阻挡整个太阳的光线造成的，"半影"（penumbra）是指地球只遮住部分的太阳圆平面。地球的本影在月球上的边缘轮廓很明显，在月全食的时候，整个月球都会被阴影遮住。当然，并不是每次月圆都会发生月食，因为月球和地球轨道并不在相同的平面上。

在月全食时，太阳光会被直接阻挡，不会照到月球上。但是月球（通常）不会完全消失，因为地球的大气层会将光线弯曲或折射到月球表面。因为蓝光比较容易被地球的大气层散射，所以月球表面看起来会是红色的。法国天文学家丹戎（Danjon）曾经为月食建立了一个从 0（非常暗）到 4（铜色或橘红色，带有明亮的蓝边）的量表。当然，在月食时，所有到达月球的光都必须通过地球的大气层，并且一切都由当时的大气状况而定。例如，火山爆发后的大量尘埃会被送到地球的高空，会阻挡光照到月球上，所以这时的月食就是"暗"的。

月食没有像日食那样的光环，而且老实说，它也不太重要。但它还是值得一看的，毕竟它也有独特的美。

Q052 为什么月食只会在满月时出现？

安迪·帕克，利兹（Andy Parker, Leeds）

原因很简单，因为只有满月时，地球、太阳和月球才会排成一条直线，而且地球位于太阳和月球的中间。这表示，只有在这个时候，地球的影子才会落在月球上。而月球轨道的轻微倾斜则意味着并不是每次月圆时都会发生月食。

Q053 上次在英国看到日全食时，我还在天空中看到了一颗漂亮的行星。我绝不会忘记那个景象，真是太惊人了！为什么我没有听说过其他人在日食时看到其他行星的事呢？

琳达·帕克，多塞特郡，基督城（Linda Parker, Christchurch, Dorset）

日全食的时候的确可能看到其他明亮的行星和恒星，但是为什么要在日全食时浪费时间去看其他天体呢？日全食是非常特别的事件，你可以看到太阳的日冕（Corona）和日珥（Sdar prominence），或许这就是自然界中最壮观的景象了。日全食并不常见，就算前几次出现日全食时你住在英国，那也已经是1927年和1999年（不过在1954年，北苏格兰曾经出现过短暂的日全食）了，而下一次英国可见的日全食会出现在2081年9月3日，而且只有在海峡群岛（Channel Islands）才能看到；2090年则在南爱尔兰（Southern Ireland）和康沃尔郡（Cornwall）才能看到。如果你想早点看到下一次日全食，那么可能需要买张飞机票了。

如果你想在日全食的时候寻找其他恒星和行星，也没有什么不行；不过要记

2006年，来自土耳其的艾伦·克利塞罗（Alan Clitherow）拍摄到的日全食照片，当时正在录制《仰望夜空》。太阳光全部被遮住，可以清楚看到日冕的完整结构。

住，日全食会突然结束，一旦太阳明亮的表面重新出现，这时的太阳会和日食出现之前一样危险（指裸眼直视太阳时，太阳光会灼伤眼睛）。我们的建议是：别管那些恒星和行星了，把时间花在赞叹太阳上吧。

Q054 地球的轨道不是圆形的，和太阳的距离也会改变。如果在我们最接近太阳时发生日食会怎么样呢？

保罗·斯宾赛，东萨塞克斯，沃辛
（Paul Spencer, Worthing, East Sussex）

地球环绕太阳的轨道的确不是正圆形的，地球与太阳之间的距离会改变，因此，从地球看太阳的视直径也会改变。月球也在围绕地球转动（或者更精确地说，是在围绕地月系统的重力中心转动），同样也不是正圆形的轨道，所以从地球看月亮的视直径也会不一样。

最重要的一点是，月球与地球的距离是可变的，从40多万千米到36万千米都有可能。如果在地球最接近太阳且月球最远离地球的时候发生日食，那么月球就不足以完全遮住太阳。如果日、地、月三者的位置排列得非常正确，那么在月球的圆黑影周围就会出现太阳光的环，这就是日环食（annular eclipse），“annular”这个英文单词源自拉丁文“环”（annulus）。日环食也是种很迷人的景象，但不如日全食那样壮观，因为这时候你看不到日冕也看不到日珥。另外一定要记住，在日环食的时候，不要直接使用任何望远镜看太阳[1]，因为没有被遮蔽的日光环会和平时的太阳一样危险。

Q055 太阳系里还有其他地方可以看到日食现象吗？

克里斯·格雷，萨里郡，吉尔福德（Chris Grey, Guildford, Surrey）

有，但是在其他情况下，另一颗行星表面的观察者看不到一颗大小足以遮住

1　现在有各种种类的日珥镜可以用来观测太阳。日珥镜一般装配Hα滤光片，只允许波长为6563埃的太阳光通过望远镜，通过这样的日珥镜看到的太阳是红色的；还有可以更换滤光片的日珥镜，换不同的滤光片，就可以观测太阳在不同波段下的“样貌”。——编者注

太阳的卫星。举例来说，想象一个人站在土星的“表面”（这当然不可能，因为土星的表面是气态的），而土星所有的主要卫星，最远的如土卫六，从土星上看起来都比太阳大，所以当它们从太阳前面经过时就会完全遮住太阳，从而看不到日冕或日珥了。相反地，如果在火星的表面观察，最大的火星卫星——火卫一看起来却太小了，不足以遮住整个太阳。所以太阳系里没有其他地方可以刚好看到像在地球上看到的日全食，地球也是太阳系里唯一可以用肉眼看到日珥的地方。

形成与撞击

Q056 为什么地球的卫星——月球是圆的，但其他行星的卫星却是不规则形状的？这是怎么形成的呢？

莎莉 · 沃德，萨瑟兰郡，布朗拉（Sally Ward, Brora, Sutherland）

月球太大了，以至于它是“分化”的——也就是说，它有一个核心和一个外壳。天体必须够大，密度够高，才能形成这样的球形，其他行星的一些卫星是没有这些条件的。一般来说，横向宽度超过 322 千米的物体才可能成为球体，只有这么大的物体，其表面重力才能强到足以将任何大型的不规则地表夷为平地。

唯一一颗形状完全不规则的主要卫星是土星的土卫七（Hyperion），它的最大直径超过 322 千米，但是密度非常低。这颗卫星似乎主要由水凝结成的冰和少数岩石构成，所以它的密度不足以使它发生分化。有人认为，土卫七原本是现在的两倍大，只是碎裂成一半了。这也不是不可能，但如果是这样，那另外一半呢？

至于月球，关于月球形成和起源的争论一直都没停过，即使是现在，我们也不能假装自己已经确定了答案。

1878 年，由乔治 · 达尔文（G. H. Darwin，提出进化论的查尔斯 · 达尔文之子）提出了第一个广为接受的理论。他认为地球和月球最初是一体的，但由于地球自转过快，导致这个球体裂开了一部分，变成了月球。后来一些权威人士，尤其是费歇尔（O. Fisher），认为月球脱离地球时留下的盆地如今已经被太平洋覆盖。这些理论听起来都很合理，但却在数学上遭到反驳：被甩出去的物质不会形成月球大小的球体，并且月球的直径是地球的 1/3，而太平洋的深度和地球的直径相比，根本就微不足道。因此，现在全世界都否定了乔治 · 达尔文关于月球形成的这一理论。

哈罗德·尤里（Harold Urey）后来提出了“捕捉理论”：月球和地球都是从太阳星云中诞生的，月球原本是一颗独立的行星，但过了一段时间，二者由于引力产生联结。然而，这一理论需要在特别的条件下才能成立，而且也无法解释为什么月球的密度会比地球小那么多。因此，尤里的理论也被否定了。

1984 年，威廉·哈特曼（William Hartmann）和唐纳德·戴维斯（Donald Davies）都提出了“撞击说”（Giant Impact theory）。这一理论认为，大约 40 亿年前，地球和一个约为火星大小的天体发生撞击，两个天体的核心融合在一起，四处飞散的残骸聚集在一起就形成了月球。由于撞击释放出太多的能量，因此刚形成的月球外壳熔化并变成很深的球体岩浆海。在接下来的 1 亿年里，年轻的月球中密度较高的元素渐渐下沉，形成月球的核；而较轻的元素则上浮，形成月球表面——这一过程就是“分化”。接下来就是重轰击阶段[1]，地球和月球被太阳周围较小的物体东敲西撞，导致表面布满了陨石坑。如今，我们仍然可以看到月球上的陨石坑，但地球上大部分的陨石坑都已经被风力、水力以及地壳板块的移动侵蚀或消除了。

“撞击说”目前已被普遍接受，但这个理论仍有很多难点，一些权威人士对此仍保持怀疑态度。哈罗德·尤里曾经表示，既然所有关于月球起源的理论都不令人满意，那么科学应该已经证明月球根本不存在了！

Q057 月球的公转方向是不是从形成以来就与地球自转的方向一样呢？

查克·阿特金斯，美国俄勒冈州，波特兰

（Chuck Atkins, Portland, Oregon, USA）

也许是，不过就如我们在其他问题中看到的，目前没有办法确定月球是怎么形成的。如果“撞击说”是正确的，那么所有的天体都朝相同的方向转动，但是我们很难知道在大撞击时到底发生了什么事。

1 晚期重轰击（late heavy bombardment）指约 38 亿至 41 亿年前，在月球上形成大量撞击坑的事件，对地球、水星、金星及火星也造成了影响。这个事件主要是基于月球样板的测年结果，大部分陨击熔岩都是在这段时间内出现的。——编者注除了海王星最大的卫星海卫一（Triton）之外，太阳系里没有其他主要卫星的自转方向与它们的主行星相反。我们可以肯定，海卫一是柯伊伯带（Kuiper Belt）中一个独立的天体，只是被海王星捕捉了，而这只是一个特例。老实说，我们目前的了解不过仅此而已。

Q058 既然月球上布满小行星撞击的证据，那为什么我们现在看不到小行星撞击它呢？

杰森·吉林厄姆，北安普敦郡，凯特灵
（Jason Gillingham, Kettering, Northamptonshire）

我们要记得，以地球的标准来说，月球上所有的陨石坑都已经很古老了。在过去 10 亿年里，重轰击式的撞击已经很少发生了，但由于月球没有大气层，所以这些冲击造成的陨石坑仍然很明显，而当时地球上形成的大部分陨石坑却都已经被侵蚀磨平了。

如果现在还有撞击，即使是小型的撞击，望远镜和现代的记录仪器也都可以观察到。月球上出现过一些闪光，有些是观察者亲眼所见，甚至还拍到了照片，但是我们从来没有在闪光发生的地点发现陨石坑。此外，你可能会期待看到大型撞击形成的可见尘埃云，这些尘埃云经过一段时间才会落回月球表面，但我们也从来没有观察到这种现象。

大家经常说，流星雨会在月球上留下可见的撞击痕迹，但这个说法是有争议的。我们其中一人（摩尔）的意见是，月亮上的流星雨的陨石从地球上看只有沙粒般大小，这样小的陨石根本不可能造成地球上看得见的闪光；但其他观察者相信，我们看到的确实是微小天体撞击月球的现象。这一切还没有定论。

Q059 曾经有人观测到月球陨石坑的形成吗？如果有，最后一次是什么时候发生的呢？

彼得·巴顿，埃塞克斯郡南部，多德豪斯特
（Peter Barton, Doddinghurst, south Essex）

我们从来没有观测到任何大型陨石坑的形成，正如先前说过的，月球上所有的大型陨石坑都已经很古老了。不过，我们曾经制造过陨石坑。“SMART-1”探月卫星[1]和“月球坑观测和传感卫星”[2]曾专门飞向月球，世界各地的望远镜以及月球轨道上的卫星都拍摄到了当时的撞击画面。太空中会有小块的岩石飞过，有些会撞上月球，由于月球没有大气层，所以应该随时都会形成小陨石坑。

不过，还有一些很有意思的历史数据记录了月球的改变，其中一项是1178年的一起目击事件。坎特伯雷（Canterbury）的杰维斯（Gervase）撰写过一本中世纪编年史，里面就对这起事件进行了描述。根据1976年哈顿（J. Hartung）的说法，这段拉丁文的译文如下：

> 今年的一个周日，也就是施洗者圣约翰浸礼会之前，日落之后，月亮刚刚开始出现，有五六个面对月亮坐着的人看到了惊人的一幕：与往常一样，月亮的角朝向东方，上方的角突然裂成两半。从分裂的中心点冒出了一支燃烧的火炬，喷出火焰、炽热的煤炭和火星，并且喷射的距离相当大。与此同时，月亮似乎焦躁不安地扭动着。用那些目击者的话来说，月亮就像一条受伤的蛇般抽动着。过了一会儿，它又回到正常的状态。这个现象重复了十几次，甚至更多次——火焰随机地呈现出各种扭曲的形状，接着又恢复正常。在这些转变之后，月亮从上方的角到下方的角，也就是沿着它的整个长度，呈现出黑色。亲眼看到这些现象的人前来告诉笔者，他们愿意以自己的名誉发誓，在上面的叙述中，既没

---

1 SMART-1是欧洲航天局的首枚月球探测器，2006年9月3日撞击了月球表面，完成其最终使命。——编者注

2 月球坑观测和传感卫星（Lunar Crater Observation and Sensing Satellite，缩写为LCROSS）是美国国家航空航天局（NASA）的月球探测器，2009年6月18日发射升空，2009年10月9日对月球进行撞击，完成任务。——编者注

有添油加醋，也没有捏造事实。

描述中所谓的“角”是新月的端点，而这些人描述的现象，似乎很符合月球受到大撞击时发生的事。哈顿在调查后得出了结论，这些人可能完整地看到了布鲁诺陨石坑（crater Giordano Bruno）的形成过程。这个坑就位于描述中指出的区域（接近盈凸月的上方顶端），而且它似乎是月球上较年轻的陨石坑之一，估计有800年左右的历史。从它相对明亮的外表以及依旧散发出辐射纹的特征来看，它存在的历史较短；因为辐射纹会被后续的撞击侵蚀。

对于这段描述的解释是，那些人可能是、也可能不是见多识广的天文学家，他们看到了撞击产生的物质被日光照亮所形成的闪光，并将闪光解释成火焰与火星。整个新月变得黯淡则可能是由于尘埃暂时覆盖了整个月球，不过令人惊讶的是，新月变暗的现象发生得太快，也可能只是地球大气层的云遮住月球而已。

当然，这些观测可能无法被证实。月球上的陨石坑形成时应该会在地球大气层中创造出明亮的流星雨，这在当时应该也会被记录下来；可是由于缺乏流星雨的证据，上述假设就站不住脚了。不过，光是想象我们可能书面记录过这种重大事件，也十分令人激动了。

Q060 如果一颗小行星撞上我们的月球而不是地球，会发生什么事呢？

弗兰克·达克沃斯，泰恩-威尔郡，华盛顿
（Frank Duckworth, Washington, Tyne & Wear）

如果大型小行星撞上月球，会在月球表面形成非常大的陨石坑！这在过去肯定发生过，例如，巨大的“雨海”（Mare Imbrium）肯定是撞击形成的。但是“重轰击”的时代已经结束了，尽管我们没有理由假设未来还会发生这样重大的撞击，但由于地球的引力更强，地球很可能比月球更容易被小行星撞上。

我们不可能预测撞击发生的时间，但也绝对不能抹杀这种可能性。

Q061 月球背面的陨石坑更大，是因为地球保护了月球面对我们的这一面吗？

安迪 · 库克，布里斯托尔，亚特（Andy Cook, Yate, Bristol）

面对地球与背对地球的月面陨石坑大小差异是由许多因素造成的。当然，地球保护了月球面对我们的这一面是其中一个原因。在地月系统形成后的长久以来，月球就一直以同一面面对地球。此外，在遥远的日子里，月球一定曾经存在某种大气层，但可能很快就消失了。月球的内部曾经也很活跃，到处都有火山爆发，最后造成两侧很大的不同。在背对地球的那一侧，没有像面对地球这面的“雨海”一样那么大的海。我们对月球内部的研究表明，背对地球那一面的月球外壳比面对地球这面厚很多。对此有很多解释，例如，月球两面受到的潮汐力差异造成了结构上的差别——但目前还不清楚哪种解释是真的。

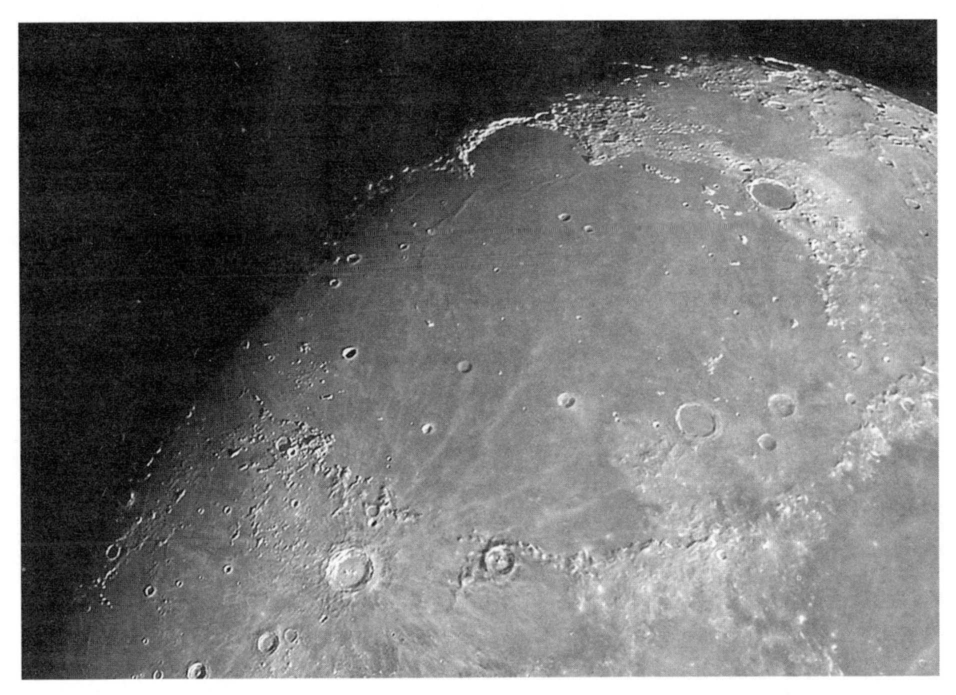

“月海”之一的雨海（Mare Ibrium）是在数十亿年前的一次巨大撞击中形成的，随后被熔岩覆盖。在朱利安 · 库珀（Julian Cooper）拍摄的这张照片中，可以清楚地看到火山物质比周围的地形颜色更深。

最近的计算机模拟显示，月球较远处的外壳较厚，可能是由于第二月球的撞击。第二月球很可能是在形成现在月球的相同撞击中形成的，并且可能在同样的轨道上停留了数千万年。不过最后，这个轨道可能开始变得不稳定，我们假设第二月球比较小，可能从月球后方（以我们的角度来说）撞上了月球。如果撞击发生的时候，月球还在冷却的过程中，那么月球表面下仍会有小型熔融地幔。模拟显示，第二月球的撞击可能会让背对地球那一面的月球表面覆盖上与地壳相同的物质，并且使地幔移向了面对地球这面。

虽然这个理论可以解释我们观测到的结果，但很难证明。来自较小的第二月球的物质会更快冷却，也会显得更为古老。也许当“圣杯号”双卫星（英文名缩写为GRAIL，又名重力回溯及内部结构实验室探测器）于2012年年初进入月球轨道后，我们才能得到证实或推翻这一理论的证据。[1]

1　2012年12月17日，GRAIL探测器结束任务，在其服役期间，这两艘探测器绘制了迄今为止分辨率最高的月球引力场地图，得以让科学家进一步了解地球以及太阳系内的其他多岩行星如何形成和演化。——编者注

神秘现象

Q062 月球上有“月涡”（Lunar swirl），通常位于大型撞击盆地正对面。这些撞击盆地形成于数十亿年前，为什么现在还看得到月涡呢？

杰夫·罗伊农，伦敦，爱犬岛（Geoff Roynon, Isle of Dogs, London）

这些特征完全就是个谜团，我们对此还无法进行完整解释。这种月涡并不多见，似乎它们与月球核心还处于熔融状态时发生的撞击有关。目前我们还不确定月涡和磁力是否有关系，月球现在并没有可探测到的全面磁场，但很可能当核心还是熔融状态时是有磁场的。不过，核心维持熔融状态的时间并不久，月球的体积较小意味着它冷却的速度会比地球快很多。

Q063 阴谋论者告诉我们登陆月球只是一场戏。如果登陆月球是真的，那么现在地球上的望远镜可以看到登月探测器与发射平台吗？

杰森·塔戈特，伦敦（Jason Taggart, London）

当我们听到这些阴谋论时，本能反应是看看周围有没有白色面包车！老实说，假装登陆月球可能比真的登陆更困难。我们可以对不相信人类登陆过月球的人说什么呢？如果无知是一种福气，那他们一定非常幸福。

其实，通过地球上的望远镜并不能看到登月探测器以及人类其他活动迹象，因为它们都太小了。但是，月球勘测轨道飞行器（Lunar Reconnaissance Orbiter）可以从月球轨道上拍摄到它们，人类登月的痕迹几乎不太可能被认错。可这些照片可以让那些阴谋论者完全闭嘴吗？不会的，有些人永远都不会选择相信，和他们争辩就好像用叉子喝番茄汤，完全是白费功夫！

Q064 在关于月球观测的问题中，你最想知道答案的是哪一个？这么多年来，有什么问题是你抓破脑袋也想不通的吗？

阿德里安 · 艾斯拜瑞，塔姆沃思（Adrian Asbury, Tamworth）

我（摩尔）最想知道的是一种难以理解的爆发现象，也就是月球暂现现象（transient lunar phenomena，缩写为 TLP）[1]。长久以来，这些观察结果都被视为是错误的，可能由于这些都是由业余天文爱好者观测到的，但是也曾经有研究月球的专业天文学家观测到这种现象。几乎可以肯定的是，月球暂现现象是火山活动造成的这种说法是完全错误的。不过我很确定月球暂现现象是真的，而且著名的法国天文学家奥杜安 · 多尔菲斯（Audouin Dollfus）也的确拍摄到过这种现象。我个人认为，升起的太阳加热了月球表面的尘埃并让它们上升，也就是产生这种现象的主要原因。

月球上有些地区很容易受到月球暂现现象的影响，最著名的就是辉煌的阿利斯塔克斯陨石坑（Aristarchus），因此，我希望未来会有前往这个地区的探测任务。

Q065 我们可以在月球背对地球那面建造望远镜吗？这样做会有什么好处？

保罗 · 贝尔登肖，莱斯特郡，阿什比德拉佐奇

（Paul Bertenshaw, Ashby de la Zouch, Leicestershire）

在月球表面建造望远镜可以带来很多好处。那里没有光污染，也没有大气的干扰。如果工程可以顺利进行，并且世界各国领导人都同意一起合作，那么也许

1　早在 1787 年，英国著名天文学家赫歇尔就曾观察到过月球表面的红色辉光。最近这些年来，月球上的辉光、雾气、彩斑现象似乎有所增加，这也许与观测手段的发展有关。这些就是被称为“月球暂现现象”的变幻现象。——编者注

在未来的10到20年之内就可以实现。（不过到底会不会实现也是一大争议。）

在背对地球那面建造望远镜还有其他好处。在地球上观测时，我们会受到很多干扰，但是在月球背面观测时我们不会受到任何干扰，更重要的是背对地球的那面将会成为放置射电望远镜（radio telescope）的理想地点。在地球上，射电望远镜受到越来越多的商业与私人通信的干扰，皇家天文学家[1]曾说："除非（人类）采取什么行动，否则地球上的射电天文学将局限于20世纪的发展程度。"虽然如今还不是这样，但如果有一个完全"射电宁静"（radio quiet）的地点，显然就会让射电天文学家大大地松一口气。

目前看来，没有什么压倒性的理由表明这些办不到。在月球背对地球的那面放置射电望远镜应该不是一件比在近地面月球放置射电望远镜更困难的大任务。当然，这需要国际通力合作，我们也只能希望未来可以实现这一计划。如果可以，那么我们也许可以期待在可预见的未来，架设在月球背对地球那面的射电望远镜会带来各种新的发现。（顺便说一句，还有哪些地方更适合接收来自几光年外遥远世界的信号呢？这听起来好像不可思议，但比遥远信号更奇怪的事情也曾发生过呢！）

1 英国授予皇家格林尼治天文台台长头衔的天文学家。——编者注

太阳系

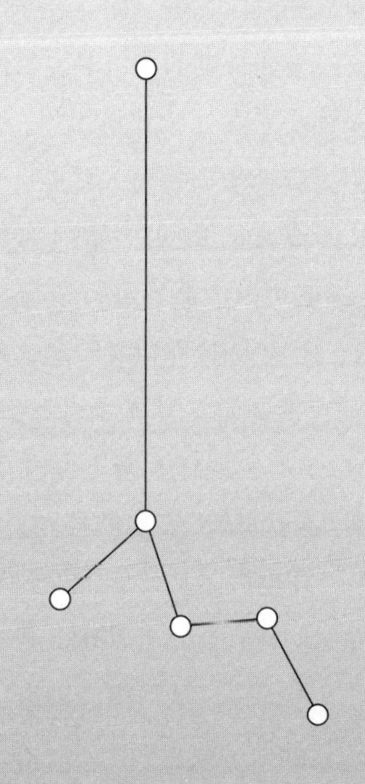

Q066　你可以描述太阳系中，行星与太阳的相对大小及距离吗？

汤姆·威廉姆森，诺森伯兰郡（Tom Williamson, Northumberland）

好的，当然可以。我们必须记住，在太阳系里，每个行星的大小和质量都天差地别：木星是最大的行星，质量大于其他所有行星的总和。为了深入了解各行星的大小与距离，让我们以伦敦为基准来进行比较。如果我们将太阳放到威斯敏斯特的英国议会大厦外面，并假设它是一颗直径 182 米（比议会大厦外围长度略小，大约是中国北京天安门城楼长度的 3 倍）左右的球体，就可以将太阳系里的行星按照相同的比例尺来缩小。在这个比例尺里，水星的直径是 0.6 米，大约是一颗沙滩排球的大小，距离威斯敏斯特宫大约 7.6 千米，相当于伦敦内从威斯敏斯特宫到汉普特斯西斯公园或温布尔顿的距离（如果在北京，相当于从天安门城楼到三里屯的距离），这样就可以大概知道行星与太阳的相对距离及其尺度大小了。金星的直径约 1.6 米，距离太阳约 14.5 千米，差不多是从威斯敏斯特宫到克里登或磨坊山的距离（相当于从天安门城楼到北京大学）。地球比水星和金星稍微大一些，直径大约是 1.67 米，距离太阳（也就是议会大厦）19.7 千米，已经到了伦敦的巴尼特附近（大约是从天安门城楼到奥林匹克公园）。火星的直径是 0.9 米，距太阳约 30 千米，在伦敦是从议会大厦到圣奥尔本斯，已经离开了 M25 环城道路（大约是从天安门城楼到北京首都国际机场的距离，接近北京六环路）。在这个比例尺中，小行星大小不一，从一粒沙到直径 0.13 米的都有，平均距离为 48 千米，大约已经到了伦敦的斯劳或卢顿附近（在北京大约已经从天安门城楼到北京大兴国际机场附近）。

木星是太阳系里的巨人，比一间直径 18 米的房子还大，位于 102 千米远的地方，大约是从议会大厦到塞尔西或北安普敦的距离（大约是从北京天安门城楼开车到十渡风景区附近）。拥有土星环的土星直径约为 15.5 米，距离大约为 188 千米，已经是从议会大厦到布里斯托尔或林肯的距离（大约是从北京天安门城楼开车到河北省张家口市附近，已经超出了北京市范围）。天王星的直径在这个比例尺中是 6.7 米左右，距离议会大厦约 380 千米，到了湖区附近（大约是从北京

最小值：与太阳的最近距离 / 最大值：与太阳的最远距离

太阳
（半径：69.55 万千米）

行星

水星（半径：2440 千米）
最小值：4600 万千米 / 最大值：7000 万千米

金星（半径：6052 千米）
最小值：1.08 亿千米 / 最大值：1.09 亿千米

地球（半径：6371 千米）
最小值：1.47 亿千米 / 最大值：1.52 亿千米

火星（半径：3396 千米）
最小值：2.07 亿千米 / 最大值：2.49 亿千米

木星（半径：69 911 千米）
最小值：7.41 亿千米 / 最大值：8.17 亿千米

土星（半径：60 268 千米）
最小值：13.53 亿千米 / 最大值：15.13 亿千米

天王星（半径：25 559 千米）
最小值：27.48 亿千米 / 最大值：30.04 亿千米

海王星（半径：24 764 千米）
最小值：44.52 亿千米 / 最大值：45.53 亿千米

矮行星

谷神星
（半径：487 千米）
最小值：3.8 亿千米 /
最大值：4.46 亿千米

冥王星（半径：1153 千米）
最小值：44.37 亿千米 /
最大值：73.31 亿千米

鸟神星（半径：750 千米）
最小值：57.6 亿千米 /
最大值：79.39 亿千米

妊神星（半径：718 千米）
最小值：51.94 亿千米 /
最大值：77.1 亿千米

阋神星（半径：1300 千米）
最小值：56.5 亿千米 /
最大值：146 亿千米

我们的太阳系（非正确比例），图上为八大行星和五颗矮行星。

注：行星间的距离非正确比例。

天安门城楼开车到河北省邢台市附近）；海王星的直径大约6米，距离太阳所在的议会大厦超过595千米，接近在爱丁堡的苏格兰边界（超过了从北京天安门城楼开车到山西省太原市的距离）。

过了海王星之后，还有几百个更小的天体，冥王星是它们当中最亮但不是最大的天体。在2006年之前，冥王星被归为行星行列，但如今它已经被划归为矮行星。在我们的这个比例尺上，冥王星的位置大约距离中心的太阳804千米，大约是从议会大厦到苏格兰最北的尽头村庄约翰奥格罗茨——或另一边，从议会大厦到法国南部那么远（大约是从北京天安门城楼开车到河南省郑州市的距离）。

我们要记住，大部分行星的周围大都有卫星围绕。地球的月球、木星的四个卫星以及土星的其中一个卫星都属于大型卫星，而剩下的卫星都比较小。木星和土星都有非常多的小卫星，土星系统里的木卫三，其实比水星和另外两个卫星更大，木星的卫星木卫四和土星唯一的大卫星土卫六，大小都接近水星。太阳系里其他大部分卫星都非常迷你，火星的两颗卫星就是这样。火星的卫星之一火卫二，直径不到16千米，换算到我们使用的这个比例尺中，它的直径才1.5毫米左右。

Q067　为什么没有像足球那么小的行星呢？

菲利普·奎因，拉格比（Philip Quinn, Rugby）

太阳系里有很多非常小的天体，但我们不会称之为行星，而是称为“小行星”。最大的小行星直径大约为几百千米，也有很多更小的小行星。它们有的可能只有鹅卵石大小，有的则像足球那么大。天体的尺寸越小，通常来说这种尺寸的天体就会越多，事实上太阳系里不乏这种“微尘”。

Q068　行星有没有可能和太阳一样大呢？

威廉·爱德华兹，12岁，肯特郡，贝肯汉姆
（William Edwards, age 12, Beckenham, Kent）

行星是通过吸积或吸引恒星周围的气体云和尘埃而形成的。一个物体有可

能持续吸积直到它的中心变得够热、密度够高，足以在核心发生核聚变。核聚变是太阳的能量来源，提供了我们看到的光。如果一个天体成长得够大以至于发生核聚变，那么我们会称其为“恒星”，而不是“行星”，这样的系统是多星系统（multiple-star system）。褐矮星（Brown dwarf）就是处于恒星和行星之间的状态。

Q069 为什么行星是球体？

格里·穆尼，伯明翰；托尼·罗伯茨，西萨塞克斯郡，滨海肖勒姆（Gerry Mooney, Birmingham and Tony Roberts, Shoreham by Sea, West Sussex）

主要是由于重力。行星的质量大到足以将一切向下拉，以尽可能地接近中心。而在所有可能的形状中，最结实的就是球体，任何直径超过几百千米的东西都会是球体。当然，即使是地球也不是完全的球体，地球表面被山脉与山谷覆盖，这可能是由于推起这些结构的力量强大到足以克服重力，但这种力量通常只是暂时的。举例来说，喜马拉雅山脉是在印度板块撞击亚洲板块时出现的，版块撞击的力量迫使物质上升，形成了地球上最高的山脉。现在，这些板块的相对运动已经停止了，但随着时间流逝，重力会在风力与气候的巧妙帮助下，渐渐把山脉向下拉。

较小的物体，重力也更小，山脉因此也可以被推高一些。太阳系里最高的山脉是火星上的奥林匹斯山（Olympus Mons），高度约 25 千米，是珠穆朗玛峰的三倍高。

Q070 如果太阳系内所有行星都是由相同的物质云、通过类似的机制形成的，为什么它们彼此间如此不同，尤其是土星？

约翰·A·汤姆金斯，兰开夏郡，斯科梅达（John A Tomkins, Skelmersdale, Lancashire）

我们可以把太阳系内的八颗行星分成两类。一类是包括水星、金星、地球和火星在内的行星，它们是固体的岩质行星（rocky planets）；另一类是土星、木星、天王星和海王星这类巨行星，它们是围绕太阳旋转的物质盘形成行星的时间遗迹。

与此同时，太阳也在形成，在它的生命中经历了能量非常强大的阶段，天文学家称之为金牛 T 型变星阶段（T Tauri，以在金牛座发现的第一颗表现出这种行为的星星命名，也就是金牛座 T 型星）。太阳释放出的能量会把太阳系内里部分的气体吹走，岩质行星才能从剩余的较重元素中形成。这些行星可以抓住部分由火山形成的物质，形成稀薄的大气层。

太阳系靠外一些的行星则形成于一个有大量气体的区域，因此它们会更大。

轨道与旋转

Q071 为什么行星围绕恒星的轨道是椭圆形，而不是圆形的？

大卫·盖，赫尔（David Gay, Hull）

首先必须澄清的是，圆只是椭圆的一种特殊情况，其特殊性在于离心率为 0。约翰尼斯·开普勒发现，所有天体都沿着椭圆形而非完美的圆形轨道运行，这一发现有助于更精确地解释行星运动。事实上，公转轨道还是更接近圆形，如果你用粉笔画一个直径为 1 米的圆，地球的轨道将偏离这个完美的圆，但偏离的范围比粉笔痕迹的宽度还小。

即使你发现自己有神赐予的神奇力量，可以让行星的轨道成为一个完美的圆，这种情况也无法维持太久。虽然地球的轨道是由太阳的引力主导的，但来自其他天体的微弱引力仍然会使它偏离一点。其中最大的影响来自木星和土星，但除了它们之外，一些较大的小行星也会对地球轨道产生可探测的影响。

Q072 每次我们在银幕上或书中看到的太阳系都是扁平的，这样的图像有多准确？是通过怎样的观测得出的呢？

克里斯·莱维特，南约克郡，谢菲尔德；爱德华·莱特，兰开夏郡，斯凯默斯代尔（Chris Levett, Sheffield, South Yorkshire and Edward Wright, Skelmersdale, Lancashire）

太阳在天空中的路径称为“黄道”（ecliptic），数千年来人类已经知道，行星也大致遵循着类似的路径在天空中移动。即使在知道太阳系的中心是太阳而非地球之前，人类也知道行星是在同一个平面运行的。

八大行星的轨道大致就在这个“黄道面”（ecliptic plane）上。相对于地球的轨道，其他行星的公转轨道最多只倾斜几度。这样的排列源于行星形成过程，因为行星是从围绕着太阳的物质盘中形成的。不过，行星本身可能会相对于它们的轨道倾斜一定角度，如地球就倾斜了 23°，这就是四季形成的原因。天王星倾斜到几乎是平躺着的，而金星则倾斜了将近 180°，让它看起来是上下翻转的。大部分行星的卫星仍沿着行星的赤道排列，不过卫星围绕行星的轨道又比行星环绕太阳的轨道有更多的变化。举例来说，我们的月球轨道偏离地球赤道的倾斜角度大约为 20°，偏离黄道面为约 5°，这是我们无法每个月都能观测到月食和日食的原因。

太阳系内小型天体的轨道都不一样。虽然大多数在主小行星带内的小行星都躺在相同的平面上，但很多在外围的小型天体就不是这样的了。一个典型的例子是位于柯伊伯带的矮行星冥王星，柯伊伯带由许多相对小而结冰的岩石天体构成，轨道半径比海王星轨道稍大一些。冥王星的轨道相对地球轨道的倾斜角度大约是 17°，但是很多其他天体的倾斜角度更大。举例来说，我们认为大部分彗星都来自奥尔特云（Oort cloud），奥尔特云是一个距太阳很远的大致呈球体的云（尽管它们可能形成于距太阳较近的地方，并由于与巨大行星间的相互作用而移到远处）。我们从地球看到的很多彗星都来自奥尔特云，所以它们相对于行星的倾斜角度会很大。例如，1997 年为我们的夜空增辉的海尔—波普彗星（Comet Hale-Bopp），其轨道就倾斜了大约 90°。

Q073　这是我儿子提出的问题：行星自转最开始的原因是什么？

罗伯·曼宁，汉普郡，弗利特
（Rob Manning, Fleet, Hampshire）

这是一个很好的问题，换句话说：“世界转动的原因是什么？”答案并不是有些人想说服你的那种，不是因为钱！行星会自转是因为没有东西阻止它们，它们从围绕太阳转的盘状物质中形成，并随着物质聚集最终构成行星，物质的自转就被带进行星的自转中了。

尽管与潮汐力相关的力会让转动逐渐变慢，但却很难消除这种旋转。地球在

先驱者金星轨道飞行器（Pioneer Venus Orbiter）于1979年绕行金星时，拍到的紫外光波段的被云层覆盖的金星。

月球上造成的潮汐已经使月球停止了相对于地球的自转，其他行星的大部分卫星也是如此。只要时间够长，地球相对于太阳的自转也会停止，不过在自转停止之前，太阳就已经先膨胀成红巨星并死亡了。

Q074 有没有行星的自转方向是错误的呢？

乔纳森·索耶，伯克，雷丁
（Jonathan Sawyer, Reading, Berkshire）

从太阳的北极向下看，太阳系内几乎所有行星都以逆时针方向旋转，但有两个有趣的例外。

首先是金星，它的自转方向刚好相反，自转速度也比其他行星慢。金星绕太阳一圈是224个地球日，但是自转一周是243个地球日，这代表太阳会从金星的西方升起，从东方落下，而太阳两次升起的间隔大约是116个地球日。

造成这种现象的原因并不清楚，不过已经有一些较为可信的理论出现。一种说法认为，可能是太阳在金星上造成的潮汐导致的，这样的潮汐试图让金星自转和公转的周期相等，因此阻止了它的自转。然而，金星上厚重且充满气体的大气层，对影响固体和液体的潮汐摩擦力并没有那么敏感，大气层的转动并不会快速减慢。而且金星大气层的密度很高，所以它的质量可以避免自转完全停止。

在太阳系过去几十亿年的历史中，金星的自转可能发生过剧烈的变化。同样的事也可能发生在地球身上，只是由于我们距太阳更远，因此太阳的影响也较弱，比月球对地球自转的影响要小得多。地球上的潮汐会作用于海洋，而金星上的潮汐则作用于厚重的大气层。

第二个很有意思的例子是天王星，它的倾斜角度大约为90°，几乎是完全躺着自转的！天王星不是自顶端旋转并同时围绕太阳转的，而是像一颗斯诺克台球一样，一边滚动旋转一边围绕太阳转动。造成这种现象的原因还不清楚，但可能是由于与另一个或数个天体撞击造成的。

Q075　行星会渐渐远离太阳、飘向太阳，还是保持原地不动？

保罗·史密斯，德比郡，阿尔弗雷顿
（Paul Smith, Alfreton, Derbyshire）

行星相对来说是固定在它们目前的轨道上的，但也并不是永远不变的。行星在将近50亿年前，从围绕太阳的尘埃盘中形成，行星和尘埃盘间的相互作用会导致它们的公转轨道偏移。加上尘埃提供的阻力，以及来自其他行星的剧烈影响，行星本身会倾向于向内移动。

人们普遍认为，行星形成的位置与我们如今看到它们的地点不同，内行星可能先在距太阳较近的地方形成，接着再向外移动。木星则可能向内移动而非向外，而天王星和海王星可能互换了位置。这种引力相互作用可能会对较小的天体产生重大影响，甚至也许会将它们完全抛出太阳系。事实上，一些理论甚至认为一开始应该有 5 颗巨行星，只是其中一颗在太阳系形成的初期就被其他 4 颗驱逐出境了。

我们知道，在很多其他“太阳系”内，有类似木星，甚至更大的巨行星在邻近恒星的地方公转。既然这些巨行星不可能一开始就在那些地方形成，那么它们一定是向内移动了。如果我们的太阳系也出现过类似的现象，那么地球以前很可能并不在它目前的位置上。这就提出了一个很重要的问题：是什么阻止了它向内移动？既然我们认为这种移动可能是由于与原行星盘内尘埃物质的相互作用造成的，那么可能的原因之一就是：一旦这些尘埃在形成行星、卫星与小行星的过程中被耗尽了，行星就会停止移动。但这样的时机到底是不是巧合就不得而知了。另外一种可能是由于土星的存在，阻止了木星继续向内移动。

Q076 在我们的太阳系内，地球绕着太阳转，但太阳是否也有公转轨道呢？会不会影响地球呢？

基思 · 海索姆，萨默塞特郡，凯恩舍姆
（Keith Haysom, Keynsham, Somerset）

严格来说，地球并没有绕着太阳转，而是两者都绕着这个系统的“质量中心”在转，而这个质量中心就是“重力中心”。由于太阳的质量接近地球的 100 万倍，所以地球—太阳系统的质量中心非常接近太阳的中心，提问中的表述也是正确的。

不过，行星的质量越大，尤其是木星，对太阳的影响也就越大。太阳—木星系统的质量中心其实很接近太阳的表面，所以可以想象成太阳在太空中每 12 年就会围绕一个点滚动一圈，同时每 25 天到 30 天又绕自己的轴自转一圈，这种运动使得我们能够通过行星对其母星造成的“摇摆效应”（wobble effect）探测到太阳系以外的更多行星。

当然，我们的太阳系不只有太阳、地球和木星，所以太阳的运动其实更复杂。太阳的运动主要受木星影响，但其他较大的行星，尤其是土星，也会造成影响。

太阳本身又围绕银河系中心的轨道，绕行一圈大约需要2亿年。当然，它也会稍微上下移动，所以大约每几千万年就会穿过星系盘一次。银盘上有更多恒星和尘埃云，可能会对地球产生一定影响。例如，有一种理论认为，太阳通过银河系平面可能会增加它接近其他恒星的概率，吸引来自奥尔特云的彗星。这些理论很难验证，何况我们还无法直接观测奥尔特云。

太阳

Q077 是谁第一个意识到太阳只是一颗普通的恒星，就像我们在夜空中看到的成千上万颗恒星一样？

巴特·范德·普腾，荷兰，阿姆斯特丹
（Bart van der Putten, Amsterdam, the Netherlands）

这是个很有意思的问题，因为它牵涉到对于“我们自己的恒星是什么”这一认知的思维飞跃，只不过这一次飞跃的方向刚好相反，因为人类早已发现夜空中的其他恒星和我们的太阳很相似。尽管自古以来就有很多关于太阳的神话，但我们很难知道最早是谁有这个想法的。在第 700 集《仰望夜空》节目中，露西·格林博士（Dr Lucie Green）研究了这个问题，结果追溯到了 16 世纪的意大利僧侣、哲学家兼天文学家乔尔丹诺·布鲁诺（Giordano Bruno）身上。

布鲁诺与哥白尼的观点相似，认为地球是绕着太阳转的。但他对这个观点有更深远的想法，他相信，宇宙是无边无际的，天空中的恒星其实都是太阳，只是离我们更远。他甚至提出一项理论，认为这些恒星周围都有行星围绕。尽管他的理论在当时遭到了世人的嘲笑，但有些人相信，布鲁诺的贡献使我们对宇宙学的理解又向前进了一步。

直到 19 世纪光谱学（spectroscopy）出现后，才有切实证据证明恒星和太阳是一样的。德国物理学家约瑟夫·冯·夫琅和费（Joseph von Fraunhofer）发现，太阳和星星的光谱上都有黑线；到了 1859 年，古斯塔夫·基尔霍夫（Gustav Kirchhoff）将这个发现与“光会被某些元素吸收”这一现象联系起来。太阳和恒星看起来很像，代表它们有相似的化学成分。19 世纪 80 年代，爱德华·皮克林（Edward Pickering）编撰了一份光谱目录，涵盖了 1 万多颗恒星。

当然，并非所有的恒星都是一样的，在20世纪初期，哈佛大学天文台的安妮·詹普·坎农（Annie Jump Cannon）就提出了恒星的分类[1]。如今我们通用的7种恒星分类是O、B、A、F、G、K、M，恰好是英文首字母“哦，当一个好女孩，吻我”（Oh, Be A Fine Girl/Guy, Kiss Me）的缩写，分别是从最热到最冷的恒星，而太阳属于中间的G型星。另外3种褐矮星L、T和Y的加入，让天文学老师们绞尽脑汁编出更好记的口诀。如果你想到了，一定要告诉我们！

Q078　太阳真的每秒都会减轻400万吨吗？

乔恩·库肖，伦敦（Jon Culshaw, London）

的确如此，这完全是因为太阳的核心发生着核聚变。每秒钟有6亿吨氢气转换成5.96亿吨氦气，这意味着太阳每秒会减轻400万吨。这些减少的质量转换成了能量，也就是我们赖以生存的阳光。

不过，你不需要担心太阳“变瘦”的问题。毕竟太阳的总质量将近2×10^{27}吨，即使它每秒减轻400万吨，也还是有很多可以消耗的！

Q079　日珥到底多久发生一次？一分钟、一小时还是一天？

约翰·摩尔，剑桥郡，彼得伯勒
（John Moore, Peterborough, Cambridgeshire）

日珥是太阳甚至是太阳系中最美丽的现象之一。它可以延伸到几万甚至几十万千米那么长，比地球还要大许多倍。尽管日珥体积庞大，形成速度却快得惊人，有时候只需短短一天的时间。日珥一旦形成，就可能会在太阳表面停留几小时或几周不等。日珥在Hα波段的观测效果最好，热氢气会辐射Hα光子。我们还可以随着太阳的自转，从各种不同的角度观测日珥。

不过，日珥的爆发有时略有征兆，有时又可能毫无预警，这都与它们形成的

1　正常恒星的光谱是由连续谱和叠加在连续谱上的吸收线构成的，恒星光谱哈佛分类的依据主要是恒星光谱中谱线强度之比。——编者注

原因有关：日珥是高温电离的氢气[1]，是太阳磁场中一圈圈巨大的弧。太阳磁场会随着时间变化和演化，一旦不稳定，磁场结构就会发生变化。磁场中的物质会继续跟着磁场移动，有些会落回到太阳上，有些会被向上抛离太阳表面。根据释放出的能量，这些物质会落回太阳上或被喷射到太空中。

Q080 为什么日冕比光球层热那么多？

艾莉森·巴雷特，北安普敦郡，凯特灵
（Alison Barrett, Kettering, Northamptonshire）

太阳的光球层（solar corona）通常被认为是太阳的表面，因为光球层以下的部分我们无法在可见光波段看到。在太阳表面上方有一个很较暗的区域，称为“日冕”，可以看作是太阳的大气层。光球层的温度高达数千摄氏度，但日冕的温度要更高。我们要明确一件事：科学意义上的温度与我们在日常生活中所说的“热”是不一样的。从科学上来说，温度取决于原子的移动速度——原子移动的速度越快，温度就越高。但是散发的热量取决于在这个温度下有多少物质，所以我们必须考虑密度。想一想英国烟火节时的烟火，每一发烟火的火花温度都很高，但每个火花的热量却很少，所以如果你的手碰到火花并不会受伤；相反地，火炉用的拨火钳虽然温度低很多，但是我们绝对不会想握住一根烧红的拨火钳。

太阳日冕里的原子和分子的移动速度很快，温度可达到数百万摄氏度。但是日冕很稀薄，密度比我们呼吸的空气还要低几千倍，这表示日冕虽然温度很高，但释放的热却很低。大部分能够到达地球的能量都来自光球层，而这些能量源于太阳核心的核聚变反应。

关于为什么日冕的温度高于太阳表面或光球层，现在有很多理论，似乎还牵涉到磁力与太阳表面的爆炸，也就是所谓的“太阳耀斑”（solar flares），不过我们还无法完全解释这个现象。

---

1 这里的氢气不是 H_2，而是指富含氢元素的等离子体。——编者注

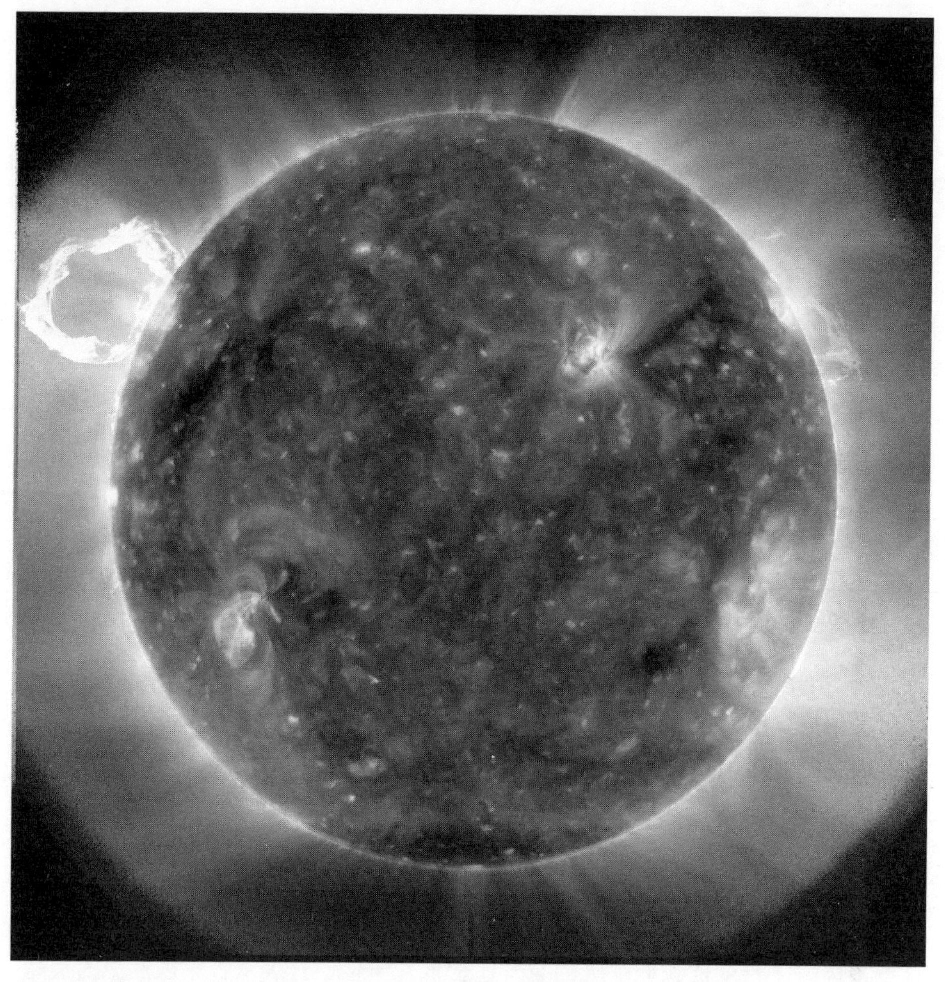

太阳动力学天文台（Solar Dynamics Observatory）观测到的巨大日珥，这个日珥比地球大很多倍。

Q081 如果我们能听到太阳发出的声音，会是什么样的呢？

尼夫·弗伦奇，埃塞克斯（Nev French, Essex）

我们听不到任何来自太阳的声音，原因很简单，因为人类听觉能听到的声音无法穿越太阳系近乎完全的真空。但太空并非完全空无一物，这意味着声波可以以非常低的频率在太空中传播，因为声波的震动只是让传播介质的密度发生变化。

在太阳内部，情况就不一样了，因为那里密度比较高。当压力波通过的时候，太阳的确会振动，并对太阳表面产生影响；通过观测太阳表面接近或远离我们的移动速度，可以明显观察到这种现象。分析太阳表面的运动可以用来推断它的内部，这就是“日震学”（helioseismology）。顾名思义，日震学的研究方法与地球上地震学家使用的方法类似：利用地震造成的地震波传播来判断地球内部的结构。

太阳内部主要的振动频率大约是每 5 分钟一次，这是声波从太阳表面传到中心、再回到表面的时间。不过，太阳在不同深度的密度不同，所以声波不会沿直线传播。另外，也有一些其他比较小的影响，但 5 分钟一次的振动频率仍是主要的声音。

所以，如果你有一副合适的耳机以及比一般人的听觉范围低几千倍的耳朵，就能听到来自太阳的沉闷的嗡嗡声，而且这个声音会随着太阳表面的翻滚而每几小时改变一次，音调大约比中音 C 低 15 个八度！

地球

Q082 为什么最早的日落和最晚的日出没有出现在最短的一天中呢？

比尔·诺斯罗普，萨里郡，埃普索姆
（Bill Northrop, Epsom, Surrey）

如果地球绕行太阳的轨道是完美的圆形，就会如你所说。然而，地球的轨道并不是一个完美的圆形，并且地球和太阳的距离从1.47亿千米到1.52亿千米不等，相差约2%。地球最接近太阳的地点称为近日点，此时公转速度会比地球在离太阳最远的远日点时稍微快一些。

我们称地球绕地轴自转一圈的时间为24小时，但其实是23小时56分钟。一个太阳日指的是从一次日出到下一次日出的时间，会稍微长一些，因为地球同时在公转，还需要多自转一些，我们才会看到太阳从地平线上升起。地球在近日点公转的速度最快，所以相对于太阳要更多自转一些，太阳才会升起，下一次日出也会延后一些。而这也就是为什么地球在1月初的近日点时，恰好接近北半球白天最短的那天。

但这样的差异其实很小，而且在问题提到的期间内，日出和日落时间的改变其实只有几分钟，并会因为你所在的地点而有所不同。举例来说，从2012年12月到2013年1月，最短的一天是12月22日；这一天伦敦的日出时间是早上8:04，日落时间是下午3:54；而伦敦最早的日落发生在一周之前，日落时间是下午3:51，最晚的日出发生在一周之后，时间是早上8:06，而在2013年1月5日地球处于近日点。

类似的现象在6个月之后还会发生，北半球最长的一天恰好和地球到达远日点的日期一致，也就是说此时地球离太阳最远。当然，我们不能忘记，这些日子对南半球的人来说是相反的，因为他们的季节和我们的相反。

Q083 月球引起了地球上的潮汐，那其他行星会不会造成类似的影响？

克里斯蒂安·费希尔，兰开夏郡，弗利特伍德（Christian Fisher, Fleetwood, Lancashire）

其他行星的引力都比月球的小。唯一可测量的潮汐是太阳引起的，其规模大约有月球引起的潮汐的一半。除此之外，能引起潮汐的行星是金星，但即使金星在最接近地球的地方，它的影响也比月球潮汐弱 50 万倍，来自其他行星的影响就更小了。假设太阳和月球引起的潮汐高达 1 米，那么，金星在公转到最接近地球时引起的潮汐只有大约 5 微米高，也就是 0.005 毫米的差别。也就是说，这样的潮汐根本就微不足道，几乎在任何情况下都是完全可以忽略的！

Q084 是谁决定我们现在看地球的方式，如认为澳大利亚在“下方”？

彼得·蒂尔尼，爱尔兰（Peter Tierney, Ireland）

这个问题的答案恐怕和天文学没什么关系，而与政治的关系更大。世界上大部分地图最早都是由欧洲人画的，他们将欧洲放在地图的中央与上方。极地很容易被定义为地球自转的轴心，但是经度的参考点却较难确定。现在，我们的经度是以格林尼治子午线（Greenwich Meridian）为基准，这条线也被称为本初子午线（Prime Meridian）。甚至这一基准也是有政治背景的，它打败了通过巴黎和安特卫普等其他选项[1]。

1 这一基准在 1884 年于美国华盛顿特区举行的国际本初子午线大会上正式定之为经度的起点。来自 25 个国家共 41 位代表参与了会议，法国代表在投票时弃权。在 1911 年之前，法国仍以巴黎子午线作为经度起点。——编者注

Q085 地球一天自转多远？有人认为是 360°，但是应该加上地球一天绕太阳公转的一小段距离吧？

大卫·维克斯，默西赛德郡，威拉尔
（David Vickers, Wirral, Merseyside）

在一天中，地球会移动公转轨道的 1/365 的距离，相当于 1° 左右，也就是说地球需要自转约 361° 才能再度面向太阳。我们一天的长度是以太阳为基础计算的，称为“太阳日”。尽管连续两次日出之间的时间在一年中会有所变动（冬天比较长，夏天比较短），但平均来算还是 24 小时。这与一个“恒星日”不同，一个恒星日是 23 小时 56 分钟，也就是地球某地经线连续两次通过同一恒星与地心连线的时间。一年中，恒星日会比太阳日多一天。

Q086 不考虑数学，如果地球在太阳的另一边有一颗姐妹行星，那么有没有可能我们就错过了这一颗星球？

约翰·范·迪肯，苏格兰，法夫
（John van Dieken, Fife, Scotland）

很多从地球出发的太空探测器已经抵达了能够回望地球公转轨道的地方。很多其他行星的探测计划都曾回望过地球的位置，所以它们也可以看到太阳系的另外一边。在 20 世纪 90 年代，旅行者 1 号探测器（Voyager 1 spacecraft）在距离太阳 60 亿千米的绝佳位置，拍摄了一张 6 颗行星的“全家福”，让我们可以看到自己身处的这颗“暗淡蓝点”。卡西尼号探测器（Cassini Spacecraft）也记录了从土星环看地球的样子，那是一张令人震惊的影像。

但是，两颗卫星“日地关系观测台”（STEREO）应该可以提供地球（相对于太阳的）对立位置处的绝佳影像。STEREO 原本是设计用来观测太阳的，同时观测周围区域，追踪太阳耀斑和日冕物质抛射。STEREO 围绕太阳公转的速度和地球相比略有不同，所以其中一颗渐渐地被拉到前面，而另一颗则落在轨道的后方。2006 年发射的这两颗探测卫星已经扫视过周围，而现在它们已经处在轨道的对立面了。它们的日夜监视不仅可以让天文学家追踪来自太阳的物质，还可以让我们发现并追踪小行星与彗星。如果地球的正对面有任何东西，那这两颗卫星一定早就看到了。

在地球对面的确有一个重力“甜点”，那是一个比较接近太阳而不是地球的点，我们称之为“拉格朗日点”（Lagrange Point）。原则上，位于拉格朗日点的天体，公转一圈的时间刚好是一年，但由于位于这一点上的天体非常容易受到其他物体的干扰，因此也不会长时间停留在拉格朗日点上。

Q087 地球是不是已知的最低温纪录保持者呢？

桑迪，苏格兰（Sandy, Scotland）

目前已知太阳系内最冷的自然温度出现在月球北极附近的埃尔米特环形山（Hermite Crater）边缘，那里的温度是冷到入骨的 –248 ℃，只比绝对零度[1]高 25 ℃，比冥王星赤道宜人的 –189 ℃还要冷很多。造成这种低温的原因，一方面是月球的这块北部区域很少见到日光，另一方面则是这里被环形山的坑壁遮蔽住了。

我们所知道的太空中最冷的地方是普朗克卫星（Planck）的核心，那里的探测器被冷却到只比绝对零度高 0.1 ℃，即 –273.05 ℃。在地球上，一些超低温物理设备的关键部分温度甚至比绝对零度高不到 10^{-9} ℃！

Q088 如果太阳在 4 月 1 日停止运作，那么地球上所有生命会以多快的速度消失呢？

罗伯特·吉莱斯皮，东萨塞克斯郡，布莱顿（Robert Gillespie, Brighton, East Sussex）

如果太阳突然停止运作，这一定是一个令人印象深刻的愚人节玩笑，显然会对地球产生巨大的影响。地球上的温暖和光几乎都来自太阳，所以一旦太阳停止运作，地球就会变得又冷又暗，虽然大地和大气还会保留一些热量，但黑暗会

1 绝对零度（absolute zero）是热力学的最低温度，是粒子动能低到量子力学最低点时物质的温度。绝对零度是仅存于理论的下限值，即开尔文温度标（简称开氏温度标，记为 K）定义的零点，等于摄氏温标 –273.15 ℃。——编者注

立刻降临。想想夏季白昼结束后夜晚降临的情况就对了，英国的气温可能会降到15 ℃左右。虽然地球上其他地区可能会受到更大的影响，但要使气温显著下降还需要一段时间。

太阳对我们的气候有重要的影响。阳光加热空气，才创造出了云和天气系统。如果“太阳加热”突然停止，就会带来非常极端的结果。不过因为我们还没有完全了解太阳在正常情况下对气候的影响，所以也很难预测当太阳突然停止供应日光时，到底会发生什么事。

在更长的时间跨度上看，我们可以想象南极大陆的样子，那里的气温在严冬时会降至零下 80 ℃。当然，海水会结冰，由于大气层中的水蒸气会冻结，因此陆地也会被厚厚的冰层覆盖。如果没有来自太阳或任何东西的热量，彼时地球的气温可能会比现在的南极大陆还要低得多。到那时，地球将不再适宜人类生存，不过倒是很适宜裸眼观测——天空会非常清澈晴朗，但你最好穿得暖一点！

可能在几天甚至更短的时间内，冰冷的气温会杀死陆地上或接近海面的几乎所有生命。在建筑物密集的地区，可能少数人类会存活下来，并且躲在冰层深处。人工供暖与照明设备可能还会持续一段时间，但保障燃料来源是个很棘手的问题。

除了燃烧燃料外，土地可能会成为唯一的能源来源。一些地区，如冰岛，目前就是以地热为主要能源，如果太阳停止运作，应该也能维持下去。但如果仅靠地热，绝对不可能支撑目前的人口数，还会发生类似“后启示录”的情况。

不过，并不是所有生命都必然死亡，因为有些生命不需要阳光，海床上的“黑烟囱”[1]上就生活着各种形式的生命。太阳不会直接到达海底几千米深的海床，但是这些火山口可以提供大量的能量，维持一个先进程度惊人的生态系统，其中包括与虾类类似的各种生物，尽管它们还是生活在只有阳光照射才能保持液态的海水中，但它们的确完全依靠地热能源生存。这么猜可能有些冒险，但是这样的高温也许足以避免少量的水结冰，至少可以让更基本的生命形式得以存活。

1　“黑烟囱”（black smokers）是指海底富含硫化物的高温热液活动区，因热液喷出时形似“黑烟”而得名。喷溢海底热泉的出口，由于物理和化学条件的改变，会有含有多种金属元素的矿物在海底沉淀下来，尤其是喷溢口的周围连续沉淀，不断加高，形成了一种烟囱状的地貌。——编者注还有其他不直接依赖太阳的生命形式，如生活在岩石深处的微生物。正是由于发现了这些隐居的微生物，实验才证明了生命形式可以在深空冬眠相当长的时间。如果是这样，那么当太阳再度回归时，生命也许就会重新在地球上繁衍。

当然，如果这是个愚人节的玩笑，太阳应该在中午就会重启了，那么对人类来说，太阳罢工的主要影响则是暖气要比平常开得久一点！

Q089 为什么地球和月球不会因为引力而相撞？

肯·巴克拉夫，南约克郡，谢菲尔德

（Ken Barraclough, Sheffield, South Yorkshire）

月球会持续围绕地球公转是因为它的速度。如果月球在太空中突然停止运动，那么引力就会使它向地球掉落，这可能会引起非常大的波澜！你可以想象自己一边公转一边向下掉，但是移动得太快了，以至于你每向下掉 1 米，就会向侧边移动超过 1 米，代表地球的弯曲面——也就是地面——后退了 1 米。你也可以想象一个在数百千米高的地方绕地球转的航天员，这对我们来说比较容易。但其实月球也是一样的，它也不过离我们几十万公里远。

Q090 有时候我们会观察到水星和金星凌日现象，从火星上可以观察到类似的地球凌日吗？

理查德·艾伦，西萨塞克斯郡，东格拉斯特

（Richard Allen, East Grinstead, West Sussex）

可以的，不过还没有火星上的人造望远镜或照相机可以捕捉到这一画面。火星轨道相对地球轨道倾斜了不到 2°，相比之下，金星倾斜角度超过了 3°，水星则为 7°。因此，从火星上看地球凌日会比我们看金星凌日更容易，不过下次地球凌日的时间是 2084 年——我不知道是否有人能看见？

水星、金星与火星

Q091 水星会不会是早期太阳系“热木星”的残余核心呢？

罗伯特 · 琼斯，斯塔福德郡（Robert Jones, Staffordshire）

水星是一颗奇怪的星球。虽然这颗星球的体积非常小，但它富含非常大量的铁。多年来，人们提出了许多理论试图解释这一现象，近年来最广为接受的说法是：水星可能是一颗更大行星的核心。“原水星”可能受到其他更大天体的撞击，造成大部分外层脱落，只留下内层。那么，原本的行星可能并不是我们在其他太阳系看到的类似“热木星”的巨行星，而是比较大的类似地球的岩质行星。

可是根据绕行水星的信使号探测器（Messenger）的探测结果，这一理论最近又受到了质疑。信使号发现，如果“原水星”曾经遭受过重大撞击，水星表面存在的挥发性元素不应该有现存的这么多。在撞击造成的高温下，钾、钍、铀等元素应该会在形成其他化合物的化学反应中消耗掉。

新的测量结果表明，水星的物质组成成分与其他行星稍有不同，这很可能是因为它离太阳很近。关于水星的起源仍然还有很多谜团，不过信使号等探测任务已经开始为解开谜团提供一些线索了。

Q092 既然暴露在强烈太阳风中的火星已经失去了大气层，那金星又是如何保持它的大气层呢？

亚历克斯 · 安德鲁斯，牛津（Alex Andrews, Oxford）

其实，比较这两颗行星的最简单的方法就是将它们与地球联系起来。首先我们来看火星，这颗行星几乎已经失去了所有——但不是全部——的大气层。地球和火星有两个重大的差异：地球体积比较大，质量也比火星重，熔融的地核形成了全球磁场。较大的质量使地球可以捕捉更多气体，否则来自太阳的太阳风很可能将这些气体全都吹散。磁场则意味着可以更好地保护这颗行星和大气层免受太阳风高能粒子的影响。这样一来，我们就能了解火星的情况了——它比较小，又没有磁场。大部分的太阳风粒子不会到达地球的表面，少数接近的粒子就形成了极光。

不过，想了解金星要困难得多，我们还不确定是否真的了解它。这颗行星与地球差不多大，但离太阳更近，更加强烈的太阳风理应会吹散它的大气层。除此之外，金星没有磁场，也就没有保护措施。那么，它是如何保持大气层，而且还是很厚的大气层的呢？

我们认为原因就是金星的大气层太厚了。这听起来很奇怪吧？在金星面向太阳的那一面，来自太阳的紫外光子与金星大气层顶层的分子碰撞，并带走它们的电子，这些不完整的原子会形成带正电荷的电离层。地球上也有这种电离层，但差别在于，金星的大气层太厚了，金星的电离层会创造出比地球还要坚固的屏障，使金星不需要磁场就能使大气层下方免受太阳辐射的影响。不过这个结构并不完美，金星快车号卫星探测器（Venus Express satellite）已经探测到了被太阳风吹离金星的大气流。但这也许并不代表金星会失去它的大气层，因为它可以重新生成大气层。金星大气层中二氧化硫的浓度变化，加上我们探测到金星表面存在的热区域，使我们得出金星表面可能存在活火山的结论。这些火山释放出的气体，可能会补充金星在太空中失去的气体。

3 颗大小和质量都很相似的行星，实际上却有这么多的不同，真是一件很有意思的事情。宇宙中其他的太阳系内类地行星是会像地球，还是会更像金星呢？

Q093 为什么金星自转的方向和其他行星相反呢？

蒂姆 · T，诺丁汉（Tim T, Nottingham）

金星的自转方向和其他行星相反，但它的自转速度非常慢。事实上，金星自转一周的时间比它绕太阳公转一周的时间要长。对此，我们尚不完全清楚原因，不过有几种可能。

第一种可能是，也许曾经发生了一系列撞击使金星停止以顺时针方向转动，而是开始以“逆行”的方式自转。另外一种可能是，金星厚重的大气层在强烈的太阳潮汐力的作用下停止转动。利用天文学家在 19 世纪 60 年代的测量结果，加上金星快车号等轨道探测器更新的数据，我们认为，金星大气层的自转速度应该快得令人难以置信，只需 4 个地球日就会自转一圈，而金星本体却需要 243 天才会完成自转。

Q094 火星上有火山吗？

汉娜·托马斯，汉普郡，贝辛斯托克
（Hannah Thomas, Basingstoke, Hampshire）

火星上没有活火山，但是有很多死火山，其中最有名的就是奥林匹斯山，这是太阳系内最大的山，高度约 25 千米。另外，火星的塔西斯地区（Tharsis）也有火山，由于云会出现在火山顶附近，有时候我们用合适的天文望远镜就可以看到。

几乎所有的火山都是该行星地幔里的热点形成的，热点会使岩浆膨胀并冲破地表。在地球上也是如此，不过，我们的火山大部分都是由于地壳板块移动造成的。地球上的热点火山之一，在太平洋中部的夏威夷群岛上，那里的板块运动形成了一系列的火山。

没有证据表明火星上存在类似的板块运动，而且火星的地质活动并不活跃。火星大气层里的甲烷可能是证明火星一直存在微弱地质活动的证据之一，但这些地质活动并没有强大到足以形成火山。

Q095 有什么证据可以证明太阳风是导致火星失去大气的原因吗？

亚历克斯·麦基，斯特灵郡（Alex Mackie, Stirlingshire）

很多航天器都曾造访过火星，并探测到从火星电离层剥离的电离粒子流。电离层是大气的上层，里面的粒子由于被太阳辐射电离，太阳风会将粒子从大气中剥离并让它们远离太阳。火星快车号探测器（Mars Express）可以探测到这种粒子流，探测的结果显示，火星的大气顶层一直在失去粒子，质量损失率高达每秒1千克，并且质量损失率的增加与太阳风强度的增加是同步的。

Q096 如果火星再大一些，金星再小一些，我们的太阳系就会有三颗像地球一样的行星吗？

凯伦·卡普曼，肯特郡（Karen Cappleman, Kent）

如果火星更接近太阳一些，而金星再远离太阳一些，这两颗行星肯定会变得比它们现在更适宜居住。但是与太阳的距离以及行星的质量并不是决定一颗行星大气层厚度的仅有因素。

由于较大的行星引力更强，一般来说它可以保持更厚的大气层，而火星的质量只有金星质量的1/8，这似乎可以解释金星和火星的大气层差异，但并不能解释土星的卫星土卫六的情况。土卫六只比火星小一点点，但却有很厚的大气层，显然不仅是由于引力，还有其他的因素在起作用。

太阳风是来自太阳的带电粒子流，它能将行星的大气层剥离，显然火星的情况就是这样。地球的磁场会让这些带电粒子流偏离地球，保护我们不受太阳风影响。但是金星没有磁场，而太阳风极大地加强了金星厚重大气层电离程度，以至于这颗行星的电离层形成了保护屏障，避免了太阳风的负面影响。

也许金星曾经也拥有过强大的磁场，它的大气层才会变厚，不过磁场现在已经随着时间消失了。小行星与彗星的撞击也可能是原因之一，因为撞击会导致大气被吹散。火星更接近主小行星带，在形成初期受到的撞击可能比金星更多。

如果金星和火星在太阳系早期调换了位置，那么我们可能就会有三颗更像地球的行星了，但也有可能它们最后仍然不适宜居住。既然我们只能对一个太阳系进行足够详细的研究，那么只能等到了解得足够多的时候，才能进行正确的统计分析来研究各种影响。

木星

Q097 木星有时候被描述成一颗失败的恒星。果真如此吗？

乔恩·卡尔肖，伦敦（Jon Culshaw, London）

我们不这么认为，因为我们相信恒星和行星的形成方式是不相同的。恒星纯粹是气体凝聚而成，核心的压力和密度高到足以发生核聚变。据我们的了解，木星的正中央可能有一个地球大小的岩石核心，后来才开始吸积气体。

此外，将木星这类天体描述为“失败的恒星”，就像将灌木丛称为“失败的树”一样，有点不公平！

Q098 其他天体的经度是如何划分的？特别是当它们有一个移动的大气层时。

德里克·莫顿，德文郡（Derryck Morton, Devon）

其他天体划分经度的方法其实与在地球上差不多——选择一个参考点并以它为基准。在地球上，人们的共识是使用格林尼治子午线，而在月球上则是它面对地球这一面的中心。其他固态天体，甚至是小行星，也有类似的参考点，通常是特别显著的陨石坑，或其他不会移动的特征。

像木星这种大气层快速变化的行星就更难绘制地图了。通过测量木星的磁场旋转，我们得知它的主体自转一圈是 9 小时 55 分钟。木星的云转动速度有一点不同，接近赤道的云转动速度比高纬度的快一些，这意味着云的样子会随着自转而改变，每晚测量结果就会有所不同。为了在观测者间建立共识，我们为木星建立了 3 套坐标，分别是系统一、系统二和系统三。系统一和木星赤道云的特征有关，系统二和接近木星两极的云有关，系统三则和木星本身的自转有关（通过测量其磁场的自转）。虽然这并不是完美的解决方案，但的确为天文学家提供了一种可以无障碍交换意见的方法。但这样做的困难是，如果有人要绘制一份地图，他就必须知道目前这个经度坐标的位置与其他坐标系统的相对关系。

Q099 我知道木星的大气层有带电风暴，但这些风暴发生时会有声音吗？如果有，和我们在地球上听到的一样吗？

彼得·索尔特，诺福克，大雅茅斯

（Peter Salter, Great Yarmouth, Norfolk）

木星的大气层的确会有带电风暴，这是1979年旅行者1号探测器发现的，它还同时探测到由闪电造成的无线电波，以及在木星的阴暗面拍到的闪光影像。卡西尼号探测器在2000年前往土星的途中飞经木星，也拍摄到了闪电风暴的照片，恰好与风暴云的位置一致。

闪电加热了空气柱，让空气温度在不到0.001秒的时间内达到数千摄氏度，造成的冲击波就是雷声的来源。声音的频率会根据冲击波的性质而有所不同，而冲击波的性质则是由大气的压力、密度以及释放的能量决定的。木星的大气层会随着高度的变化而快速地变化，随着压力和密度的增加，产生的声音频率也会随着高度的变化而有所不同。和我们在地球上听见的声音相比，木星上层大气产生的声音频率可能比较低。

打雷和闪电对大气层的影响，可不仅是让人惊得跳起来或让电视机爆炸而已。特别值得一提的是，闪电的能量可能会对化学组成产生影响。从20世纪50年代起，人类就开始进行人工创造生命的实验，至今已经有几十年的历史，而实验方法就是在类似地球初期生命诞生前的水中制造火花。虽然目前还没有出现人造生命，但这些实验却产生了种类繁多的氨基酸，也就是蛋白质的成分。类似的实验是用近似于木星大气层中发现的气体开展的，结果发现，尽管释放的能量较多，但大量的氢却抑制了化学演化。因此，我并不认为我们能够发现飘浮的气体云微生物，可以聆听到木星低沉雷电声。

Q100 《仰望夜空》开始播出时，有九大行星[1]和较少的卫星（如当时木星的卫星只有 12 颗），你觉得再过 50 年会变成什么样子？

罗伯·约翰逊，利物浦（Rob Johnson, Liverpool)）

1957 年，木星有 12 颗卫星，土星有 9 颗，天王星有 5 颗，海王星有 2 颗。几十年过去了，随着望远镜等设备越来越精良，人们观测的次数越来越多，这些数字也逐渐上涨。过去曾经有几次大的进展，例如，当旅行者号探测器（Voyager spacecraft）到达外行星时，就让我们能更清楚地看到这些卫星系统。

也许这会令人惊讶，但近期的探测器任务的确不如人们所想象的那样成果丰硕。伽利略号探测器（Galileo spacecraft）并没有发现木星有新的卫星，不过卡西尼号探测器倒是发现了 8 颗土星的卫星。发现外行星的卫星，最有效的方法就是对这些行星周围的天空区域开展巡天。许多团队都有了发现，特别是由知名天文学家斯科特·谢泼德（Scott Sheppard）领导的团队，在过去十多年里成果丰硕。大多数新发现的卫星都是不规则卫星，通常都非常小，直径才几千米甚至更小，公转轨道极度倾向赤道。

目前已知的木星和土星的卫星都超过了 60 颗，围绕天王星公转的卫星数量也接近 30 颗，海王星则有 10 多颗卫星。木星和土星的卫星很有可能都已经被我们发现了，不过我们对天王星和海王星的较小的卫星都非常不敏感，原因很简单——这些行星离地球实在太远了。天王星和海王星可能拥有数量庞大的小卫星，不过可能仍然没有木星和土星这些气态巨行星拥有的那么多。

寻找这些小卫星的更简单的方法可能就是使用红外望远镜了，这样可以通过寻找它们的热特征，而不是它们反射的光线来确定小卫星的位置。虽然如今红外天文学（infrared astronomy）还是一个不太成熟的领域，但广域红外巡天探测卫星任务（Wide-field Infrared Survey Explorer，缩写为 WISE）的成果，以及赫歇尔太空望远镜（Herschel Space Observatory）的观测，都显示这是一个很有发展前景

1 2006 年，国际天文联合会（IAU）将冥王星从行星行列中除名，划为矮行星，赋予其编号小行星 134340 号。所以目前，太阳系中仅存八大行星，分别是水星、金星、地球、火星、木星、土星、天王星和海王星。——编者注

春天的土星环被太阳照亮的侧视图。这些阴影是环上的粒子被经过的卫星干扰所形成的。卡西尼号探测器对土星环的观测表明，土星环是非常薄的。

的领域。我（诺斯）希望在未来50年，会有大型的红外望远镜被送入轨道，如此一来，我们对天王星以及海王星卫星的研究也能有长足的进展。[1]

1 截至2019年12月，我们已发现79颗木星卫星，62颗土星卫星，2颗火星卫星，27颗天王星卫星以及14颗海王星卫星。——编者注

土星

Q101 为什么土星环完全由水冰，而不是岩石类物质构成？

卡尔·哈里斯，南威尔士，坎布兰
（Carl Harris, Cwmbran, South Wales）

这只是反映了太阳系中离太阳这么远的天体的构成成分。外行星中的“挥发性化合物”比较丰富，这类物质包括甲烷（碳氢化合物）、氨（氮氢化合物）、一氧化碳（碳氧化合物）和水（氢氧化合物）。

在比较接近太阳的地方，这些挥发性化合物早已被早期太阳的强烈光线分解，不会被压缩到行星内部。这就是为什么内行星的组成元素和化合物的熔点较高，如金属就是这一类物质。而由于这些比较重的元素都比较稀有，因此内行星也就比较小。事实上，是内行星这种情况比较不寻常，而不是外行星表现异常。

开始结冰的临界点被称为“冰线”，有时候也称为“霜线”或“雪线”。在太阳系中，这条线与太阳的距离是地球与太阳距离的三到四倍，大约是在火星和木星的轨道中间，落在小行星带内。最容易结冰的物质是水，而甲烷和其他冰只能在可以躲开太阳光的行星大气层内形成。

构成土星环的物质可能来自一颗破碎的卫星或者是无法形成卫星的物质，它们和构成土星卫星的物质相同，主要是水冰以及少量的岩石物质。

Q102 为什么土星环是我们所看到的扁而圆的形状？

艾伦·哈特迈耶，荷兰，阿姆斯特丹
（Ellen Hartmeijer, Amsterdam, the Netherlands）

土星环的构成来源可能有两种——要么是碎裂的卫星，要么是由于潮汐力而无法形成卫星的物质。土星环的年龄一直众说纷纭，最近有证据表明，它们可能在太阳系形成不久后就存在了。

重力使物质云向内坠落，但是自转造成的离心力使得物质云在自转面维持着膨胀状态，这也是星系和太阳系呈盘状的原因。而由于土星环的粒子很小，大多数都不到 0.001 毫米，因此形成的过程就更快了。

2009 年，土星最近一次昼夜平分点期间，我们从地球上侧视土星环，才发现土星环原来这么薄。围绕土星公转的卡西尼号探测器拍摄到部分土星环投射在另一部分土星环上的影子，这些影像显示土星环粒子流正被土星的一些卫星向上拉，从而也让我们了解到土星环只有几十米厚。

Q103 土星环是正圆形的，还是非常接近正圆的椭圆？

彼得·威廉姆斯，威尔士，卡马森郡
（Peter Williams, Carmarthenshire, Wales）

在没有外力的情况下，小型天体围绕行星或恒星公转的轨道最后一定会是圆形的。但大部分天体并不是独自公转，土星环的粒子就更不是了。这些粒子的轨道受到土星的卫星影响，被拉成了微椭圆形的轨道。此外，来自较近卫星——如土卫十六（Prometheus）和土卫十七（Pandora）——的扰动也会使土星环产生波纹和令人叹为观止的辐条状结构。

Q104 土星的卫星土卫十六是造成土星外环碎片扭曲的原因吗？

安妮·爱德华兹，肯特郡，贝肯汉姆
（Anne Edwards, Beckenham, Kent）

土星许多卫星的公转轨道都很接近土星环，这些卫星通常被称为“牧羊犬卫星”（shepherd moon）。土卫十六和另外一颗小卫星土卫十七是围绕F环的两边公转的，而F环是所有可清楚分辨的环缝中最窄的一部分。土星环的其他部分也有类似的牧羊犬卫星，如围绕A环外缘旋转的土卫十五（Atlas）。其他卫星则是造成土星环环缝的原因，如在A环的恩克环缝（Encke Gap）内运行的土卫十八（Pan）。

土星环既神秘又美丽，所以才这么迷人。我（诺斯）经常认为这些环的名字太无趣了，居然只是简单地按照发现的顺序用字母依次命名。

Q105 为什么土星北极附近会出现六边形的特征？

奈杰尔·阿舍，英国（Nigel Asher, UK）

土星北极的云以六边形为明显特征，看起来规律得令人惊讶。一开始，这种现象的起源完全是个谜，不过现在我们发现，这似乎是高纬度的风速造成的结果。如果两道云带以不同的速度移动，就会形成波浪状的运动。这道波在绕这颗行星旋转一圈的过程中，恰巧经历了6次振荡，形成了六边形的特征。

形成这一特征需要风速刚好以正确的方式变化，因此，这么规则的图形并不常见。实验室中的测试结果表明，在不同的情况下可能会出现不同的形状，如出现七边形甚至是三角形。

Q106 土卫六上有土星引力引起的潮汐吗？土卫六上流动的碳氢化合物会产生哪种沉淀物特征呢？

本·斯莱特，沃里克郡，克拉弗顿
（Ben Slater, Claverdon, Warwickshire）

土卫六被土星通过潮汐锁定，所以土卫六永远以同一面朝向土星，就像月球和地球一样。不过，土卫六上有季节变化，也产生了液体循环的变化，卡西尼号探测器就曾经通过雷达反射探测到土卫六大气层中的云以及湖泊。

不过，土卫六的湖里并不是水，因为水在这个温度已经结冰了，土卫六的湖里是乙烷和甲烷的混合物。我们曾经观察到，当云散开后，湖会被填满，接着又再度变空，这表明土卫六地表有液体流动。当液体干涸时，会留下沉积层，潮湿的湖床上也有一些沟壑。土卫六上的这些湖似乎有湖滩，不过你一定不会想在朦胧的大气层与冰冷的温度里做日光浴！

Q107 为什么气态巨行星有很多卫星，但像地球这样的类地行星却不多呢？

爱德华·伊格纳西克，米德尔塞克斯郡，恩菲尔德
（Edward Ignasiak, Enfield, Middlesex）

几乎可以肯定，气态巨行星的卫星一定是下列两种类型之一，比较大的卫星可能是和行星一起形成的，如木星比较大的木卫一（Io）、木卫二（Europa）、木卫三（Callisto）和木卫四（Ganymede）。当木星的核心从围绕太阳的物质盘中形成后，这些卫星可能也同时形成了。土星比较大的卫星——如土卫六和土卫五——也是这样的形成方式。木星和土星周围的其他卫星大多数都很小，我们认为这些卫星可能多为小行星，但由于位置太接近气态巨行星，所以最后就被吸引到轨道上了。这些卫星中有一些的确非常独特，很多卫星公转轨道的倾斜角度相当大，有些甚至会反向公转。

当然，最外围的天王星与海王星都不在小行星带附近，那么，它们的卫星是从哪里来的呢？那些并非在原地形成的卫星，可能是从离海王星较远的柯伊伯带捕获的，而冥王星也位于柯伊伯带之中。在柯伊伯带之外还有奥尔特云，奥尔特云中有大量彗星，一些奇怪的卫星可能就是被行星捕获的、来自奥尔特云去往太阳系中心的彗星。例如，土卫七的表面就非常凹凸不平，就像海绵一样，显然和土星其他卫星不同——是因为它经历了什么，还是由于它其实来自太阳系中不一样的区域？

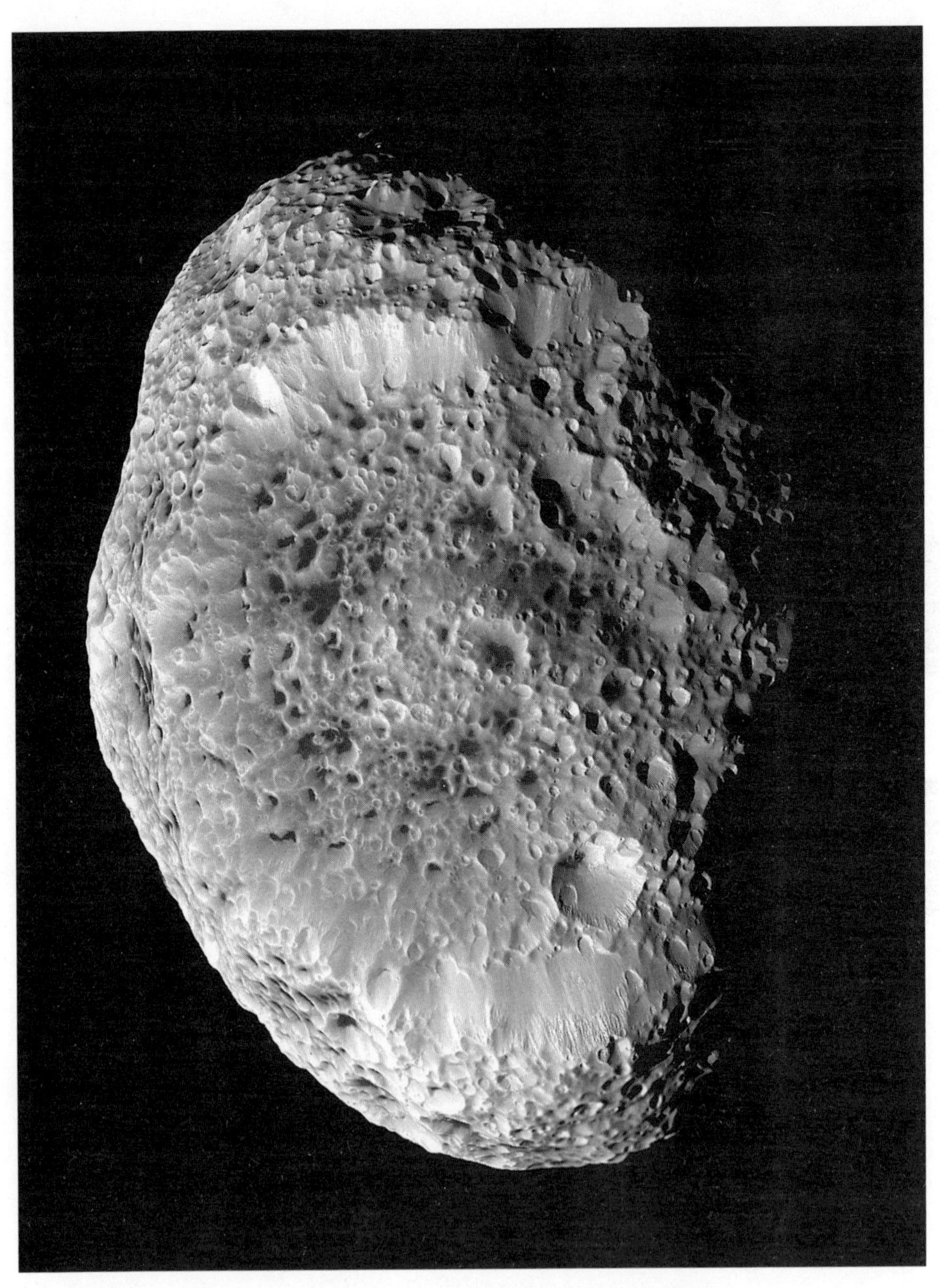

作为整个太阳系中最奇怪的卫星之一，土卫七拥有奇异的海绵状外观。

外太阳系

Q108 既然太阳系边缘温度非常低，那么海王星最大的卫星海卫一是如何会产生旅行者 2 号探测器于 1989 年看到的冰间歇泉的呢？

杰拉德 · 吉利根，利物浦天文学会

（Gerard Gilligan, Liverpool Astronomical Society）

这是从旅行者号飞掠海王星以来仍未解开的谜团。冲入半空的间歇泉十分震撼，但那也只是 20 年前的惊鸿一瞥，所以很难确定那是什么。我们在这方面的信息也很有限，例如，我们只知道那里的大气层非常稀薄，地表看起来很年轻。这表明那里可能存在间歇泉提供的蒸汽源头，不过随着时间流逝，间歇泉会补充地表物质。

一般认为有两种可能性。首先，间歇泉的产生原因可能和其他星球上的火山活动类似，靠的是内部热源的能量。虽然海卫一非常小，但也可能存在少量的放射性物质给它提供热量。由于距离太阳非常远，所以只要有一点点温度差异，就能创造出我们看到的间歇泉。与地球上炙热的熔融岩石不同，海卫一上的热可能融化的是表面的冰，所以被称为“冰火山”（cryovolcanism）。

另外一种可能是，太阳光会穿透海卫一地表的氮冰，增加冰层下方的气体压强。在冰层较薄的地方，这些气体会冲出来，就像彗星表面释放气体形成彗尾一样。我们注意到，所有间歇泉似乎都集中在海卫一被太阳照到的这一面，恰好印证了这种可能。

我们并不认为海卫一像土卫二和木卫二那样在地表以下存在的海洋，这些海洋是靠着卫星和行星间的潮汐力带来的热形成的。但是海卫一离海王星太远了，所以不可能产生足够的热，形成我们观测到的这一现象。总之，海卫一是一颗很有意思的星球，如果我们将来发射了前往海王星的探测器，那里将会是一个值得探访的地方。

Q109　自我们有记录以来，冥王星真的还没完成过一次公转吗？

达伦 · 唐纳森，苏格兰，罗赛斯
（Darren Donaldson, Rosyth, Scotland）

冥王星是由克莱德 · 汤博（Clyde Tombaugh）于 1930 年发现的。冥王星和太阳的距离约是地球和太阳距离的 30~50 倍，其公转一次大约需要 248 年。因此，从被我们发现开始，冥王星只在公转轨道上运动了大约 1/3 的距离。

当然，从冥王星的角度来看，它已经在外太阳系运行了好几十亿年，也就是说已经转了好几圈了。

Q110　柯伊伯带内有足够的物质可以再形成一两颗行星吗？如果有，那为什么还没有发生呢？

克里斯 · 斯丁森，沃里克郡，努尼顿
（Chris Stinson, Nuneaton, Warwickshire）

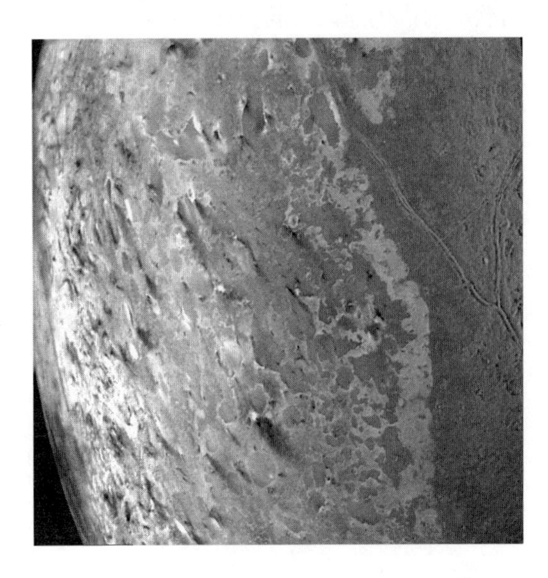

旅行者 2 号探测器拍摄到的海卫一上的暗条纹，被认为是冰火山或冰间歇泉造成的。

虽然柯伊伯带内有几颗较大的天体，但它们的数量很少，而且彼此距离很远。整个柯伊伯带的质量只是地球总质量的一小部分，可能还不到 10%。这些物质无法聚集是因为它们的运动速度太快，互相撞击后碎片会四处飞散，而无法依靠彼此的引力聚在一起。这些碎片有一些最后会飘到内太阳系，目前我们发现的彗星中大约一半都是它们构成的。

Q111 你对冥王星被降级有什么看法？

罗伊·杰克逊，西萨塞克斯郡，塞尔西
（Roy Jackson, Selsey, West Sussex）

关于冥王星分类，除了它会出现在哪个名单上之外，我们没有任何其他的看法。不论我们把它称为行星还是矮行星，冥王星都还在那里。事实上，大多数专业的天文学家可能会说，他们根本不在乎我们怎么称呼它。

1996 年，国际天文学联合会（International Astronomical Union，IAU）提及将冥王星降级的决定，是因为我们发现了更多与冥王星相似的天体，而且它们看起来和其他行星不太一样。重新给冥王星分类的目的是要建立行星的科学定义。不过这看来是不可能的，因为总是会有些模棱两可的例子。把冥王星和其他类似的天体放在一起，看起来是最合理的选项，而且对这件事的反应太情绪化也没有什么用。

值得注意的是，冥王星不是第一个被降级的行星。当朱塞普·皮亚齐（Guiseppe Piazzi）于 1801 年发现谷神星（Ceres）时，它被列为离太阳第五近的行星。到了 1830 年，太阳系共有 11 颗行星：水星、金星、地球、火星、灶神星（Vesta）、婚神星（Juno）、谷神星、智神星（Pallas）、木星、土星和天王星（当时我们还没有发现海王星和冥王星）。等到人类在火星和木星间发现越来越多天体后，我们才了解到它们其实都很相似，因此，它们都被降级成“小行星”（minor planets or asteroids）。我想 19 世纪谷神星被降级时，可能没有像 21 世纪冥王星被降级时这样引起大众哗然。

1996 年，人们提出了很多不同的命名系统，但 IAU 做出最终决定以明确区别八大行星和越来越多的矮行星。如今行星的正式定义如下：

满足下列条件的天体：一、围绕太阳公转；二、有足够的质量，能以自身重力克服刚体力，并可以形成符合流体静力学的形状（接近圆形）；三、已经清除了轨道附近的天体。

矮行星的正式定义则是：

满足下列条件的天体：一、围绕太阳公转；二、有足够的质量，能以自身重力克服刚体力，并可以形成符合流体静力学的形状（接近圆形）；三、无法清除轨道附近的天体；四、不是卫星。

Q112 赛德娜[1]的表面是由红色的冰构成的吗？

丽贝卡·泰勒，西萨塞克斯郡，奇切斯特
（Rebecca Taylor, Chichester, West Sussex）

我们不确定赛德娜的表面是由什么构成的。根据凯克望远镜（Keck telescope）和双子望远镜（Gemini telescope）的观测结果来看，它看起来是太阳系最红的天体之一，但并没有完全被冰覆盖。赛德娜的公转轨道是一个巨大的椭圆形，近日点和远日点与太阳的距离大约是地球和太阳距离的76倍和900多倍。赛德娜已经独自公转了几十亿年，可能是由于和其他行星——也许是我们尚未发现的行星——的相互作用才被抛到这么遥远的地方。随着时间流逝，太阳辐射分解了甲烷和氮冰的混合物，创造出了深红褐色的物质，被称为托林（tholin）。

"托林"这个词是1979年由卡尔·萨根创造的，用来形容无法辨识的分子，该词来源于希腊文"泥泞"。这种物质很像沥青。事实上，萨根差点就把它叫作"星星柏油"（star-tar）了！

1 赛德娜（Sedna，即小行星90377，临时编号2003 VB12）是一颗外海王星天体、独立天体，它于2003年11月14日由天文学家布朗（加州理工学院）、特鲁希略（双子星天文台）以及拉比诺维茨（耶鲁大学）共同发现。赛德娜目前距离太阳约88个天文单位，为海王星与太阳之间距离的3倍。——编者注

Q113 旅行者1号和2号即将离开太阳系，一旦它们离开，会发生什么呢？在未来的几千年里，又有什么在等待它们呢？

艾德·戴维斯，剑桥郡，马奇（Ed Davis, March, Cambridgeshire）

旅行者号探测器执行着很棒的太空任务，它们让我们了解到很多关于行星和外太阳系的事，现在它们要开始探索太阳系的边缘地带了。旅行者1号现在与太阳的距离是地球与太阳距离的120倍，是史上最遥远的人造物体；旅行者2号也不遑多让，距离是地球与太阳距离的100倍。

这两艘探测器前进的方向不同，旅行者1号向太阳系的平面前进，旅行者2号则向下方前进，这样我们就可以得到太阳系在两个方向的极限位测量值了。太阳风以及太阳风与星际风间相互作用的影响支配着这一区域：前者是太阳持续释放的带电粒子流，后者则类似于恒星间的粒子流。

太阳风在太阳周围吹出的一个泡泡，就是日球层（heliosphere）。随着太阳系在银河系中移动，这个"泡泡"会在前行的方向上产生一个冲击波，就像邮轮的船首冲击波一样。日球层最外围的区域被称为日鞘（heliosheath），而两艘旅行者号探测器都在这个区域内。现在有迹象显示，旅行者1号正在接近日球层顶（又称太阳风层顶），从粒子与磁场方向的改变我们可以看出来，这里是太阳风被星际风阻挡的地方。我们预计这个转变会变得平顺，但看起来这个区域比预计的"更多泡"，因为磁场紧密地盘绕在粒子密度较高与较低的区域。

旅行者号探测器不会受到磁湍流太大的影响，因为只有探测器携带的敏感仪器会才能探测到粒子流和磁场。预计旅行者1号会在未来的5到10年穿过日球层顶，进入真正的星际太空。任务团队最期待的是，在我们了解太阳系边缘之前，探测器上的核能发电机不会衰弱到关闭仪器的地步。

一旦探测器进入星际太空，它们就真的进入了未知的世界。这两个探测器都没有以任何特定恒星为目标，不过大约4万年后，旅行者1号就会经过距离AC + 79 3888恒星几光年的区域；约26万年后，旅行者2号会到达天狼星附近大约4光年多的地方。这两艘探测器的命运就是永远在银河系中漫步，但在几千几万年后，它们可能会被其他恒星或行星捕获，成为绕行轨道上的小天体。当然，如果外星人的飞船用它们来练靶那就另当别论了！[1]

Q114 广域红外巡天探测卫星（WISE）或其他太空任务有没有发现奥尔特云可能存在褐矮星或黯淡红矮星的证据？未来的探测活动，例如，泛星计划（Pan-STARRS，全称为全景巡天望远镜和快速反应系统）或大口径全天巡视望远镜（Large Synoptic Survey Telescope，缩写为 LSST）会不会发现其他证据？

艾伦 · 戴维斯，汉普郡，温彻斯特（Alan Davis, Winchester, Hampshire）

在距离太阳非常遥远的地方，仍有可能存在非常暗的恒星或行星围绕太阳公转，只是它可能暗到我们难以发现。在过去的几十年里，曾经有数不清的说法宣称发现了“X 行星”或褐矮星，不过目前为止，我们还没有确切证据。20 世纪 80 年代，红外天文卫星（IRAS infrared satellite）探测到了一颗非常暗的异常天体，尽管 X 行星也是众多可能性中的一个，后来还是被否决了。

WISE 用红外波段探测了整个天空，成功在 15 光年这个相对近的位置发现了一颗新的极低温的褐矮星。事实上，我们过去并不知道这些恒星的存在，这表示可能还有其他近距离天体没有被发现。如果太阳系最外围有一颗公转的褐矮星，那么 WISE 应该会看到。不过，WISE 只能探测到本身是发热源的天体，所以从如此遥远的距离反射而来的阳光对 WISE 来说太暗了，它可能无法分辨出来。

---

1 旅行者 1 号于 2012 年 8 月 25 日成为第一个穿越太阳圈并进入星际介质的探测器。截至 2019 年 10 月 23 日，旅行者 1 号正处于离太阳 211 亿公里的距离。2018 年 12 月 10 日，旅行者 2 号已飞离太阳风层，成为第二个进入星际空间的探测器。——编者注

小行星与彗星

Q115 为什么会存在小行星带，而不是形成另一颗行星呢?

肯·巴拉克拉夫，南约克郡，谢菲尔德（Ken Barraclough, Sheffield, South Yorkshire）

小行星带只是因为太接近木星，所以无法形成更大的行星。因为在很接近巨大的气态巨行星时，任何以碎粒结合成的较大“原行星”都会在木星下次经过时被撕裂。不过，就算没有这个问题，小行星带内剩下的东西也无法形成一颗大的行星。小行星带内最大的天体是谷神星，直径不到 1000 千米，总质量不到地球的 1‰。

木星对小行星带的影响也可能是火星如此小的原因，木星阻止了其他较大天体的形成，否则这些更大的天体就可能使得火星早期的主体更大。

Q116 彗星是怎么从天空中飞过的?

迈克尔，4 岁，大曼彻斯特，马普尔桥
（Michael, age 4, Marple Bridge, Greater Manchester）

彗星在天空中缓慢移动的情形和行星一样，因为太阳的引力会让它们按照自己的轨道前进。当它们接近太阳时，强烈的太阳光开始蒸发它们的表面，形成了彗星的尾巴。这条彗尾不会像火箭一样向后指，而是直接远离太阳，不过有时候彗尾也会弯曲。彗尾在彗星最接近太阳时会最显眼，因为那时候的太阳光是最强烈的。

Q117 我们能不能估计早期需要多少彗星撞击地球才能让海洋装满水？这些彗星还带来了哪些其他物质？

马克·布拉德，伦敦（Mark Bullard, London）

地球上存在海洋是地球与其他行星的不同之处，不过海洋的起源至今仍然不明。目前最广为接受的理论是，早期的地球是一个炎热干燥的地方，海洋是由彗星或陨石沉积形成的。海洋覆盖了地球表面的 2/3，总共有 14 亿兆（1.4×10^{18}）吨水，相当于 15 亿立方千米，这会是个多大的浴缸啊！

彗星似乎是地球海洋可能的来源。彗星经常被称为“脏雪球”，岩石和尘埃由水冰结合岩石和尘埃组成黏合，此外还包含其他结冰的化合物，例如，甲烷、二氧化碳、氨等，这些都是早期太阳系很常见的物质。彗星的固体核心非常小，最大的直径也不过几十千米，但是它们扩散的气体，也就是“彗发”就大得多了。彗发是受到阳光照射后彗星表面释放出的气体，而且非常稀薄，是一种最接近“什么都不是”的物质！

彗星的体积很小，这代表可能需要数千亿颗彗星才能带足地球海洋的水量。这听起来的确有很多，不过大约在 30 亿到 40 亿年前的太阳系，有一段称为“晚期重轰击”的时期。当时像彗星和小行星这类小型天体充斥于太阳系各处，撞击着许多行星与卫星，月球上很多陨石坑就形成于这一时期。大部分撞击地球的彗星带来的水，应该也是出现于这个时期。

地球的水的化学组成证明了这些水可能来自彗星，特别是氢和氘（也被称为重氢）的比例。目前地球上水中的氘比形成地球的物质中的氘更多，所以一般认为相比其他物质，水是在更晚的时间才来到地球的，而其中一个可能的来源就是彗星，尽管目前我们研究的大部分彗星的水的成分并不符合地球的水成分。唯一已知的例外是哈特利 2 号彗星（Hartley 2），它形成的地方和我们观测到的其他彗星不一样。其他彗星在被抛出之前都是在木星和土星区域形成的，但哈特利 2 号是在柯伊伯带形成的。地球上的水可能是由在柯伊伯带形成的彗星，而非更远地方形成的彗星带来的。但由于被正确测量过的彗星很少，所以真相仍旧未知。

彗星不是唯一可能的来源，我们也曾发现很多陨石的成分与海水相同，所以还有另外一种可能性。讨论这些可能性时有一个很关键的问题，那就是地球海洋的成分是否会随着时间变化？这一点我们并不确定。

彗星和小行星带来的不只有水。最近的分析发现，陨石中含有复杂的化学成分，可能是由基本化学物质与太阳光反应后生成的。有些陨石上已经发现了含有氨基酸和构成 DNA 的分子，只是我们还没发现乘着彗星而来的外星微生物！

Q118 彗星里的水是哪里来的？

戴夫·安尼尔，康沃尔，纽基（Dave Annear, Newquay, Cornwall）

彗星是早期太阳系遗留下的东西，由形成太阳与行星的星云物质构成。在彗星形成的太阳系外围，水冰可以形成微粒。这些微粒会聚集物质，并与小型的岩石物质相结合，最终形成彗星。彗星的确切成分会因它们形成的地点而有所不同：形成位置比较远的彗星会较早地开始凝聚；形成位置比较近的彗星，由于处在比较温暖的环境里，所以凝聚得较晚，因此会具有太阳星云演化后期的成分。

Q119 进入我们太阳系的彗星中，哪一颗会飞得最远，到太空的最深处呢？

杰拉尔德·赫特，德文郡，奥克汉普顿（Gerald Hutt, Okehampton, Devon）

彗星可以分成三类，分别是短周期彗星、长周期彗星以及只出现一次的彗星。短周期彗星的公转时间短于 200 年，长周期彗星的公转时间则可长达数百万年，而只出现一次的彗星只会被我们看到一次，因为它们的速度非常快，所以会脱离太阳的引力。

不过，彗星的命运是很难预测的，因为影响因素太多了。通过每月或每年精准标记出彗星的位置，再与它们受太阳引力影响应该出现的位置相比较，来计算出彗星的轨道。但有个复杂的问题——阳光的压力会让彗星表面释放出物质，因此，彗星还会受到其他力量的影响。这些物质流失的速度相对缓慢，所以这些力也很小，但还是会给它们的轨道带来不确定性。比较容易预测但同样复杂的是来自其他行星的影响。经过气态巨行星的彗星可能会被拉进内太阳系，但也可能向外进入星际太空。

例如，阿伦特-罗兰彗星（Arend-Roland），它的正式名称是“C/1956 R1”。这颗彗星在1957年4月时最接近太阳，并且它还是《仰望夜空》在1957年4月24日播出第一集的节目主题。根据预测，它的轨道略呈双曲线状（也就是说，它会沿着轨道离开太阳系），不过当时非引力性力量造成的影响尚不确定。

然而，彗星看起来不太可能来自太阳系以外的地方。相反地，它们很可能源自外太阳系，并且由于和其他行星相遇才会脱离轨道。例如，C/1980 E1彗星本来位于太阳周围一条平静的轨道上，700万年才会完成一次公转。它公转轨道的近日点恰好落在木星轨道以内；远日点与太阳的距离则是地球与太阳距离的77000倍。但在1980年，这颗彗星来到了距离木星约3000万千米的位置，一切都改变了。与木星如此近的相遇大幅提高了它的速度，除非它在途中又遇到其他天体，否则就再也不会回头了。目前在我们已知的有脱离太阳系趋势的天体中，C/1980 E1彗星是运行速度最快的自然天体。

Q120　地球和小行星的距离要多近，才会在交会时产生负面影响？

吉莲·安·杰克逊，贝德福德郡（Gillian Ann Jackson, Bedfordshire）

和地球相比，小行星非常小，所以任何与地球近距离交会的小行星都不会造成危险。最大的小行星是谷神星，但它的直径也不到1000千米，质量也只是地球质量的百万分之一而已。绝大多数小行星都比谷神星小得多，直径只有十几米甚至更小。

我们认为，在地球附近的小行星中，直径超过1千米的大约有1000颗，直径超过100米的至少有2万颗。这听起来似乎很多，不过要记得，与这些小行星和地球的距离相比，太阳系的范围更大，所以它们撞击地球的概率非常低。

小行星撞击地球并不是什么新鲜事，其中大部分小行星都很小，而且每年有成千上万吨物质会落在地球上，主要是由质量才几克的物体带来的。然而，并不是小行星的体积大才能造成很大的影响，就算它不是很大，也会造成相当大的影响。1908年，一颗直径30~50米的天体在撞击地球之前爆炸了，导致西伯利亚通古斯地区超过2000平方千米的树木全部倾倒，但却没有任何目击者记录。在大约5万年前，也有类似大小的天体曾撞击亚利桑那州，造成了直径约1千米、深度约 200 米的陨石坑，俗称“流星陨石坑”（Meteor Crater）。

更大的撞击可能会产生更严重的后果，就像恐龙在 6500 万年前遭遇的那样，不过这种情况极为罕见。[1]

Q121 我和我的朋友曾在 2002 年 7 月看到一颗类似巨型小行星的天体飞过大气层。过了这么久，还有没有可能追踪到它呢？

斯科特 · 汉密尔顿，伦敦（Scott Hamilton, London）

你们看到的很有可能真的是一颗很小的小行星，也可能是宇宙残骸的一小块碎片，它没有飞越地球的大气层，而是飞进地球的大气层并开始燃烧。但它也有可能飞越了大气层。要在多年后追踪到这个天体，就需要非常精确地知道它的位置；而预测天体的轨道则需要知道它精确的速度与方向。如果没有这些信息，想再度找到这个天体是不可能的。

Q122 英国是否正在开展越地小行星（Earth-crossing asteroid）探测计划并且有什么响应办法？

罗伯特 · 因斯，兰开夏郡，普雷斯顿（Robert Ince, Preston, Lancashire）

很多国家与国际项目都在监测近地天体 (near-Earth object，缩写为 NEO)，例如，太空防卫研究项目（Spaceguard project）。这些项目通常包含两种不同的策略：找到并监测近地天体，以及制定发现这种天体时的应对策略。

现在有许多望远镜都在监测天空，寻找这类天体，其中最著名的就是“泛星计划”。此外，庞大数量的业余望远镜也在持续发现新的天体。每月都有数千颗新的小行星被发现，目前我们应该已经发现了 90% 的直径超过 1 千米的近地天体了。

---

1 奥陌陌（‘Oumuamua）是已知的第一颗经过太阳系的星际天体，于 2017 年 10 月 19 日被科学家们发现。奥陌陌的轨道离心率是 1.1922 ± 0.00268，成为已知的太阳系内运行速度最快的天体，打破了之前 C/1980 E1 的 1.057 的纪录。——编者注

万一我们真的发现小行星或彗星有可能撞击地球时应该采取什么行动呢？对此，提议有很多，并且大部分与尝试改变小行星运行轨道有关，不过这些提议都需要非常长的时间来实施。

人类当然已经注意到近地天体可能带来的威胁，并且已经开始对天空进行监视了。可能要等到发现非常严重的威胁时，我们才会采取重大行动，执行发现天体将撞击地球时的计划。

Q123 如果阳光照到小行星会使它在太空中移动，那么地球是否曾经因为表面被光照到而移动呢？

斯蒂芬·马歇尔，诺森伯兰郡，克拉姆顿

（Stephen Marshall, Cramlington, Northumberland）

所有被阳光照到的天体都会受到影响，不过影响的程度会因天体的大小而不同。微小的尘埃和冰粒会很容易被推走，就像彗尾的形成一样，但是较大天体受到的影响会小很多。对于一个黑暗且具有吸收性的表面而言，太阳辐射造成的压力会比明亮且具有反射性的表面低。通过改变表面的反射性来调整小行星的轨道，是一种可能让即将相撞的天体改变路径的方式。

太阳系内所有大型天体——从小行星到行星——受到的合力（包括太阳光的压力）都已经达到平衡。太阳辐射的变化非常小，所以对外产生的压力也不会有重大变化。较大的影响应该已经在早期的太阳系中就出现了，本来会形成地球的一些分子和尘埃微粒都被向外推走了。既然比较轻的分子更容易被推走，那么你可以认为太阳光移走了较轻的元素，改变了地球的构成。

Q124 我可以在教堂屋顶边的排水沟中找到小陨石吗？如果可以，我要怎么辨认它们呢？

杰西卡·艾伦，萨福克，伊普斯维奇（Jessica Allen, Ipswich, Suffolk）

你的确可以在教堂屋檐的排水沟中发现陨石，因为它们落在屋顶上的概率与掉在地球表面任何大小差不多的地方是一样的。你也许会以为陨石会穿过屋顶，但它们实际移动的速度可能慢得出乎你的意料。

不过你还是需要仔细分辨，因为大部分陨石都非常小。较小的陨石很容易与被风吹动的尘埃搞混，而较大的就很难用地球上的物体来解释了。如果你真的发现了有意思的东西，那么最好把它送到当地的大学或博物馆。

我（摩尔）在 1965 年很幸运地发现了一颗陨石。那天，一颗火球从英国上空呼啸而过，接着在莱斯特郡的巴维尔村上空爆炸。我开车到那里找到当地最大的农庄，问农场主我能不能四处看看，他很好心地同意了。结果我发现有一块岩石的碎片以一种极不寻常的方式从土中冒出来。这块约 180 毫米的碎片有烧灼的痕迹，我辨识出它是一块陨石而不是古老的石头。

我把这块陨石带回当地的博物馆，那里已经有很多陨石的碎片了，其中一块还是从一扇开着的窗户掉进屋子并躲在花瓶里，后来才被人发现！最后，我得到允许，可以留着这块陨石碎片供展览，并且在遗嘱中写明将这块碎片留给博物馆，而且我已经这么做了。如今，这块碎片就在我书房的壁炉架上。

Q125 我们该如何判断一块岩石（如陨石）的年龄呢？

英格丽德·范·丹，荷兰，蒂尔堡
（Ingrid van Dam, Tilburg, the Netherlands）

岩石和陨石都使用放射性定年（radioactive age dating）测定年龄。放射性定年法是通过测量自然产生的、存在时间很长的放射性同位素衰变来判定存在时间。这些同位素（如铀）的半衰期很长，有时候经过数十亿年，才会衰变成稳定的同位素。在一个半衰期内，一半的原子都会衰变，所以比较未衰变的与已衰变的原子数量，就可以计算出岩石的年龄。

地球上发现的最古老的岩石有 40 亿年之久，但由于它们都被熔岩流覆盖，因此地球一定是在此之前就已经形成了。放射性定年法存在一个问题，就是一旦岩石再度熔化，一切就会“重新开始”。更古老的年份可以通过研究单个结晶进行判定，最古老的岩石可以推回到大约 44 亿年前。已经有数十颗陨石被推定年龄超过 45 亿年，这为研究太阳系形成时间提供了精准的测量数据。

磁场

Q126 行星的南北极和磁铁的两极一样吗？如果两颗处于撞击轨道上的行星的北极相对，那么它们会互相排斥吗？还是排斥力会太微弱呢？

莱斯·斯金格，伦敦（Les Stringer, London）

行星的磁场比引力场弱得多。虽然磁场会对极小的微粒产生影响，如星际风中的粒子，但是它们不会对较大的天体产生任何影响。这是由于单个粒子，无论是质子还是电子，都带有电荷。行星或小行星这些大型天体是没有电荷的，它们的正电荷和负电荷的数量几乎相同，是电中性的。

大部分行星不会有特别强的磁场，因为磁场是导电物质在表面下移动引起的。地球的地核一直在转动，从而形成磁场，但是水星和火星都已经固化很久了，而金星自转速度太慢，也无法产生充足的发电机效应（dynamo effect）来生成磁场。

Q127 磁场只会和移动的电荷共存，如电流，为什么天文物理学中并没有考虑电力呢？

莱斯·富尔福德，波伊斯郡，兰德林多德威尔斯（Les Fulford, Llandrindod Wells, Powys）

电场和磁场基本上是同一种现象——电磁场——的两个方面。静止的电荷会产生电场，而移动的电荷会产生磁场。较大的天体，如地球、太阳以及小行星，都是电中性的，不会产生整体电场。

但即使没有全面性的电场，较大的天体还是会有移动的电荷。以地球中心为例，金属的地核会旋转，而地核的电荷移动就产生了磁场，不过地核整体而言还是电中性的。另外一个例子是太阳风，它是被驱离太阳的质子与电子流。太阳风的每一个粒子都有电荷，所以会对电场与磁场产生反应；但由于带正电的粒子与带负电的粒子数量相同，所以太阳风仍是电中性的。

以更大的规模来说，如果我们想了解行星周围的电离气体、日冕、中子星（neutron star）的辐射以及星系旋臂中微粒排列的各种力，那么磁场和电场就非常重要。不过对于了解很多天体所发生的事件而言，它们是可以被忽略的。

从开始到结束

Q128 既然地球的年龄大约是宇宙年龄的 1/3，那么怎么会有时间形成自然界的所有元素呢？

罗恩 · 赛克斯顿，格洛斯特郡，卡姆
（Ron Sexton, Cam, Gloucestershire）

自然界有很多元素，但是这些元素的数量与氢和氦相比并不算多。整个宇宙由 75% 的氢和 23% 的氦构成，其他元素含量非常少。较重的元素——如碳、氧和铁——都从恒星的核心中，或大质量恒星生命末期的爆炸时产生。

太阳大约已经存在了 50 亿年，在此之前，宇宙已经存在了 80 亿年。对于太阳这样的恒星来说，80 亿年的时间并不长，不过比太阳更大的恒星的存在时间则更短。初代恒星可能比太阳更大，只存在了几百万年，它们也是大部分重元素的来源。

地球本身并不是由 75% 的氢组成的，最丰富的元素实际上是氧。这是因为在早期的太阳系内，强烈的太阳光阻止了氢的凝聚，并将其推到了太阳系的外围。在地球到太阳距离 4 倍以外的地方，氢就更多了，我们可以从巨行星的成分中证明这一点。地球上的化学物质主要为铁、氧、硅和镁，这些也正是构成地球主体的元素。

地球在形成的过程中出现了分化，很多像铁和金这些较重的元素沉积到了地核，剩下的氧、硅和镁则构成了地壳和地幔的主体。举例来说，整个地球主体的 $160/10^9$（按重量计算）是由金构成的，但是如果只看地壳，这个比例就降到了十亿分之一。金并不是地球上最稀有的元素，但它的优点是不易被腐蚀，并且抛光后很闪耀，这也是它数千年来吸引人类的原因。

Q129 气态巨行星和固态岩石行星到底哪一个先出现呢？

罗斯玛丽·戴维斯，布里斯托尔（Rosemary Davis, Bristol）

在太阳系形成早期，各行星都在差不多的时间开始从物质中生成，不过我们相信有些行星的形成速度更快。实际上，行星形成的过程颇受争议，有些人相信气态巨行星形成的方式类似恒星，都是气体团块从原恒星盘中生成的，但也有些人认为是先形成了核心。

太阳系中大部分物质都由氢构成，还有少量的氦以及相对少的较重元素，如氧、碳和铁。氢主要以气体形式存在，如甲烷、氨和水，而较重的元素会形成尘埃微粒，构成越来越大的岩石。

然而，年轻的太阳会发出强烈的辐射，将太阳系分成两个主要区域。在寒冷的外部区域，物质会自由地聚集在一起，气体会附着在尘埃团块上，并逐渐形成小型的气态"原行星"。在太阳辐射比较强烈的内太阳系，气体会被分解并向外吹散，这样只有相对少量的较重元素会以微粒和小行星的形式存在。这两个区域的界线被称为"冰线"，有时也称为"霜线"或"雪线"。现在，这一界线位于小行星带某处。

在外太阳系，气体会凝结在小型原行星表面并冻结，帮助这些原行星核心快速形成。大量的氢和氦增加了原行星的质量，使它们形成得更快，在几百万年里就形成了质量是地球数倍的行星核。内太阳系并不存在这种气体，行星形成得较慢，可能需要 1000 万年左右的时间。整体上来说，内太阳系因为较轻的气体会外移，剩下的物质比较少，所以内行星也比较小。最初，物质可能由岩石构成，并逐渐增大，直到相对少量的大型物体开始占据主导地位。这些较大的物体会合并在一起，形成我们所知的行星，其中大部分成为地球和金星的一部分，而火星和水星这些比较小的行星则由"剩下的东西"构成。

气态巨行星真正的主体——尤其是木星和土星——只有在它们的质量大到足以开始从周围的物质盘上吸积气体时才会增大，并在大约 1000 万年后达到它们目前的大小。对研究行星形成的科学家来说，真正的问题是天王星和海王星这些冰巨星（ice giant）是如何形成的。冰巨星有巨大的固态核心，质量在地球质量的 10 倍以上，但是它们离太阳实在太遥远了，是不可能形成这种核心的。一般的共识是，这些核心是在接近木星和土星的地方形成的，后来由于气态巨行星变得更大，所以这些核心就飞到了外太阳系。也有人认为，木星曾短暂地向内移，这也可能是火星这么小的原因。

我们对行星是如何形成的想法细节都来自计算机模拟的结果，而且是由早期太阳周围物质盘的初始状态决定的。随着计算机技术的发展，模拟实验也将更成熟。如果对行星如何形成的看法有了更进一步的发展，我（诺斯）也不会感到惊讶。当我们观察到更多其他“太阳系”形成的不同阶段，也就能更清楚我们的太阳系可能的形成过程与初始条件。

Q130 地球上的生命什么时候灭绝？为什么？

格兰维尔·格雷，莱斯特郡，拉夫伯勒（Granville Grey, Loughborough, Leicestershire）

到目前为止，影响地球上生命延续的最重要因素是太阳。即使我们人类可以自行毁灭，并且灭绝地球上所有的大型物种，但昆虫和微生物仍然可以生存。

问题的关键似乎在于液态水的存在，而液态水只有在和太阳处于某个距离范围内的区域才能出现，这个区域很小，我们称其为宜居带（Goldilocks zone）。随着太阳变老，温度渐渐上升，宜居带的区域也会慢慢向外移。在10亿或20亿年后，海洋会由于温度过高而干涸，到时候地球可能会不再适宜居住。到那时，一些非常基本的生命形式可能会存活。不过，太阳温度的变化过程非常缓慢，足以让地球上某些生物演化到能够应付灼热的温度，比如，躲在地底，只是可能性会非常低。地球最有可能的命运，就是在数十亿年后，当太阳变成红巨星时一起毁灭。到那时，地球上所有生命都将不复存在！

Q131 当太阳变成红巨星时，质量就会变小，这是不是意味着在地球毁灭之前的一段时间内，地球将进入一个更大的公转轨道？

罗纳德·马利尔，柴郡，沃林顿（Ronald Mallier, Warrington, Cheshire）

太阳会慢慢失去质量变成一颗红巨星，部分原因是它一直在燃烧自己的核燃料，并转换成能量。太阳每秒都会失去400万吨的质量，这些质量通过太阳核心的核聚变被转换成太阳光。但是太阳真的非常大，所以这个过程造成的影响很小。更主要的影响是太阳风会随着太阳变老而强度增加。在变成红巨星的过程中，太阳会内核收缩、外壳层膨胀。在它的生命的最后几百年里，它会失去超过1/3的质量，而外壳层的直径会是现在的200倍。

这种质量损失会导致各行星的公转轨道以螺旋状向外旋转，似乎表明地球可以逃过燃烧致死的命运。然而，一如往常，这里有一个陷阱。随着太阳的膨胀，它的表面会距离地球越来越近，地球上的潮汐力会导致地球轨道衰减，使它再度以螺旋状向内旋转。这个螺旋向内的过程可能只需要几百万年，快得足以让地球在太阳再度萎缩前就旋转进这颗恒星的表面。

火星可能也无法逃脱这个命运，因为它会向内呈螺旋状公转，并在强烈的太阳光下蒸发。一些研究表明，就连木星的一部分都可能被超亮的太阳蒸发，所以木星的卫星也不再适合停留在现在的位置。

当太阳到达最亮的时候，宜居带就会向外移到柯伊伯带，也许到时候人类就会住在冥王星上了。当然，这种情况也不会持续太久，因为太阳会逐渐变成一颗黯淡的白矮星，而太阳系的其他地方都将变成冰冻的荒原。

Q132 我们都听说过内太阳系的岩质行星在太阳死亡时的命运，那么，外太阳系的气态巨行星与冰巨星会怎样呢？

巴兹·皮尔斯，大曼彻斯特，博尔顿
（Baz Pearce, Bolton, Greater Manchester）

当太阳进入生命晚期时会发生两件事。首先，太阳会变大很多，它的表面会膨胀到大约地球现在所处的位置。其次，当太阳表面稍微冷却后，它会释放更多的能量。在生命的最后阶段，太阳释放的能量大约是目前的1万倍，这是由于此时太阳核心的氢已经耗尽，必须燃烧氦。我们预计这两件事会在几十亿年后发生，而这个最后的阶段将会持续大约10亿年。

在这段时间，太阳会变得比现在更温暖。内太阳系可能会被太阳毁灭，或者由于过热而不再适宜居住，外太阳系仍可以保持完整。然而，可能还会有一些较小的影响，例如，越来越强的太阳辐射增加与更强的太阳风，也许会吹走外太阳系行星的一些大气，升高的温度也许会改变大气中的化学成分与构成。

特别有意思的是，木星和土星某些卫星上的温度，可能会变得适宜人类居住，这些卫星也许会成为人类的避难所，不过那里的大气依旧不能供人类呼吸。一旦太阳生命中最后的阶段结束，它就会开始变得黯淡，并最终成为一颗小小的白矮星，被壮观的行星状星云环绕。那时，太阳系会变得极为寒冷，如果到时候还有人类存在，也应该打包行李去寻找新的“太阳系”了。

恒星与星系

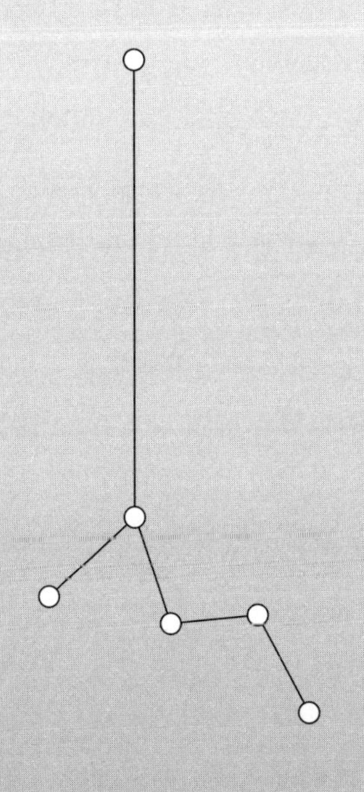

距离

Q133 用什么方法可以测量与恒星的距离呢？我们又怎么知道测量结果是否正确呢？

乔纳森 · 菲普斯，什罗普郡（Jonathan Phipps, Shropshire）

与人类使用的度量衡相比，恒星之间的距离简直远得超乎想象。即使是最近的恒星，距离我们也有 40 兆千米。把数字写出来，看起来好像又更远了：是 40 000 000 000 000 千米！即使是光，每秒能穿越惊人的 30 万千米，也需要 4 年，才能飞到这么远的地方。如果有一架喷气式飞机能在太空中飞行，那它需要约 500 万年才能到达最近的恒星。正因为恒星与我们的距离如此遥远，所以需要新的测量单位，在天文学上，我们使用的距离单位是“光年”，也就是光在一年中前进的距离，即 10 兆千米。用这样的单位，可以更容易地描述恒星的距离，例如，离地球最近的恒星——比邻星（Proxima Centauri），大约距离我们 4 光年。

显然，这些恒星太远了，我们不能用尺子测量与它们的距离，也无法用激光测距仪来测量，这时我们就需要使用“视差”测量方法：从两个不同的位置测量同一个天体的位置。照着我说的做，你就能体会到“视差”的效果了，盯着一个遥远的物体，然后把你的手臂伸长并竖起手指。当你盯着远处的物体时，先闭上一只眼睛，然后张开并闭上另一只眼睛，如此这般轮流眨眼。你的手指看起来像会移动，这是由于你的两只眼睛并不在同一个位置而造成的。而对于距离越远的天体，这种视差影响就会越小，因为它们显著的位置变化较小，如果你知道两眼的间距，就有可能算出两眼到手指尖的距离了。

可是，在测量 40 兆千米这样遥远的距离时，我们两眼之间几厘米的差异并没有什么帮助。我们需要更进一步的方法，即坐等半年。在这段时间里，地球已经公转了一半的轨道距离，与起始点相差大约 3 亿千米。所以如果我们此时测量一颗恒星相对于背景天体（例如，遥远的星系）的位置，6 个月以后再测量一次，就能算出与这颗恒星的距离了。

这是一种简单又可靠的方法。不过对恒星来说，地球位置变化的影响非常小，因为这些恒星距离地球的公转轨道非常遥远，即使是最近的恒星，用视差测量系统来看，其移动的距离显得比 20 米外的一根人类头发的直径还要小！最早被用这种方法测量出距离的恒星是天鹅座 61（61 Cygni），它位于天鹅座内。1838 年，德国天文学家贝塞耳（Bessel）测量出了这颗恒星距离地球大约 10 光年，与我们现在测量出的 11.4 光年非常接近。

1989 年，欧洲航天局发射伊巴谷卫星（Hipparcos satellite），测量了地球与数千颗恒星之间的距离，提供了许多可靠的测量结果，其中最远的恒星在 1000 光年以外。但是这些恒星只不过是我们这个直径 10 万光年银河系内的小小一部分。想进一步了解恒星，我们就必须使用不同的方法。

答案来自一种特别的变星——造父变星。这些恒星有脉动，每次脉动的间隔时间与它们的亮度有关。一旦我们知道了一颗恒星确切的亮度，就可以比较它的实际亮度与它在夜空中看起来的亮度。既然恒星在远处看起来会比在近处的时候暗，那么我们就可以借此来估算它的距离。正是这种恒星的存在，使得埃德温·哈勃（Edwin Hubble）证明了仙女座星系与银河系是分开的，而我们现在知道，仙女座星系其实离我们有 250 万光年远！

造父变星是一种“标准烛光”，让我们得以测量一些离我们相对较近的星系。想测量更遥远的距离，就需要更亮的“烛光”，有时候可以用最亮恒星的亮度来进行估算，甚至是星团的亮度，这样就可以估算出数十亿光年的距离。但是如果超过这个距离，即便是星团或是最亮的恒星，亮度也太暗了。如果是更遥远的距离，我们就会用目前已知最亮的标准烛光——一种特定的“爆炸恒星”，也就是超新星。超新星爆炸的余晖衰减所需的时间能让我们知道它确切的亮度。因此，使用类似造父变星以及其他标准烛光比较的方法，我们可以对照真实亮度与可见亮度，继而计算出与它们的距离。利用“Ia 型超新星”（Type 1a supernovae）这类超新星，我们就可以测量数十亿光年的距离。

为了测量最远的距离，我们会使用一项宇宙本身的特性。在 20 世纪 20 年

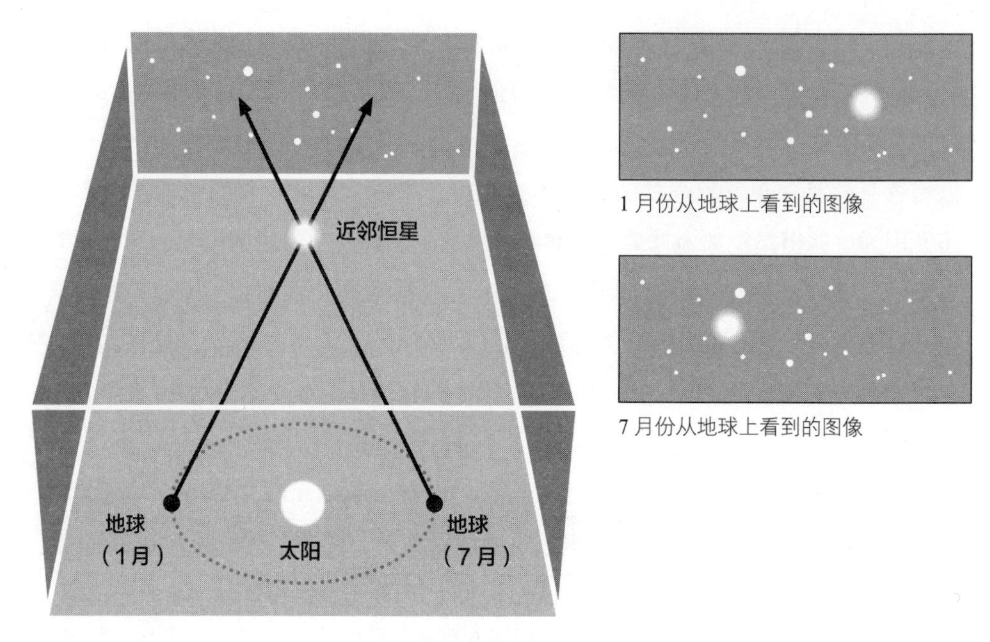

由于地球绕公转轨道运动造成附近恒星的视运动，因此可以被用来计算它们之间的距离。

注：非实际比例。

代，哈勃提出了宇宙正在膨胀的说法，这样的膨胀会拉长来自遥远星系的光，让光谱从蓝色移向红色，这种现象被称为“红移”（redshift）。红移与遥远星系的距离有关，天文学家可以借此绘制出最大尺度宇宙内的星系分布，不过这只是通过假设的宇宙结构与演化推断出的结果。

Q134　天文学家如何分辨较远的大而亮的恒星，以及较近的小而暗的恒星呢？

斯宾塞·泰勒，大曼彻斯特，洛奇代尔
（Spencer Taylor, Rochdale, Greater Manchester）

说真的，这有时候的确是个难题。如果我们与恒星的距离可以利用上一个问题提到的方法来测量，那么问题就可以解决。但是万一没有这种测量距离的方法，例如，那是一颗普通的恒星，像我们的太阳一样位于银河系内，与我们相距一个合理的距离。这时候就需要借助恒星生命演变的知识了。

我们现在已经了解了恒星的颜色与亮度之间的关系。在恒星大部分生命里，也就是“主序星”期间，质量更大的恒星本质上也更亮，表面会更热。这时候，恒星表面的温度会表现在颜色上：红色的恒星温度较低，蓝色的恒星温度较高。这意味着，如果我们知道一颗恒星的颜色，就可以计算它的温度，从而知道它的实际亮度。通过比较实际亮度与视亮度，就可以估计出我们与这颗恒星的距离。

当恒星变老时，情况就比较复杂了。在恒星的生命末期，亮度与表面温度会有非常大的变化。而天文学家已经研究了许多恒星，得到了详细的模型，知道恒星在生命的各个阶段看起来应该是什么样子的，也可以估计与它们的距离。虽然计算结果都只是估算值，但是通常已经足以预测这些恒星在银河系中的大概位置了。

Q135 借助更强大的望远镜，我们现在观测的恒星与星系是它们几百万年前的样子。现在，这些恒星和星系在天空中的位置是否已经改变了呢？

文斯 · 麦克德莫特，柴郡；梅弗 · C，格拉斯哥与约翰 · 摩根，北爱尔兰
Vince McDermott, Cheshire; Maeve C, Glasgow and John Morgan, Northern Ireland）

不论何时，当我们观察一个天体时，我们看到的光都经过非常长的时间才来到我们的眼前。光的前进速度非常快，每秒前进 30 万千米，以人类的角度来说，这是很快的，只需十亿分之一秒就可以前进 0.3 米，但是天文距离更加庞大。想想看我们看月球的时候，月球和地球的距离大约是 4 万千米，所以月球大约比 1 光秒远一点点。也就是说，光只需 1 秒多一点的时间，就可以从月球到达我们的眼中、照相机或望远镜里。因此，我们看到的月球只不过是 1 秒钟之前的月球，但在这段时间里，它已经在公转轨道上移动了大约 1 千米。

太阳和地球的距离是 1.5 亿千米，大约是 8 光分钟多一点；如果太阳突然“消失”，我们在 8 分钟内是无法看到任何变化的。当然，从天文学上来说，太阳和月球只不过在我们的家门口，恒星和星系就远得多了。仙女座星系是距离我们最近的星系，大约在 250 万光年外，所以我们看到的是 250 万年前的它。在这段时间内，它相对于银河系移动了大约 8000 光年的距离。这听起来好像很多，但是以仙女座星系的尺度而言——直径 14 万光年——根本不算什么。

至于更遥远的星系，我们看到的就是更久之前的它们，有时候可能达数十亿年前之久。在这么长的时间里，太空中的风景可能出现了翻天覆地的变化，星系可能集结成了巨大的星系群，互相融合在一起，形成现在我们周围的巨大星系群。因此，虽然星系相对于它们的邻居可能移动得很远了，但如果我们能看到它们目前的实际位置，相对于我们来说，它们在天空中根本没有移动什么距离。毕竟在如此遥远的地方，即使它们移动得很远，在天空中看起来也不过就是小小一隅，不值一提。

了解我们的星系

Q136 对于住在离太阳最近的恒星周围行星上的外星人来说，太阳看起来是什么样子的呢？它会有多亮，又在哪一个星座里呢？他们会不会探测到其他行星的存在呢？

坎贝尔先生，肯特郡，威灵（Mr Campbell, Welling, Kent）

半人马座阿尔法星是天空中肉眼可观测到的第三亮的恒星，不过在英国，我们看不到它。半人马座阿尔法星的亮度有些误导人，因为它其实是一个三星系统，由三颗相互绕转的恒星组成。最亮的那颗恒星通常被称为半人马座阿尔法A星，质量比太阳略大一点（大10%左右），亮度大约是太阳的1.5倍。第二亮的恒星名为（你应该猜到了）半人马座阿尔法B星，质量比太阳略小一点点，亮度只有它的1/3。第三颗恒星为半人马座阿尔法C星，它更小更暗，而且是一颗红矮星，也是这三颗恒星中最接近地球的一颗，所以有时候也被称为“比邻星”（Proxima Centauri）。

从半人马座阿尔法星看太阳，太阳就像一颗很亮的恒星，但并不是格外亮，看起来很像猎户座的参宿七或小犬座（Canis Minor）的南河三（Procyon）。如果从半人马座阿尔法星的方位进行观测，太阳位于仙后座内，它会让仙后座的W形看起来更像“/W”。

我们还没有探测到任何围绕半人马座阿尔法星公转的行星，但如果有的话，它们会探测到我们的太阳系吗？由于方位的原因，从半人马座阿尔法星是无法看到任何经过太阳前面的行星的，因此通过“凌日法”无法探测到任何行星。其他探测行星的方法通常都涉及恒星的运动。行星的存在意味着太阳的摆动，而主要的影响来自木星。从半人马座阿尔法星的角度来看，太阳看起来像是以几千分之一角秒（arcsecond）的速度在移动，我们测量恒星位置的最高精度是可以满足测量这种程度的距离变化的，所以如果半人马座阿尔法星的外星人也掌握了我们目前的技术，那他们至少能探测到木星的存在，也许还能探测到其他几颗较大的行星，例如，土星、天王星和海王星。

但是据我们所知，探测其他恒星周围的行星最成功的方法，并不是寻找恒星位置的实际变化，而是看它的摇摆速度。来自恒星的光能分解成组成成分的颜色，我们称之为光谱（spectrum），相当于一种恒星的“指纹”。摇摆会造成恒星稍微向前或向后移动，它靠近或离开观察者的速度会稍微改变这颗恒星的光谱，也就是它的“指纹”。同样，太阳受到木星（可能还有土星）影响的运动，用我们的技术是可以探测到的，但是其他行星就无法探测到了。

最近发现的一种探测行星的方法是直接拍摄影像，但这有些困难，因为和行星相比，恒星会非常亮。此时，和太阳的邻近关系就能发挥作用了，因为木星看起来离恒星比较遥远，所以更容易挡住太阳的光。然而，即使明亮的太阳不在木星旁，木星也会很暗，且暗的程度差不多是最大的地面望远镜能看见的亮度极限。

因此，如果居住在一颗围绕半人马座阿尔法星公转的行星上的外星人与我们的科技程度相当，他们将能够探测到比较大的行星，但地球的存在可能就会逃过他们的眼睛。

Q137　太阳系在银河系的什么位置呢？

亚历克·伯达克斯，诺丁汉郡，朗伊顿
（Alec Bordacs, Long Eaton, Nottinghamshire）

银河系由恒星组成，呈现扁平盘状，宽度大约是10万光年。太阳系位于2/3到1/2中间的位置，距离中心大约3万光年。如果我们从上向下俯瞰银河系，这个扁盘会呈螺旋状结构，有数个旋臂从中央向外延伸到末端。我们所在的这个特定区域通常被称为“猎户臂”（Orion Spur），位于两个主要旋臂之间。它之所以被如此命名，是因为从地球上来看，猎户臂的一端指向猎户座的方向。

Q138 我们的太阳系是否和银河系的扁盘对齐？

罗宾·德雷克，德文郡，埃克塞特
（Robin Drake, Exeter, Devon）

太阳系相对于银河系的扁盘大约倾斜了 60°。太阳系没有理由和银河系的扁盘排成一列，因为相较之下它实在是太小了。我们在天空中看到的其他行星系统都与银河系呈不同角度倾斜。

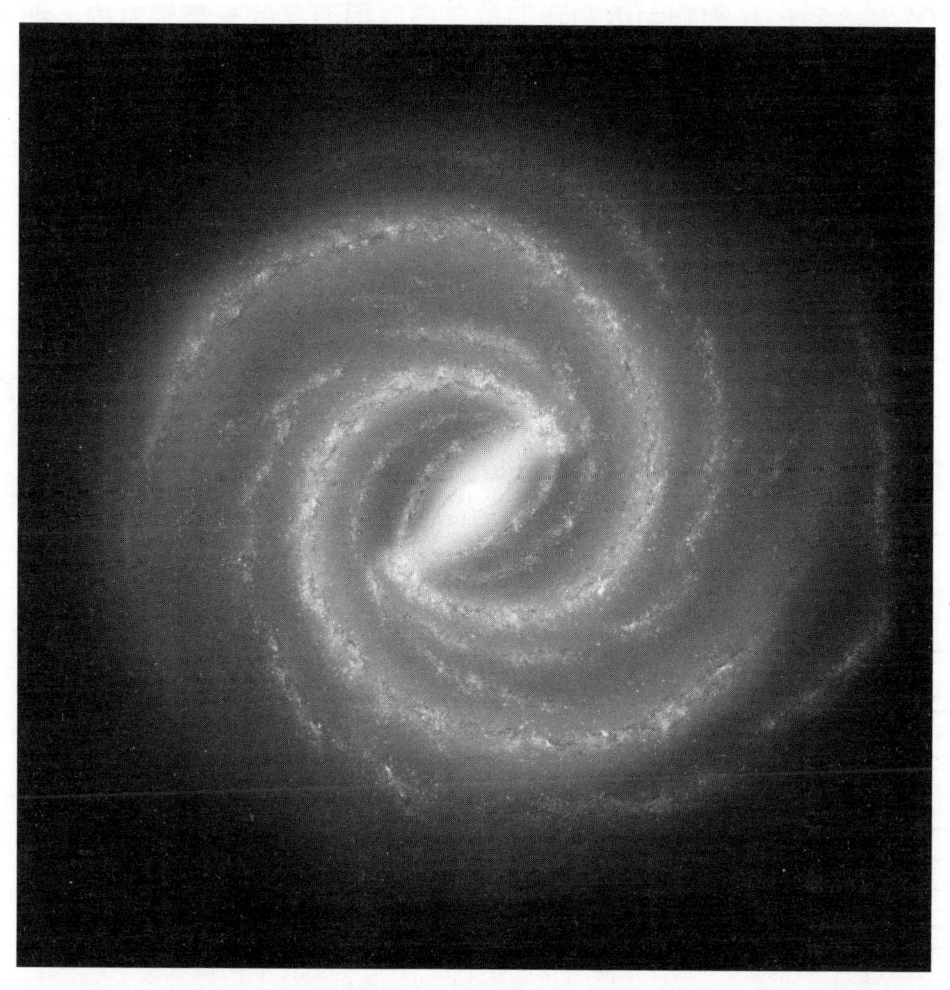

这是一张以太阳为中心的银河系地图，由斯皮策空间望远镜（Spitzer Space Telescope）的红外测量数据重建而成。

在非常晴朗的夜晚，从黑暗的地方可以看到伸展在夜空中的银河系扁盘，也就是银河。它穿过仙后座、天鹅座、天蝎座（Scorpius）以及人马座（Sagittarius）。在英国的春天与夏天最容易看见它，因为此时它几乎是从我们的头顶经过，像一条跨过夜空的黯淡而雾蒙蒙的带子，仔细一看就会出现深色通道，那是尘埃形成的云挡住了后面恒星发出的光。从南半球来看，这个景象更壮观，因为那里可以看到银河的中央，而这个区域永远不会出现在英国的地平线之上。

Q139 我们从观测中得知我们位于自身银河系的一条旋臂内，那么，我们知道自己在宇宙中的位置吗？

托尼·马修斯，格温特郡，纽波特

（Tony Matthews, Newport, Gwent）

我们知道自己的星系——银河系，是散落在宇宙中的数十亿星系之一。这些星系并非随机排列，而是群聚成星系群。银河系是本星系群三大星系之一，另外两大星系是差不多大小的仙女座星系和三角座星系（Triangulum Galaxy），此外还有数十个较小的星系。仙女座星系大约在 250 万光年之外，三角座星系则更远一些，大约在 300 万光年之外。本星系群的星系因引力而聚集在一起，在天文学的时间尺度上会围绕彼此运动。一般认为，三角座星系可能会在 50 到 100 亿年后与仙女座星系擦肩而过，接着很有可能与银河系相撞。

但是相对于整个宇宙来说，本星系群实在是太小了。我们看到的更大的星系群——称之为星系团（cluster），通常会以所在星座命名。本星系群位于室女座星系团（Virgo Cluster）的边缘，距室女座星系团的中心大约 5000 万光年。室女座星系团包含超过 1000 个星系，有些比我们的银河系更大，在这个星系团外围还有数百个与我们的本星系群类似的星系群。

在更大的尺度上，我们还发现了星系团聚集而成的星系团，称之为超星系团（supercluster）。我们的本超星系团被称为“室女座超星系团”（听起来有点混乱），因为室女座星系团是其中最大的成员，就以它命名。不过还有更大尺度的星系团。超星系团会排列成巨大的丝状星系（filaments of galaxy），延伸数十亿光年，当中穿插着很多巨大的空洞。这种大规模结构源于物质在宇宙初期坍缩在一起的现象，并且分布的距离非常遥远。

Q140 如果我们同时考虑地球的自转、围绕太阳公转以及太阳绕着银河系转动的速度，那么我们在太空中的移动速度有多快呢？

谢恩，德文郡（Shane, Devon）

地球的周长大约是4万千米，赤道的转速大约是每小时1600千米。在英国这样的高纬度地区，地球表面旋转的圈会更小一些，速度大约是在赤道的一半。同时，地球围绕太阳运动的速度大约是每秒30千米，相当于每小时10.8万千米。

太阳围绕银河系完成一圈公转大约是2亿年，时间很长。而公转轨道的长度大约是20万光年，也就是说，太阳其实是以每秒250千米的速度围绕银河系转动的。银河系本身也会受到邻近星系和星系团引力吸引的影响在太空中移动。例如，银河大约以每秒130千米的速度向仙女座星系移动。但是，银河、仙女座星系以及本星系群内其他邻近的星系，也都会在太空中移动。

为了计算出如此大范围内的速度与方向，我们必须先确定一个适当的参考点。我们也不能选其他星系或星系团，因为它们也可能会移动。不过，有一个参考系可以被视为是绝对的，那就是整个宇宙。我们可以利用大爆炸的光来测量太阳系相对于宇宙的速度。这种剩余的光被称为“宇宙微波背景”（Cosmic Microwave Background，缩写为CMB），显示出频率在一个方向上的轻微增加，而在另外一个方向上则会轻微减少。这种效应叫作多普勒频移（Doppler shift），也可以用来解释为什么火车或警车朝你驶来时，鸣笛的音频比较高，而离开你的时候音频较低。

如果宇宙中的一切都均匀膨胀，我们应该不会看到这种效应。但我们测量到太阳系在太空中移动的速度是每秒370千米，当我们把这个速度与前面的速度相结合时，会发现本星系群的移动速度是每秒630千米，并且向长蛇座（Hydra）方向移动。造成这种运动的原因是巨大的矩尺座超星系团（Normasupercluster），银河系、本星系群甚至室女座星系团都被它吸引，并向它的方向移动。

Q141 太阳系是如何与来自银河系中心的粒子相互作用的？

肖恩·戴利，澳大利亚，墨尔本
（Sean Daley, Melbourne, Australia）

在天文物理学里，有很多不同的现象都会产生有极高能量的粒子流，这些粒子流以接近光速的速度前进。这些现象包括爆炸的恒星——也就是超新星，以及围绕着中子星或黑洞的物质。我们的银河系中央不仅有数百万颗恒星聚集在一起，还有一个巨大的黑洞，其质量是太阳的好几百万倍。从太空中这种极端区域来的太空粒子流的流量会特别高。在这些粒子中，会有一束稳定的粒子流通过银河系，形成所谓的"星际风"。大部分粒子都带有电荷，如质子和电子，它们一般都会沿着银河系扁盘的磁场运动。

和所有恒星一样，太阳会制造出稳定的粒子流，被称为太阳风，不过一般来说，太阳风会比来自银河系极端区域的粒子流弱。太阳风会向外流，形成所谓的日球层。从某种意义上来说，这就是太阳的大气层，不过它非常大，甚至会延伸到比地球公转轨道还远数百倍的地方。最后，太阳风会与星际风相遇，标记出太阳影响范围的边缘。"日球层顶"就是太阳的磁场与更大尺度的星系磁场交汇的地方。当粒子通过银河系到达这个地点时，一些粒子就会转向，离开太阳系。从这个角度来看，太阳风保护了地球和其他行星不受大部分粒子的影响，不过有些粒子还是会通过日球层顶，向太阳的方向前进。这些粒子形成了大部分我们所知的高能粒子，它们的能量比欧洲核子研究中心（CERN）大型强子对撞机（Large Hadron Collider，缩写为 LHC）创造的粒子能量还要高数百万倍。

不论这些粒子来自太阳还是银河系的其他地方，都被称为宇宙射线，并会对电子设备与天文探测设备产生不利影响。来自银河系的粒子流会随着太阳活动而改变。太阳比较活跃时，太阳风就会更强，被转向的星系宇宙射线也会更多。因此，在太阳活跃期，我们会接收到更多来自太阳的粒子，而来自太阳系外的高能宇宙射线则会更少。

双星与星团

Q142 一个恒星系里可能有两个恒星吗？

保罗·福斯特，伦敦，克拉彭
（Paul Foster, Clapham, London）

我们知道，宇宙中有很多聚星系统（multiple-star system）。在这些系统中，其实有一半以上的恒星都处在具有两颗及两颗以上的恒星的系统中，这是很正常的。我们甚至知道夜空里有两个六重星（extuplet-star system），其中一个就是双子座（Gemini）的北河二（Castor）。

一般来说，在星系团里的恒星很多都是聚星系统的形式。在很多双星系统里，两颗恒星相对遥远，可能有其他行星围绕其中一个恒星公转。

双星系统中的恒星经过很长一段时间后会螺旋式靠近，最后会破坏其他行星的公转，使得行星进入被拉得非常长的轨道中，或被完全抛到星系外。不过，我们的确知道一些系统里的行星围绕双星系统运行。

Q143 在双星系统中，一定有一颗恒星夺去另一颗的质量吗？是什么引发这样的过程，最后的结果又是什么呢？

林赛·弗格森，汉普郡，欧弗顿
（Lindsay Ferguson, Overton, Hampshire）

大部分双星在公转轨道上都相隔得很遥远，不会受到它们的伴星的干扰。而组成恒星的等离子体或是电离气体只能靠恒星引力保持自己的位置，一般也都会保持球形，这就和太阳及其他行星一样。只有在双星距离特别近的时候，才会发生物质转移的状况，而且在一般情况下，其中一颗恒星必须特别大。

这种情况通常始于其中一颗恒星开始老了，在恒星死亡之前外层开始剥离，最终恒星变成白矮星、中子星甚至黑洞。在这个阶段，双星会开始以螺旋状向彼此移动。当第二颗星接近自己的生命终点并开始膨胀时，事情就更刺激了。在它们生命的晚期，有些恒星会扩张到原本大小的数百倍，如果伴星足够接近，那么引力就会把这个巨大的恒星拉成水滴形，尖端对着伴星的位置。在水滴的尖端之外，伴星的引力其实比原本的恒星更大，所以物质就会开始转移。

当恒星接触到伴星时，不论白矮星、中子星还是黑洞，物质流都会被加热到极高的温度并释放 X 射线。天体越小且密度越高时，通常转移的物质流就越热。其他星系的 X 射线图像上显示很多光点，大部分都是这些“X 射线双星”（X-ray binaries）。

Q144 球状星团（globular cluster）里的恒星会不会由于和其他恒星相遇而“挥发”？为什么围绕我们银河系的矮星系（dwarf galaxy）都被撕裂了，球状星团却不会呢？

大卫·霍尔，西米德兰兹郡，大巴尔
（David Hall, Great Barr, West Midlands）

球状星团是聚集在一起的一群恒星，现在大致呈球体。它们非常巨大，通常包含好几万颗恒星。我们一般认为，形成星团的恒星大部分都比较小，一个星团里的恒星数量大约是数千颗，而且比较分散。我们可以看到形成这些“疏散星系团”（open cluster）的恒星，而且夜空中有很多这样的例子，最有名的就是昴星团（Pleiades），又称七姐妹星团，位于金牛座，相对比较年轻，大约只存在了数亿年，与大多数我们能看见的疏散星系团相比，它相对比较聚拢。在夜空中距离昴星团不远的是毕星团（Hyades），构成了金牛座头部 V 形的部分。

正如我们所说，球状星团都十分巨大，包含了很多恒星。所有恒星的强大引力意味着它们会形成近似球体的形状，通过小型望远镜看起来就像是一团模糊不清的污渍。从英国能看到的球状星团是武仙座球状星团（Hercules Globular Cluster），也就是梅西耶 13 号星团。在更南的地区，凭肉眼就可以一赏包含数百万颗恒星的半人马座欧米伽星团（Omega Centauri）的壮丽美景。和大部分球状星团一样，半人马座欧米伽星团和梅西耶 13 号星团的中心都比较亮，这是由于中心部分的恒星密度比较高。

在球状星团的生命中，虽然可能有些恒星会被抛出去，但是由于星团引力非常强大，所以大部分恒星仍会留在星团内。星团可能会被拉伸变形，但是恒星还是会紧密地聚集在一起。虽然大部分矮星系的尺寸会更大，但它们的质量也比球状星团大。当矮星系接近比较大的星系时，外围区域受到的干扰最多，但核心的完整性通常能维持更久。我们甚至认为，半人马座欧米伽星团可能是一个极小星系核心的残余物，而原本的小星系可能在数十亿年前就被银河系吞并了，而且这个星团的中央甚至可能有个中等大小的黑洞。目前，这个过程正在人马矮椭圆星系（Sagittarius Dwarf Elliptical Galaxy）中发生，这个星系距离我们的银河系中心约 5 万光年，而详尽的观测已经证明，有一簇恒星群正在通过银河，它们都朝着同样的方向前进，它们已经在数十亿年间被脱去外层并留下星系核心。

这类事件在过去曾发生过，而且已经从恒星的运动中得到证明。有些恒星似乎在围绕银河系向后退，它们被认为是来自已经被吸收的矮星系。还有一个例子是包括卡普坦星（Kapteyn）在内的恒星群。卡普坦星是一颗红矮星，目前在 13 光年以外。这个恒星群由 14 颗恒星组成，它们的运动显示它们最初是半人马座欧米伽球状星团的一部分。

诞生、寿命、死亡

Q145 听说恒星是从气体云中诞生的，但到底是什么物理原理会使一团气体云在无边无际的太空中坍缩形成恒星呢？

雷·富尔福德，波伊斯，兰德林多威尔斯
（Les Fulford, Llandrindod Wells, Powys）

总的来说，形成恒星的物理原理就是引力。任何足够大的气体与微尘云，最终都会由于自身的引力而开始坍缩。随着气体云的坍缩，它会变热，而增加的温度和辐射会使收缩速度减慢。随着时间的推移——通常是几千万或几亿年之后，云团会通过辐射散热而逐渐冷却下来。不过，这种冷却又会使它更进一步坍缩，最终，因引力造成的坍缩超过了由热能引起的膨胀。

随着云团坍缩，气体云核心的密度会逐渐增加。最终，中心的压力和密度会变得很高，高到足以引发核聚变。只要核聚变开始，就会快速加热气体云，使这个天体成为一颗恒星。最后形成的恒星的质量，会由气体云初始的质量与成分等各种因素决定。

Q146 说到新恒星的形成，我们通常都会提到氢气和尘埃云，尘埃云是由什么组成的呢？

路易莎，默西赛德郡（Louisa, Merseyside）

宇宙绝大部分是由氢和氦构成的，但是也有少量的较重元素。在恒星的生命中，常见的元素被合成出来，包括碳、氮、氧、硅、硫等。当恒星的外层开始膨胀时，这些元素会分布到周边的区域，如果恒星够大，就会爆炸成为超新星。

随着这些元素穿过太空，它们会冷却并聚集成小小的粒子。这些粒子会渐渐累积，直到形成 1/10 毫米大小的颗粒。而碳、氧、硅这些最常见的元素，最常形成的颗粒类型就是碳酸盐和硅酸盐。铁这些较重的元素也会形成其他颗粒，但是通常比较少见。在太空中非常容易形成的一种分子是水，因为它只要氢和氧就够了。水分子通常以水蒸气的形式出现，但当温度够冷时，也会形成冰粒，这些冰可以帮助颗粒黏合在一起。

在密度特别高的区域，尘埃颗粒的表面可能会堆积出更复杂的分子。在猎户座星云等许多星云内，我们都发现了“有机化学物质”。我们要说明的是，不论以形态还是生命形式而言，这些有机化学物质都不是活的，它们只是包含了氢、碳、氧，外加一些氮之类的其他元素在内的化学分子而已。我们发现的最复杂的有机化学物质之一氨基酸，它们除了存在于一些星云内，也会出现在坠落到地球的一些陨石中，这些发现之所以很重要，是因为这些氨基酸可以在非常特定（而且很复杂）的排列下形成蛋白质，而蛋白质是生命最重要的物质。虽然从猎户座星云里发现的有机化学物质，到成为地球上的生命，会是一个非常巨大的飞跃，但是我们必须明白，生命的基石已经在那里了。

这些尘埃颗粒、冰粒以及有机分子，被濒死的恒星抛出后，将会出现在新形成的恒星附近。这个过程不一定会在形成 1/10 毫米大小的颗粒时就停止，颗粒可能会继续黏在一起，最终形成小石块或岩石。如果认为岩质行星是这些颗粒累积而成的，其实并不荒谬。当然，这可能代表着我们只是有机分子聚集而成的复合体，住在一颗巨大的尘埃颗粒上，并围绕一颗恒星公转，但这并不是一个非常吸引人的想法！

Q147 猎户座明亮星云 IC434 的亮度让我们看到了马头星云（Horsehead Nebula）的轮廓，那么，哪一颗恒星是它的能量来源呢？

安东尼·西蒙斯，南约克郡，谢菲尔德
（Anthony Simons, Sheffield, South Yorkshire）

马头星云是一团黑色的尘埃云，我们之所以能看到它，只是因为在比较遥远的星云里，有气体的光线可以让我们看到它的轮廓，那个比较遥远的星云被称为 IC434，被接近猎户座腰带一端的参宿增一（Sigma Orionis）照亮。如果可以完整观察 IC434，会觉得它是一个环，中心就是参宿增一。

地球和星云间的距离通常很难测量，一般需要和一个已知距离的恒星相关联。参宿增一距离地球 1150 光年，但这个星云的可见部分，可能距离地球更近或更远。就我们现有的平面角度来看，其实很难判断。

Q148　为什么恒星的大小都不一样？它们似乎应该在达到某个临界质量与核心温度时，就一起“点亮”。如果在恒星一开始“点亮”时，任何多余的气体都会被吹走，那么夜空中唯一会闪亮的星星应该是红矮星，但事实显然不是这样。

理查德·查普曼，柴郡，伦考恩（Richard Chapman, Runcorn, Cheshire）

恒星开始“点亮”的关键点，是由中央核心的密度与温度，而不是由形成恒星的原始气体云的总质量来决定的。当核心达到临界的温度与密度时，就会开始核聚变，恒星自此开始发光。到了这个时候，强烈的辐射会把那些恒星引力无法紧紧约束住的气体吹散。

一团气体云通常会形成好几颗恒星，而且很少会均匀坍缩。有些星前核心（pre-stellar core）会比其他的核心更大、密度更高，因此，当核聚变发生时，它们就会抓住更多的物质。不论在哪一个星团里，都会有各种质量的恒星形成。会有很多小恒星，如红矮星，也会有很多和太阳质量相近的恒星，只有少数恒星的质量会比太阳大很多。

Q149　恒星 R136a1 是太阳质量的 256 倍，但我们本来以为它是不可能存在的。那么，一颗恒星的质量实际极限是多少呢？

拉塞尔·阿斯平沃尔，萨里郡，法纳姆（Russell Aspinwall, Farnham, Surrey）

由气体云和尘埃形成的恒星，质量取决于许多因素。首先，云的密度会决定开始进行核聚变时的星前核心有多大。一旦核聚变开始，不足以被引力约束的物质就会被恒星发出的强烈辐射吹散，而物质被吹散的难易程度会由它的成分决定。其中，最早形成的那些恒星几乎完全由氢和氦原子形成，它们的冷却速度会比分子云或尘埃慢，可以形成更大的恒星，其质量可能是太阳质量的1000倍。

构成我们银河系中气体的物质化学成分更加丰富，基于此，一颗恒星所能达到的最大质量是太阳质量的10~20倍。这是根据计算机模拟的单颗恒星得出的结果，显然少了些什么。毕竟，我们知道银河系里的恒星质量是太阳的好几十倍。而且我们现在知道，大麦哲伦云里的R136a1的质量是太阳质量的好几百倍。

这种“怪物恒星”的形成可以用多个星前核心的合并来解释。另外一种可能是“被触发的恒星形成”，意思是来自已存在恒星的强大星际风，压缩了周围的物质，形成了致密核心，从而形成更大质量的恒星。这种过程在星团中是很常见的。

星前核心相对于恒星本身是冷的，所以最适合通过红外线来观察。赫歇尔空间天文台（Herschel Space Observatory）已经观察到数个正在形成过程中的恒星，有些就是“被触发的恒星形成”的例子。

Q150 一般我们认为，太阳是从一团类似猎户座星云的气体云与尘埃中诞生的，有没有可能在50亿年后，我们能判断夜空里的哪些恒星是太阳的手足？

德里·诺斯，莱斯特郡，阿什比德－拉－佐奇
（Derry North, Ashby-de-la-Zouch, Leicestershire）

猎户座星云是距离我们最近的大型恒星形成区域，里面有很多非常年轻的恒星。这些恒星随着时间流逝会开始飘移出去，我们在天空中可以看到类似的例子。举例来说，北斗七星中的5颗恒星一起在太空中移动，它们都是一个在5亿年前形成的、大约由200颗恒星组成的星群的一部分。而这些恒星曾经处于一个疏散星团里内，也许就像猎户座星云的中心一样，不过现在已经散布在约30光

年宽的区域里了。

我们知道太阳并不是和这些恒星同时形成的，因为它的年龄比这些恒星老了 10 倍，以这样的年龄来看，和太阳一起形成的那些恒星都已经移动到更遥远的地方，分散在整个夜空中。在它们分散开的过程中，有些本来很接近彼此的恒星可能会飞往邻近的区域。而经过这么长的时间之后，想找到太阳手足的位置已经不可能了。

Q151 为什么那些不够大、不足以支撑核聚变的恒星被称为褐矮星呢？

西蒙 · 朗，伦敦（Simon Lang, London）

褐矮星指的是那些质量不到太阳 1/12 的恒星，相当于木星质量的 80 倍。这些恒星由于质量太小，无法将氢经过核聚变产生氦，因此也无法像太阳那样发出亮光。这些恒星一旦形成，会慢慢收缩，直到中央的物质（就物理上而言）的密度无法变得更大为止。根据国际天文联合会的定义，褐矮星的质量下限是木星质量的 13 倍，这样仍能在核心进行氘聚变。然而，氘聚变无法维持太久，褐矮星最后会冷却并不再发光。

"褐矮星"一词是吉尔 · 塔特（Jill Tarter）于 1975 年创造的，一般认为这是一个误用，因为褐矮星其实呈现的是暗红色。冷却到极点的褐矮星会冷得不可思议，温度只有几百摄氏度。这些褐矮星需要用红外线观测才有可能被发现。我们目前发现了一些非常近的褐矮星。2011 年，广域红外巡天（WISE）、2 微米全天巡天（2MASS）以及斯隆数字化巡天（SDSS）就在离我们大约 15 光年的地方发现了两颗褐矮星（Y 级褐矮星）。

Q152 如果红矮星把核心所有的氢都燃烧成氦会怎么样？对它的壳层会有什么影响？

史蒂夫 · 比克迪克，贝德福德（Steve Bickerdike, Bedford）

红矮星的质量不到太阳的一半，所以寿命更长。它们足够小，所以可以让氢一直循环，持续供应核心的核聚变。事实上，红矮星把氢燃烧成氦的时间可以超过 1 万亿年，比目前宇宙的年龄还要长 100 倍以上，所以还没有红矮星脱离生命主序的例子。不过，我们可以运用恒星演化的知识，预测接下来会发生的事。

随着核心的氢开始耗尽，恒星产生的能量会更少，红矮星会接着开始收缩。收缩会使核心再度加热，增加能量的产出。来自核聚变的能量与将一切向内拉的引力形成微妙的平衡，意味着恒星的外层会冷却并膨胀。与太阳这样的恒星不同，红矮星的核心不会热到足以产生氦聚变，当氢耗尽时，能量的产出会立刻下滑。

在这个时候，红矮星会自行坍缩，直到核心物质在物理上无法达到更高的密度为止，到时候它大约只有地球大小了。此时将不会再有可观的壳层物质存在，因为不会有强大的星际风吹散气体。剩下的恒星被称为白矮星，而从红矮星演变成的恒星含有非常丰富的氦。

虽然还没有足够长的时间让任何红矮星燃烧殆尽它们的氢，但我们很期待在 1 万亿年后会有相关的观测报告！

Q153 为什么大质量恒星的寿命比小型恒星短？

杜安·迈尔斯，萨默塞特郡，滨海威斯顿
（Duane Miles, Weston-super-Mare, Somerset）

大质量恒星有比较充足的燃料供应，但是消耗得也更快。这是由于恒星核心的密度比较高，因此温度也会高很多。较高的燃料消耗率代表恒星会更亮，两者比较的结果也就越惊人。例如，天鹅座里最亮的恒星天津四（Deneb）的质量大约是太阳质量的 20 倍，但亮度却是太阳的 6 万倍！核心进行的聚变过程基本上是一样的，所以天津四消耗燃料的速度一定是太阳的几千倍！像天津四这样的恒星，存活周期短，死亡得也早：太阳的寿命大约为 100 亿年，而天津四的寿命只有约 3000 万年。

Q154 恒星需要多大才会在爆炸之后形成黑洞？

史蒂文·罗西特，南约克郡，巴恩斯利
（Steven Rossiter, Barnsley, South Yorkshire）

当一颗比太阳大得多的恒星消耗了所有的燃料后，会爆炸并形成一颗威力强大的超新星。这种情况适用于一开始质量至少是太阳 8 倍的恒星，但到了生命的最后阶段，它们的质量已经蒸发了 1/3 左右。

在超新星阶段，恒星大部分的物质都会向外膨胀，但有些物质会在重力作用下重新坍缩。这些重新坍缩的物质会发生什么，取决于它们有多少。如果坍缩的质量超过太阳质量的几倍，就会形成黑洞；如果比较少，就会变成中子星。

因此，大质量恒星的生命最终阶段，取决于它在生命过程中以及最后形成的超新星爆炸的这两个阶段里损失了多少质量。黑洞通常是由质量大约为太阳质量 35 倍的恒星形成的，而这种恒星的数量相对较少。

超新星

Q155 超新星到底有多少种，它们之间有什么差别呢？

| 杰夫·沃尔特利，西伦敦（Geoff Wortley, West London）

超新星以数字和字母来作为辨别它们的特征，如“Ia 型”和“Ⅱ型”，分类的依据有两个，分别是超新星明暗的不同，以及在爆炸的光线中探测到了哪些元素。目前，我们只知道两种超新星的诞生方式。

第一种方式是双星系统中的白矮星引起的。如果白矮星的伴星在进入红巨星阶段时非常接近白矮星，那么这颗伴星的外壳层可能会被白矮星吸积。如果有足够的物质被转移，那么白矮星的质量会继续增加，直到达到临界质量，即“钱德拉塞卡极限”（Chandrasekhar limit）。在这个时候，白矮星的质量会变得过于巨大，无法维持稳定，从而发生剧烈的爆炸，这就是 Ia 型超新星。因为这种情况总是在白矮星的质量达到约太阳质量的 1.4 倍时发生，所以这种超新星总具有可预测的亮度。最近，在梅西耶 101 号旋涡星系中发现了离我们最近的这类超新星，距离大约为 2000 万光年。这颗超新星于 2011 年 8 月首次被发现，并且在之后的几周内仍能用小型望远镜观测到。[1]

第二种常见的超新星爆炸方式，是大质量恒星核心耗尽核燃料后发生的爆炸。在这个时候，恒星的核心主要由铁构成，外壳层还有好几层较轻的元素，最外层是氢的壳层。当核聚变停止，向外的压力突然下降，恒星的引力会突然占上风，使恒星自行坍缩。这类超新星其实更像内爆而不是爆炸，不过大部分物质

---

1 2014 年 1 月 22 日，梅西耶 82 号星系中爆发了一颗 Ia 型超新星，是近 40 年来距离地球最近的超新星，距离约 1200 光年。——编者注

撞上高密度的核心后会弹开，飞进太空中。这类超新星通常被称为“Ⅱ型”超新星，不过先前已经把氢壳层吹散的恒星爆炸则被称为“Ib”型和“Ic”型。这些命名方式是在我们了解其中的物理成因前就决定的，所以只是单纯与观测结果有关。

第二种形成超新星的方式会在质量至少是 8~9 倍太阳质量的恒星中发生。如果恒星的质量是太阳的 20~30 倍，剩余的物质也质量很大，就会形成黑洞。具有 40~50 倍太阳质量的大质量恒星，可能会在坍缩过程中立即形成黑洞，根本不会发生超新星爆炸，不过这种情况极难探测到。但是这么大的质量，有时候可能会发生更极端的事。

大部分超新星在亮度高峰过后会慢慢变暗，但是在 2007 年，我们观察到一颗特别亮的超新星，它的亮度上升了 77 天才达到峰值亮度。这颗恒星位于矮星系（dwarf galaxy），质量大约是太阳的 200 倍。观察结果符合我们对过去从未观测到的一种超新星的预测，这种超新星被称为“对不稳定超新星”（pair-instability supernova）。在这些例子中，核心的温度会高到使光子分裂成电子—正电子对（electron-positron pair），使得对抗大质量恒星巨大引力的压力减小。随着恒星坍缩，能量的释放会毁灭整颗恒星，什么都不留——连黑洞也没有。如此巨大的恒星非常罕见，但是在早期宇宙中可能更常见。

Q156 如果有可能拿出一小块中子星的标本，这块标本会维持稳定吗？它会开始衰败还是爆炸？

理查德·格林，汉普郡（Richard Green, Hampshire）

中子星是恒星由于核聚变停止而自行坍缩后的残余物。随着物质因为重力而向内坍缩，天体的密度会越来越高，直到所有原子一起被压碎为止。最终，物质会形成一颗中子星，因为中子之间的距离已经很近了，所以不会再进一步坍缩了。这些恒星的质量与太阳的相差不大，但最终直径只有 10~20 千米，与太阳超过 100 万千米的直径相比，简直是小巫见大巫。

中子星的密度和原子核差不多，一茶匙中子星就有 10 亿吨重。中子星的状态取决于它巨大的质量，这是一小块标本所缺少的。因此，这样的物质可能不再是中子星，也不会再发生剧烈的核爆了。

当然，这一切都是假设，因为用一块重 10 亿吨的标本来做实验是非常困难的，更不必说需要从中子星上取得这样一块标本了。中子星的重力是地球表面的 100 亿倍以上，你肯定需要一根非常非常特殊的茶匙！

Q157 你如何看待夸克星的存在？

肖恩·霍普金斯，北安普敦郡，格丁顿

（Sean Hopkins, Geddington, Northamptonshire）

夸克星纯粹是假设的天体，它比中子星的密度更高，但比黑洞的密度低。夸克星应该是由组成中子和质子的亚原子粒子——夸克——组成的。夸克星形成的机制是纯理论的，当形成超新星的天体质量太巨大而无法形成中子星、但又不足以形成黑洞时，会形成夸克星。

有观测迹象表明，一些超新星并不符合人们对中子星形成的预测，但是要证明这些奇特天体的存在，还有很长的路要走。如果在未来几年或几十年里，人类发现了新的天体，我（诺斯）一点儿也不会感到惊讶。不过要先说清楚，我可不是在和你打赌哦！

Q158 天文学家能不能预测什么时候会出现肉眼可见的超新星呢？

詹姆斯·克拉克，苏格兰，圣安德鲁斯（James Clark, St Andrews, Scotland）

我们不可能准确地预测什么时候会有哪颗恒星变成超新星。我们的银河系里有很多大质量恒星都已经接近了它们生命的终点，如猎户座里的参宿四，但是这些恒星的这个阶段可能会持续 100 万年。之所以出现这种不确定性，是因为我们并不知道它们的确切质量，就算我们知道，我们的恒星理论模型也不够精确，无法准确预测它们的死亡日期。

但是，如果参宿四真的成为超新星，可能会是在约 100 万年之后（别紧张），它将会发出极为壮观的光芒，甚至比月亮还耀眼，我们在白天也可以看到它。

Q159 如果银河系内有恒星发生爆炸，会不会影响在地球上的我们呢？曾经发生过这种事吗？

伊恩·罗斯，约克郡，利兹（Ian Ross, Leeds, Yorkshire）

银河系内的很多恒星都已经爆炸了，并且可以用肉眼看到。最著名的一颗超新星是“超新星 1987A”，它是在 1987 年 2 月成为超新星的。我们用肉眼就能观测到它，但其实它并不在我们的银河系，而是位于距离我们 16 万光年的大麦哲伦云星系。

最近一次记录到的银河系内肉眼可见的超新星是开普勒超新星，由德国天文学家开普勒于 1604 年发现。它最亮的时候和木星差不多亮，大约有一年的时间，我们都可以通过肉眼看到这颗超新星。人类记录的最亮超新星出现在 1006 年，人们在黄昏甚至是白天都能很容易地看到它，在此后大约两年的时间里这颗超新星仍然肉眼可见。

所有被观测到的超新星都至少在数千光年以外，对地球没有任何实质性的影响。但它们对人的心理以及人类社会则产生了巨大的影响，因为当时没有人知道创造或毁灭恒星的方法，所以超新星现象动摇了人们对“恒星是不会移动位置的物体”的印象。

超新星会发出各种波长的辐射，从无线电波到伽马射线都有。一颗离地球非常近的超新星——假设 30 光年以内——产生的高能辐射线足以杀死我们。幸运的是，太阳附近并没有即将成为超新星的恒星——距我们最近的候选体是 400 光年以外的猎户座参宿四。

但是超新星有一个非常重要的影响——我们周围几乎所有的重元素都由超新星产生。氢和氦是在大爆炸中产生的，铁这样的元素是在恒星中产生的，但所有更大质量的元素都需要大量的能量来产生，而这些能量就是由超新星提供的。虽然这些较重元素远不如较轻元素丰富，但它们通常都非常有用。如果没有超新星，我们就必须找到其他方法来制造电线（铜制的）、铅锤（铅制的）以及珠宝（金、银、白金制的）。但除此之外，超新星对恒星产生的物质在银河系中的分布也至关重要。几乎可以肯定的是，构成地球以及我们这些居住在地球的生命体的大部分物质，都曾经在某个时刻经历了超新星爆炸阶段。

Q160 猎户座的参宿四变成超新星时会有多亮，会维持多久呢？观察它会有危险吗？它会不会已经爆炸了，只是光线还没到达我们这里呢？

艾尔 · 肯尼，伦敦，巴特西；托马斯 · 柯林斯，利物浦；加里 · 沃克，萨里郡，班斯特德（Al Kenny, Battersea, London; Thomas Collins, Liverpool and Gary Walker, Banstead, Surrey）

参宿四爆炸的时候，我们可以看到很壮观的景象。它会比月球更亮，甚至在白天都能看到它。它的亮度会在爆炸几天或几周后达到顶峰，接着亮度会渐渐减弱，可能在接下来的好几年都是肉眼可见的。它会成为天空中仅次于太阳的最亮天体，也是史上最明亮的恒星事件。

参宿四的质量大约是太阳质量的 20 倍，寿命只有 1000 万年左右，这意味着它的时间也快到终点了。但我们完全无法精准地预测它的死亡日期。首先，超新星爆发始于它的核心活动，但我们只能看到恒星的表面。当然，它可能下周就变成了超新星，但超新星爆炸产生的光需要 427 年才能到达我们面前。因此，有可能它其实已经是超新星了，只是光还没到达我们这里而已。

Q161 参宿四的英文 Betelgeuse 怎么读？

斯蒂芬 · 巴斯克维尔，什罗普郡，特尔福德（Stephen Baskerville, Telford, Shropshire）

和很多恒星的名字一样，参宿四的英文名字其实源于阿拉伯文。阿拉伯文的写法和拉丁字母不一样，也很难翻译。在阿拉伯文中，恒星通常被称为“yad-al-jauza”，意思是“巨人之手”，一开始它被误译成“bedelgeuze”，因为翻译的人混淆了阿拉伯文中共通的 y 和 b。

19 世纪，欧洲天文学家重新讨论了参宿四名字的起源，很自然地也感到很困惑。最后，他们的结论是，“bedelgeuze”这个词应该是源于“bat al-jauza'”，当时翻译的人错误（而且也很糟糕）地将参宿四的名字理解为“巨人的腋窝”。

与语言翻译中的很多例子一样，这个名字以各种方式被翻译成英语。各种方式之间的主要差别在于“Betel”和“geuse”的发音，“Betel”可以读成“Beetle”

或“Bettel”，“geuse”也可以读成“juice”“goose”“gurz”或任何相近的发音。另外，还有不同的拼写方法，如“Betelgeux”。

当然，如果我们使用拜耳命名法（Bayer designation）将这颗恒星命名为猎户座阿尔法星（Alpha Orionis），就不会有任何问题了，不过这样就没那么有趣了。

Q162 你是否曾经观察到超新星1987A？如果有，当你看到这么壮观的景象时是什么感觉呢？

布兰登·亚历山大，爱尔兰，多尼格尔公司
（Brendan Alexander, Co. Donegal, Ireland）

我们中的一人（摩尔）的确曾经看到过超新星（据我所知，本书另外一位作者没看过超新星，不过可能是因为他那时候才四岁，只能等下一次了，到时候他应该可以看到，但我当然就看不到了）。我以前就听说过，而且也确实发现留在英国是无法成功看到超新星的，所以我搭乘飞机前往南非。我必须承认，我去那里是因为那几乎是我唯一可以用肉眼看到超新星的机会，并且我不想错过这个机会。我并不是想进行什么理论性的工作，也没有携带相关设备。我只是下飞机，到一个黑暗的区域，抬头仰望天空，然后就看到了超新星，我估计它当时的亮度大概只略低于二等星（尽管其他星星让它看起来比较暗）。它完全改变了那片天空的模样。

第二天，我心满意足地回到英国。任务完成了——我用肉眼看到了一颗超新星，尽管早在我出生之前，那次爆炸就已经在很遥远很遥远的地方发生了。

Q163 如果两颗超新星刚好同时挨着爆炸了，会出现“超级超新星”吗？

托马斯，林肯郡，斯肯索普（Thomas, Scunthorpe, Lincolnshire）

两颗超新星刚好相邻的概率微乎其微。为了能对彼此产生影响，它们必须是两颗相互绕转且距离非常近的恒星。超新星的形成方式有两种：一种是当核聚变的燃料耗尽时，大质量恒星的核心开始塌缩；另一种是白矮星超过了特定的质量。白矮星通过从接近生命终点的邻近伴星上吸积物质来增加自身质量。从理论上讲，白矮星的确有可能超过临界质量，并且同时它的伴星又变成超新星，但实际上这种可能性微乎其微。如果真的发生了，那也仅仅是一个巧合。

如果这么不可能的事真的发生了，我（诺斯）推测，这两颗恒星各自的激波会在彼此之间撞击，释放非常多的能量，这样会形成非常壮观的超新星遗迹！

Q164 一颗超新星产生的尘埃如何形成这么多新恒星？这些新恒星都很小，还是形成超新星的恒星非常大呢？

马克·杰克逊，汉普郡，南安普敦

（Mark Jackson, Southampton, Hampshire）

一颗恒星要变成超新星，首先它的质量必须非常巨大，通常是太阳质量的 8 倍以上。如此巨大的恒星在生命的最后阶段会丢掉它们的外壳层，会失去 1/3 甚至更多的质量。对于超新星事件本身，恒星爆炸时通常会失去更多的质量，而只有几个太阳质量的物质被锁在中子星或黑洞里（一个太阳质量大约是 2×10^{30} 千克）。总而言之，一颗质量大到足以形成超新星的恒星会喷射好几个太阳质量的物质到太空中。

恒星有各种大小，从小的红矮星到几百倍太阳质量的巨大恒星。形成小恒星比形成大恒星更容易，所以质量小的恒星数量也远远多于质量巨大的恒星。这意味着，来自一颗超新星的物质已经足以形成许多小恒星了。

不过，来自超新星的物质并不足以形成和原本恒星一样大的新恒星。如果要做到这一点，就需要数颗超新星提供物质。当超新星爆发时，不仅会把物质散布到太空中，还会发送激波到邻近的区域内。这些激波会扫过原本已经存在的物质，并把物质推向密度更高的团块，而大多数大质量恒星都在密度最高的团块里形成。

星系

Q165 星系的中心是什么样子呢?

彼得·布拉德福德，澳大利亚，悉尼
（Peter Bradford, Sydney, Australia）

在我们的星系——银河系的中心，有一个由恒星组成的巨大球体，宽度达数千光年。由于银河系中心的恒星数量巨大，位于那里的行星的夜空，会比我们的夜空要明亮许多。银河系内已知的最大的恒星都在接近银河系中心的圆拱星团（Arches Cluster）内。这些大质量恒星的质量可能高达太阳质量的数百倍，但只会存活几百万年，这样的时间与太阳系 50 亿年的历史相比，只是转瞬罢了。这些恒星寿命很短又死亡得早，在围绕它们公转的行星上很难形成生命。

在银河系的中心有一个巨大的黑洞，其质量相当于 100 万颗太阳。围绕着这个黑洞公转的是一个非常热的物质盘，圆盘会释放出无线电波、X 射线以及伽马射线，因此，黑洞附近的区域并不适宜居住。虽然参观这种地方会让人深深着迷，但我（诺斯）绝对不想有去无回！

Q166 我们的银河系是怎么形成旋臂的？中央的转速是不是比外部的边缘更快？

肖恩·戈麦斯（Sean Gomez）

首先，旋臂是什么？它不是一群围绕星系运动的恒星，而是更像一种导致恒星聚集的波，在这道波经过后，恒星会再度散开。想想看，海里的波浪就是波经过时形成的，但每一滴水其实都是以一个小圆圈移动。从远处看，海洋的波浪就像一堆水以一个单位在移动，但其实组成每一道波的分子都在不断变化。

在星系中，不仅恒星会聚集起来，气体和尘埃也会。当气体云和尘埃的密度变大，就会形成新的恒星。最大的恒星燃烧时也最亮，并会发出蓝色的光，但不会维持太久。等到旋臂的密度波通过后，也就是几千万、几亿年以后，这些炙热的蓝色恒星早已死去，只留下较小且较黯淡的恒星。所以在旋臂之间其实有很多恒星，只是它们并没有那么明亮。

我们还应该考虑星系旋转的方式。如果星系是固态盘，那么接近边缘的恒星应该移动得比中间的恒星快，这样它们才能同时完成一次公转。因此，与内侧恒星相比，外侧恒星必须受到来自中心更强的引力，但既然它们离中心比较远，受到的引力就不可能更大。又或者，你可能会期待星系像太阳系里的行星那样旋转：靠近中心的天体，其移动速度比外侧的更快。然而，这样就意味着所有的质量都在中心，但在星系中，尽管星系中间有一个相当大的核球，但其实质量还是分布在整个星系盘上的。

实际上，除了在星系最中心的那些恒星外，所有恒星的移动速度都差不多。然而，既然比较遥远的恒星完成一次公转的距离更远，它们就需要花上更长的时间完成一次公转。这就像田径场上的运动员，外圈运动员在转弯处的距离会更长，所以起跑处才会是阶梯状的。

因此，接近星系中央的恒星的移动速度会比外侧恒星快很多，使密度波（density wave）环绕整个星系，形成类似螺旋的形状。而在中央，旋臂会紧密地缠绕在一起，但在包括我们所在的很多星系里，旋臂会在距离中心数千光年的地方停止运动。银河系的中心其实不是旋臂，而是一个棒状结构；这个结构不同于旋臂，它以单一单元自转。这个棒状结构的形成过程尚不明确，但我们相信它就是旋臂的成因。在《仰望夜空》节目中，格里·吉尔教授（Professor Gerry Gilmore）将这个棒状结构描述为一个巨大的打蛋器，搅动了银河系，使密度波延展到边缘——银河系的旋臂看起来的确像绑在一根棒子的末端。因此，我们相信这个螺旋状结构会在几百万年中不断变化。

我们尚未完全了解旋臂形成的真正原因，这里提到的只是目前最受欢迎的理论，这些理论也一直在调整与改进。不过由于旋臂的形成需要好几百万年，我们其实无法观察到整个形成过程，只能在各种星系中观测它们各自的现状，而且还没有发现一模一样的两个星系。

在一些旋涡星系中，这个棒状结构对于星系来说是很大的，所以它的形状非常奇怪；但在其他星系中，根本没有这个棒状结构，旋臂几乎与中心相接。我们相信这些宏观旋涡结构（Grand Design Spiral）的起源是不同的，应该是由外界因素造成的，可能是其他星系的经过搅动了该星系，形成了类似涡状星系（Whirlpool galaxy）的螺旋形状。

Q167 如果宇宙在膨胀，为什么仙女座星系会撞上银河系呢？

安德鲁·布里吉斯，萨里郡，班斯特德；保罗·史密斯，布里斯托尔；彼得·泰勒，萨里郡，埃普索姆

（Andrew Brydges, Banstead, Surrey; Paul Smith, Bristol and Peter Taylor, Epsom, Surrey）

答案很简单，这是由于引力。宇宙的膨胀发生在最大的尺度上，其实在宇宙尺度上，仙女座星系与银河系是非常接近的。事实上，有一群大约十几个星系组成的“本星系群”，它们彼此非常接近，才会被引力束缚。仙女座星系和我们的银河系是其中最大的两个成员，围绕彼此公转了几十亿年。

为了测量仙女座这类邻近星系的运动速度，我们测量了它的恒星的运动速度，仙女座的自转速度以及我们相对于银河中心的运动速度，这些都要考虑在内。我们知道仙女座以约每秒 100 千米的速度向地球移动，但是相对于银河系的“横向”运动是比较难测量的。这里的横向——也就是切向速度不可能是 0，可能高达每秒 100 千米，不过未来的进一步测量应该可以让这一数值更精确。

如果这一切向速度相对于仙女座朝我们的移动速度来说很小，那么仙女座就有可能在大约 50 亿年后撞上银河系。如果切向速度稍微快一些，那么仙女座就会旋转，使得撞击延后到 100 亿年之后。不过我们可以确定的是，两个星系最后一定会相撞，因为它们移动的速度不够快，无法逃脱相撞的命运。

这样的相撞不会是单一事件，这两个星系会擦肩而过好几次，最终才会合并成一个星系。

Q168 仙女座星系撞上银河系时会发生什么事呢？会对地球产生什么影响吗？

鲍勃·哈迪，西米德兰兹郡，伯明翰；格兰特·麦金托什，大曼彻斯特，维甘；马克·布拉德，伦敦

（Bob Hardy, Birmingham, West Midlands; Grant Mackintosh, Wigan, Greater Manchester and Mark Bullard, London）

星系是由恒星、气体云以及尘埃构成的。当两个星系——如仙女座星系和我们的银河系——相撞时，不同成分带来的影响也会不同。

恒星的大小与恒星之间的距离相比实在是太小了，太阳和离它最近的恒星之间的距离可以容纳数千万颗像太阳一样大的恒星。所以当两个星系相撞时，会有非常多的恒星经过彼此，就像夜晚航行在海上的船只一样。实际上，恒星之间发生相撞几乎是不可能的，而且恒星的运动速度可能太快，无法形成双星。一些恒星可能会由于太接近彼此，而被甩进星系际空间（intergalactic space），有些可能会形成我们在触须星系（Antennae Galaxy）和双鼠星系（Mice Galaxy）这种并合星系（merging galaxy）里看到的潮尾（tidal tail）。

另一方面，气体云和尘埃确实会发生相撞。这些相撞的气体云为新恒星的形成提供了理想的条件。所以当大部分原本就存在的恒星通过时，接近撞击位置的地方也会出现一群新的、年轻的、明亮的恒星。在这些新恒星中，质量最大的恒星寿命也较短，大约只存活 100 万年，并且会以剧烈的超新星爆炸结束它们的生命。

到银河系和仙女座星系相撞的时候，我们的太阳可能已经死亡了，地球上的生命也是——至少那些我们熟悉的生命形式已经消亡。地球本身可能还在公转，但也可能已经被变成红巨星的太阳烤得又干又脆，接着又会因为太阳变成白矮星而变成冰冻的固体。不过我们可以忽视这些理论上的细节，思考相撞对于地球这类行星的影响。

如上所述，太阳不太可能因为相撞而发生什么事，不过从行星的角度来看，景象将会非常壮观。就像银河系里有恒星一样，仙女座里也有很多可见的恒星。除了这些丰富的景象之外，还有那些没有被厚重的气体云与尘埃遮蔽的、新形成

的、年轻的、明亮的恒星锦上添花。

这些新恒星对行星的寿命会造成极大的威胁。随之而来的超新星可能会释放出大量的高能辐射，如伽马射线。虽然大气层与磁场可以起到很好的防护作用，但它们无法保护我们这样的生命不受到几十光年外的超新星影响。

两个星系的中央都有超大质量的黑洞，每个黑洞的质量都是一颗恒星质量的数百万倍。当两个星系完成合并时，这两个黑洞可能会彼此绕转。环绕两个星系的由气体和尘埃形成的星系盘会互相接近，它们也许会碰触到彼此，并引发新一轮的恒星形成。最后，这两个黑洞可能会合并在一起，接着会发生什么就很难说了。

如果真的发生这种事，地球上不可能再有人类居住。不过几十亿年后，不论是谁在银河系中漫游，都会看到非常壮丽的景象。当然，到那个时候，就要思考新星系的命名问题了！

Q169 像银河这样的星系是否曾经将最边缘的恒星甩进星系际空间里？有没有“孤儿”恒星独自飘浮在星系之间的太空里呢？

吉姆 · 麦肯纳，莱斯特（Jim McKenna, Leicester）

星系不会像把泥泞甩掉的车轮那样，从边缘的地方将恒星甩出去，不过恒星有时候会被喷射出去。如果两颗恒星非常接近，其中一颗（通常是两颗恒星中质量较小的一颗）可能会飞出去。大部分时候，这些恒星都不会完全被甩出星系，而是会进入更大的公转轨道。这些恒星相对于它们周围的恒星，通常移动得非常快，被称为“超高速恒星”（hypervelocity star）。

互相接近的星系也会将恒星甩出去。这的确会影响比较接近边缘的恒星，因为它们和宿主星系之间的引力联系更弱。来自趋近的星系的强大引力大小与宿主星系的引力相当，会将成串的恒星拉成“潮尾”，延伸数万光年的长度。这些天空中的特技表演会创造出令人瞠目结舌的视觉奇景。这些潮尾里的大部分恒星都会回到自己的星系，只有少数几颗可能会飞进星系间荒芜的太空里。

Q170 既然从那么遥远的距离外传来的光都可以如此清晰，那么太空深处到底有多少物质呢？

查理·斯通，多塞特，普尔（Charlie Stone, Poole, Dorset）

说“太空很大”根本就是小看了它，即使说太空“真的很大”也是一样。尽管对我们而言，好像地球、太阳以及其他行星的密度都很高，质量也很大，但它们其实是例外而不是常规。以人类的标准来说，太阳很大，直径大约是 140 万千米，但是最远的行星海王星的公转轨道直径是太阳直径的 6000 倍。太阳系的绝大部分空间几乎完全空无一物，里面充满了太阳释放的粒子形成的散射光。最近的恒星距离我们 4 光年，大约是太阳直径的好几百万倍。两者之间的空间并不是完全空的，但是在每立方厘米（大约一块方糖的大小）的空间内，大约也只有一个原子。相比之下，我们呼吸的空气，每立方厘米大约有 1000 万兆个原子（相当于 10^{19}）。在空荡荡的太空中的物质主要由氢分子组成。

我们都很了解地球大气层对阳光的影响，粒子会散射光线，让天空看起来是蓝色的。大部分的光还是会通过地球大气层而不受影响，所以太阳才会看起来如此明亮。地球大气层的大部分都在不足 10 千米的高度内，也就是说在地面以上的地方，每立方米的空间大约有 1000 亿个分子（10^{25}）。这的确很多，而且更令人惊讶的是，大部分阳光都会丝毫不受影响地穿过这么多分子。然而，我们必须要了解的是，原子或分子的结构中也有很大一部分是空的，质子、中子和电子在整体中只占了微不足道的一小部分。

在地球和离我们最近的恒星之间，可以放进很多“方糖块”，但既然每个“方糖块”里只有一个原子，那么在这段距离里也就只有几百万兆个原子，远比大气层里的原子数少了数百万倍。所以当我们把望远镜对准恒星时，相较于地球大气层的影响，星际间空间的物质所造成的散射影响其实非常微弱。即使是太空中密度最高的区域，如星云中心，密度也远比地球大气层低得多。

当然，星系比恒星要远得多，仙女座星系就在 250 万光年以外。但因为星系间的空间远比银河系内的空旷，所以散射效果的影响依旧可以忽略。不过，氢气的确会吸收少量的光，在巨大的宇宙距离中，分子也的确在增加。事实上，测量已知的最遥远天体的方法之一，就是研究恒星与星系间的氢对可见光的吸收。

在更大的尺度上，气体会散射我们认为是在宇宙初期形成的微波。这样的影响很小，因为只有电离气体会有散射的情况，而在这样的气体中，原子的电子已经被剥离，这只有在初代恒星形成并开始发光的时候才会发生。我们所看到的散射量，是目前最适合用来估计恒星形成时间的方法，而我们目前估计的恒星形成时间是大爆炸发生后的1亿年左右。

Q171 如果行星和太阳都有气候和季节，那星系和宇宙会不会也有气候和季节呢？

大卫·里德，东米德兰兹，寇比（David Reed, Corby, East Midlands）

首先，我们必须定义什么是气候与季节。地球上的气候基本上是由空气的流动（风）和云的水汽凝结（雨、雪、雹等）造成的。空气的运动来自地球自转，造成高海拔处的风和大气压力的变化。这些压力的变化，加上太阳造成的温度变化，造成了水气的凝结。当然，这样是很粗略地把一个非常复杂的系统过度简化了，我相信很多气象学家一定在骂我了。

地球上的季节可以用地球自转轴相对太阳系圆盘是倾斜的来解释。地球在公转的时候，不同的区域受到的太阳光照射程度也不同，就出现了气候与季节的变化。

所有有大气层的行星都有气候，甚至很多都经历着比地球气候更极端的状况。大部分行星也有不同程度的季节之分，会因为它们的自转轴倾斜角度而不同。例如，天王星的倾斜角度接近90°，其季节变化就非常剧烈。相反，木星几乎是完全直立的，所以季节的变化就很温和。

太阳的气候有些不同，但仍然可以解释为发生在它的大气层内。就像所有恒星一样，太阳会释放稳定的粒子流，被称为太阳风。太阳风会穿过整个太阳系，也会因为耀斑与太阳表面的爆发产生变化，耀斑和太阳表面的爆发是太阳磁场小规模变化造成。将这些与季节进行类比有些牵强，不过太阳活动的确会每隔约11年出现盛衰的变化。

在更大的尺度上，说星系有气候也是合理的。所有星系都会自转，恒星、气体和尘埃基本上都在按照以百万年为单位时间而运动。星系内的恒星，尤其是来自那些特别热、特别年轻的恒星或那些在生命最后阶段的恒星，释放的强烈辐射会搅动星系内的气体和尘埃。当大质量恒星接近生命尾声时，会发生超新星爆炸，产生激波，穿越太空并挤压星际介质。形成恒星的激烈过程可能会造成大量气体被喷射到星系中，产生喷泉效应。

星系的季节概念很难描述，与我们所知的现象完全不同。唯一勉强的类比（而且非常勉强！）就是和中央的黑洞有关的活动。我们看到一些星系的中央释放大量的辐射，被认为是黑洞周围的物质吸积造成的。这些“活动星系核”（active galactic nuclei）是天空中最亮的射电源之一，人们认为每个星系可能都经历过黑洞快速吸积物质并释放大量辐射的阶段。造成这种快速吸积的原因，可能是两个星系的合并，所以这个周期也可能会再度重复。银河系和仙女座星系在 50 到 100 亿年后相撞时，产生的新星系也许会因为消耗汇集的物质而形成非常活跃的黑洞。

Q172 哈尼天体（Hanny's Voorwerp）到底是什么？

凯文·库珀，苏格兰，法夫（Kevin Cooper, Fife, Scotland）

哈尼天体是“星系动物园计划”（Galaxy Zoo Project）最出名的成果之一，这个计划邀请一般大众将各星系分类，并挑出任何不寻常的天体，而荷兰一所学校的老师哈尼·冯·阿科尔（Hanny van Arkel）就发现了哈尼天体。他在斯隆数字化巡天（Sloan Digital Sky Survey，缩写为 SDSS）的影像中，发现了一个长得很奇怪的绿色天体，距离 IC 2497 星系很近，一开始，我们以为这样接近的距离只是个巧合。顺便说一下，“Voorwerp”这个词来源于荷兰文，意思大概是“天体”或“那个东西”。

通过大量的研究，包括研究哈勃太空望远镜的观测数据，我们认为已经解开了哈尼天体的谜团。数亿年前，位于 IC 2497 中央的黑洞经历了剧烈的活动。我们目前尚不清楚这个活动持续了多久，但我们知道现在它已经平息了。来自活跃黑洞的强烈辐射使邻近星系间的气体云内物质获得了能量，开始发出可见光波段的光。而阿科尔发现的就是这团气体云。

这一切大约发生于 6 亿年前，光在这么长的时间穿越太空到达地球。我们现在还能看到哈尼天体，是因为使其获得能量的光需要传播更长的路径才能来到地球。光不是直接从 IC 2497 来到我们面前的，而是先传播到哈尼天体，使物质获得能量，然后才来到我们这里。虽然不是绕一大圈，但是也足以让它慢几十万年才来。

其实哈尼天体本身并没有特别之处，但它可以让我们辨认出黑洞刚刚停止活跃的星系。研究 IC 2497 以及中央的黑洞也许能让我们进一步了解黑洞停止活跃的原因，甚至还能更进一步知道最初它们开始活动的原因。

Q173 我曾经读过一些文章，里面写到“一些星系团周围有超热气体晕圈，或者被注入超热气体”。这样的气体会不会让星系团无法诞生生命？

彼得·梅休，约克郡（Peter Mayhew, York）

这个问题的关键是要认识到：这样的气体也许非常热，但却很稀薄。它的高温会使它发射出大量 X 射线，可能会影响星系里的生命，但可能并不致命。

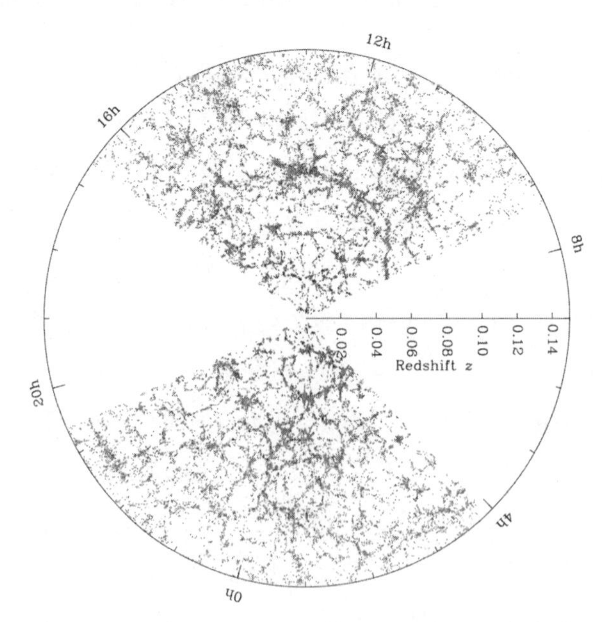

图像中的每一个点都是由斯隆数字化巡天观测到的一个遥远星系，大多数星系距我们有数十亿光年之远。它们排列成巨大的丝状结构和壁障，中间被巨大的空洞隔开。

Q174 星系丝状结构（galactic filament）以及它们之间的巨大空洞是什么造成的？它们真的是宇宙中已知的最大结构吗？

保罗·胡达克，亚利桑那州，凤凰城；史蒂夫·亨特，汉普郡，赫奇恩德（G Paul Hudak, Phoenix, Arizona and Steve Hunt, Hedge End, Hampshire）

我们观察到的星系丝状结构是由引力以及（不必惊讶）声波组合造成的。在大爆炸后不到几十万年的时间里，早期宇宙非常热，而且密度非常高。那时候组成宇宙的是电离化的氢和氦的混合物，它们的电子被强烈的辐射剥离。大爆炸发生后的最初几分之一秒内，量子微扰在整个宇宙里中产生了小小的密度波动。这些波动产生了改变密度的波，并传播到整个宇宙中，这些波主要都是声波。它们的科学名称与这个事实不符，通常被称为“重子声学震荡”（Baryon Acoustic Oscillation）。这些波以声波的速度传播，在炙热且高密度的等离子体中，声波的速度大约是光速的一半。等离子体的特质之一就是它会和光有效地相互作用，而在宇宙的早期，由此作用导致的向外压力，足以抵消引力。

这种情况自大爆炸后持续了40万年左右，当温度已经低到足以形成最早的原子，情况才有了改变,。气体的分布仍然相当均匀，在数十万光年的尺度上看，密度出现了轻微的波动。这些波动非常小，但确实具有特征尺度。我们可以在宇宙微波背景中看到这种特征尺度：在宇宙地图上，宇宙较热和较冷的区域——也就是“小块”的地方——看起来大小都差不多，但并没有形成任何规律的图形。

当物质和光之间强烈的相互作用停止，引力开始主导，使气体开始在引力作用下坍缩，并形成最早的恒星，不过这需要几亿年的时间。在宇宙中密度稍大的区域内，恒星的数量会稍微多一些，当它们开始形成星系时，星系的数量也会较多。不过宇宙的涟漪比单一星系大得多，甚至比一个巨大的星系团还要大，所以要测量它们，我们就必须观察分散在巨大空间内的数百万个星系。在这样的尺度上，我们才看得到最大的星系丝状结构。

在这样的尺度上研究星系的巡天，最早开始于20世纪70年代和80年代，但是已经被最近的项目已经取代。目前最大的项目是斯隆数字化巡天，人们使用建造在美国新墨西哥州的直径 2.5 米的望远镜进行观测，已经绘制出了超过 1/4 的天空星图，并且获得了最远接近 20 亿光年外，将近 5 亿颗恒星、星系以及类天体的测量数据。[1] 虽然在斯隆的星系图中，宇宙涟漪并不是那么明显，但仍然具有特征尺度。在几亿光年的范围内，我们现在已经可以从星系和真空的分布中看到某些结构。

还有一个必须提及的细节：宇宙不仅包含我们习以为常的普通物质，还包含大量暗物质。暗物质不与光相互作用，所以我们看不到它们，但暗物质参与引力相互作用。在宇宙的初期，一般物质——也就是所谓的"重子物质"——会被困在强烈的光形成的压力以及引力两者的斗争中，但是暗物质只会在引力作用下坍缩。这影响了最早的星系的分布，而研究这些"重子声学震荡"，就是测量早期宇宙暗物质的特质与作用的最佳方法之一。

Q175　为什么包括星系、行星和恒星在内的所有东西都会旋转？是什么启动了这个过程呢？

理查德·斯万娄，西米德兰兹郡，伯明翰
（Richard Swallow, Birmingham, West Midlands）

星系或太阳系的自转很容易开始，但很难停止。假设有两颗恒星擦肩而过，在彼此引力相互作用下，它们的路径会改变，如果恒星速度够慢，它们还会围绕完整的环形旋转，接着就会围绕彼此开始公转。通过这种方式，两颗或两颗以上的天体在经过彼此时，会很容易开始旋转。同样的道理也适用于恒星、星系和行星，甚至是形成恒星与行星的气体云和尘埃。

天体的旋转有一个特征，被称为"角动量"，本质上是描述旋转多少的量。与一般的动量相同，角动量一定守恒。这意味着，它可以从一个物体转移到另一个，但绝对不会被摧毁。角动量会因物体的质量、大小以及距离而不同，也会被物体自转或公转的速度影响。如果一颗行星由于某种原因靠近恒星，那么它一定

1　斯隆数字化巡天是目前全球最具有科学影响力的巡天项目之一，2017 年 8 月 1 日，SDSS 发布了第十四批数据（DR14），DR14 包含了自 2000 年起所有 SDSS 观测数据的归算和校准。eboss 项目最远探测到红移为 1.2 的类天体，距离超过 250 亿光年。——编者注

会开始以更快的速度公转，以保持角动量不变。理解这个原理很容易，只要想象用鞋尖旋转的溜冰选手就知道了。他们把手臂收回来的时候，身体体积相对于旋转的轴变得更窄更细，所以就会旋转得更快以保持角动量不变。

你也可以想象一团气体云的核心正在形成恒星。这团气体云会慢慢地旋转，这是由于组成气体云的气体粒子都在运动。随着气体云开始坍缩体积变小，它就必须转得更快，才能保持角动量守恒。以太阳为例，这就是它会自转的原因。

角动量可以在物体之间转移，特别是它们相撞或非常接近彼此，擦身而过的时候。同样的原则也适用于斯诺克台球。当母球撞到彩色球时，会把法向动量转移到彩色球上。如果斯诺克台球选手让母球旋转，那么一些转动的动量就会被转移到彩色球上，这也就是许多斯诺克台球技巧的由来。

当然，斯诺克台球最后还是会停止滚动与转动，主要是由于球本身和球桌之间的摩擦。太空中几乎没有这样的摩擦力——行星并不是在桌上滚动，但还是有引力产生的摩擦力。具体来说，天体对彼此创造出的潮汐力，例如，月球在地球上产生的潮汐力，就会让行星的自转减慢。地球在月球上引起的潮汐使月球的自转减慢，直到月球相对于地球的自转停止为止。既然角动量必须守恒，那么为了弥补自转速度的减少，地球和月球间的距离就必须增大，所以如今月球比当初月球形成的时候离地球更远。

所以，所有东西都会自转，并不是因为什么东西启动它们了，而是因为没有东西能阻止它们。

宇宙学

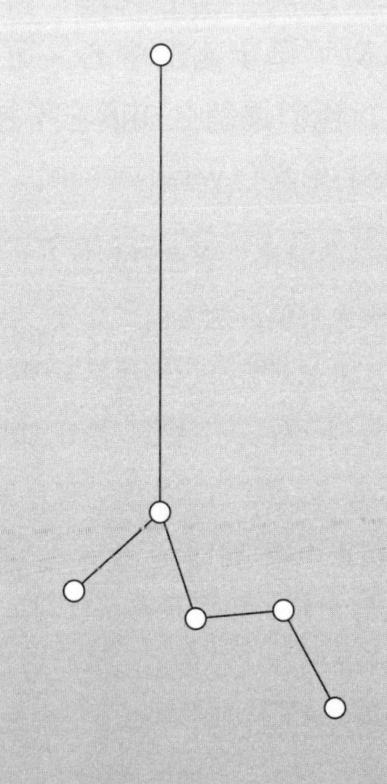

宇宙的扩张

Q176 不论天文学家观测宇宙的哪里，星系都在从四面八方远离我们，地球似乎是宇宙的中心。可是，我们不认为地球是中心。那么，我们是怎么知道它不是的呢？

林顿·麦克莱恩，伦敦（Lynton McLain, London）

当我们观测其他星系的时候，会注意到好几件事。首先，其他星系在我们的周围，似乎没有一个大家都偏好的方向。此外，我们所在的这片宇宙区域，与其他区域也没什么不同。虽然星系会集结成星系团以及超级星系团，但是我们所在星系周边并没有什么特别之处。不过当我们仔细观察遥远星系的细节时，会发现它们好像都在远离我们。随着宇宙的膨胀，来自星系的光波会被拉长，波长变长，使得它们看起来比宇宙不膨胀时更红。另外一种解释是，所有星系都在远离我们所在的银河系，这似乎暗示银河系有点特别。这种膨胀并不适用于相对小的尺度，例如，在同一个星系群或是星系团里的星系就不适合说它们在膨胀。然而，在更大的尺度上，看起来的确是每个星系似乎都在远离银河系。

但是表象是会骗人的。事实上，银河系和其他星系都没什么两样；不论你在宇宙的什么位置，都会看到同样的景象。我们可以举一个很简单的例子。想象一条由星系组成的直线，每一个星系之间都有 100 万光年的距离。随便在这条直线上挑一个星系作为“我们”，所以距离我们最近的星系在 100 万光年以外，下一个是 200 万光年，再下一个是 300 万光年，以此类推。当然，实际上星系的间隔并不规则，但这样比较容易说明概念。

如果我们把邻近星系的间隔拉长到 150 万光年，就会觉得它们看起来更遥远。相对于这个被定为“我们”的星系，最近的一个星系现在是 150 万光年以

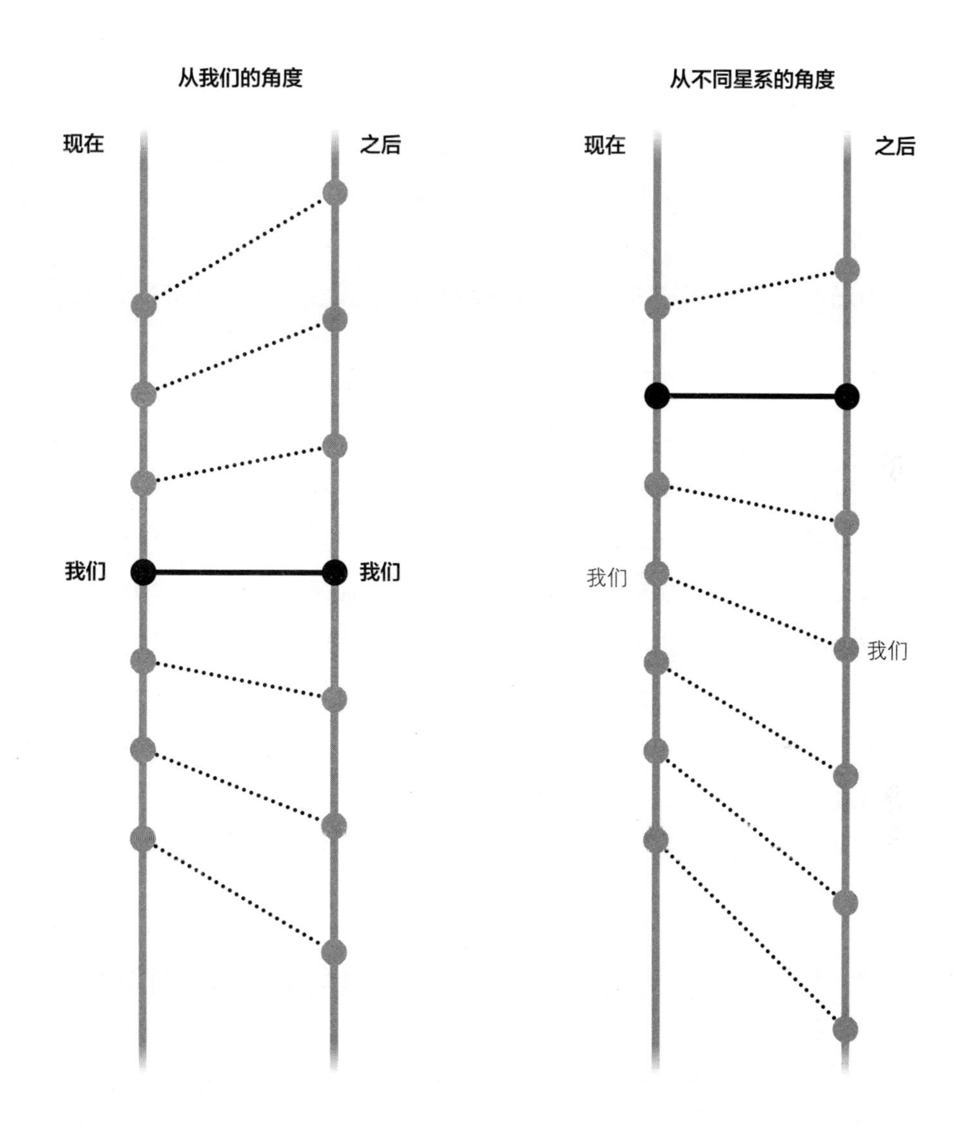

如果星系有规律地以我们为中心排成一条线，如左图所示，那么当这条线（即宇宙）膨胀时，越远的星系就会离我们更远。由于它们似乎在相同的时间内移动得更远，所以距离更远的星系似乎比距离更近的星系移动得更快。虽然这似乎意味着我们在中心，但这仅仅是这条线上的每个星系都有的一种幻觉，如右图中所示的不同例子。

外，下一个与我们的距离是300万光年，再下一个是450万光年。

所以对我们来说，最接近的那个星系已经移动了50万光年，下一个则移动了100万光年，再下一个就移动了150万光年。因为它们在相同的时间长度内移动，所以星系移动的距离越远，看起来移动的速度就越快。我们在真实的宇宙中看到的也是相同的情况。越遥远的星系看起来就移动得越快，仿佛我们就在宇宙膨胀的中心。

但是，我们从这个简单的线形星系宇宙中可以看出，不论身在哪一个星系，都会产生这样的幻觉。重复这个实验，挑选另外一个星系，情况也是一样的。越遥远的星系，看起来会比邻近的星系移动得越快。所以在膨胀的宇宙中，每个人都会有自己就是宇宙中心的幻觉。

如果大家都有自己是中心的幻觉，那真正的中心到底在哪里呢？然而，宇宙真的必须有一个中心吗？宇宙的大小很可能是无穷无尽的，所以如果它永远都在向四面八方膨胀，那么无垠的宇宙就不会有中心。即使宇宙不是无穷大的，也不一定有中心。我们可以想象宇宙就像气球的表面一样，充气会让气球不断膨胀，但气球表面并没有一个所谓的“中心”。

如果宇宙有一个中心，那么那里就是一个特殊的地方。现代宇宙学的原则之一，就是以最大尺度来说，宇宙中没有任何一个特殊的地方。所以不仅我们不处于宇宙的中心，事实上我们根本不觉得有“中心”存在。

Q177 我们知道银河系距离大爆炸的原点有多远吗？有没有剩下的残骸呢？

弗兰克·莱利，柴郡，温斯福德（Frank Riley, Winsford, Cheshire）

就地点而言，大爆炸并没有一个起源位置，因为它无处不在。这听起来好像不可思议，不过就像前面提到过的，我们可以做简单的类比，把宇宙想象成一个气球的表面，不需要考虑气球内的气体，纯粹看表面。我们需要暂时把现实抛在脑后，因为这个想象的气球是一个完美的球体，没有绑住的开口处。随着气球不断充气，它的表面就会膨胀，如果我们沿着时间轴往回走（更加脱离现实了！），就会看到气球的表面收缩。当气球越来越小，小到变成单一的一个点时，我们就能问一个类似上面的问题：膨胀是从这颗气球表面上的哪一点开始的？答案就和真实的宇宙一样：膨胀无处不在。整个气球的表面被压缩成小小的一个点，所以每个地方都是起点。

至于大爆炸的残骸，你现在看到的都是啊！你所见的、所触摸的、所品尝的都源于大爆炸。大爆炸的大部分过程其实在开始的前 3 分钟就已经结束了，接着宇宙就由 3/4 的氢气和 1/4 的氦气组成，其他元素只占了很少的部分。所有较重的元素都是在恒星中形成的，不过宇宙的组成成分在过去大约 137 亿年的历史中都没有太大的变化。虽然有些元素已经转换成较重的元素，但是大部分在大爆炸中形成的氢和氦至今都还存在。尽管大部分的氢元素都被锁在恒星、行星以及其他天体内，但几乎所有的星系中都有氢气云的存在。

Q178 我们知道自己相对于宇宙的其他部分在太空中前进的速度有多快吗？宇宙中有完全静止不会向任何方向移动的东西吗？

多洛雷斯·迈亚特，赫特福德郡，赫默尔亨普斯特德
（Dolores Myatt, Hemel Hempstead, Hertfordshire）

这个问题提出了普遍的参照系问题，这是用来测量所有运动的基准。既然地球绕着太阳转，太阳又在银河系中转动，那么就这个例子而言，考虑我们银河系的运动就是有用的。随着宇宙的膨胀，宇宙中绝大部分星系看起来都像在远离我们，这种运动有时候被称为“哈勃流”（Hubble Flow），以天文学家哈勃的名字命名，他发现大部分星系看起来都在后退。我们通过测量光线的波长被宇宙的膨胀拉长了多少来检测星系的后退。波长变长使光向光谱的红色端移动，天文学家称之为“红移”。

尽管大部分星系看起来都像在远离我们，我们也发现附近的一些星系仿佛在向我们靠近。这并不意外，因为在这样的小尺度上，星系和星系团的引力会和宇宙的膨胀相抗衡。例如，仙女座——这个离我们最近的最大的星系，就正在向我们移动；银河系和仙女座星系也都是一个小星系群中的成员，整个小星系群则被拉向室女座星团这个更大的星系群。

令人惊讶的是，我们其实可以测量银河系相对于“哈勃流”的速度。当我们

观测尽可能远的宇宙时，会发现一种叫“宇宙微波背景”的东西。光需要花费非常久的时间，才能从遥远的地方到达我们看得见的宇宙范围内。我们现在看到的宇宙，以大爆炸过后来算，只过了几十万年，和宇宙 137 亿年的年纪相比，只不过是一眨眼的时间。以我们现在看得到的范围而言，宇宙从光发射出来的时候，到现在已经扩张了 1000 倍，使原本的可见光红移到光谱上的微波波段。

这些剩余的辐射最早是在 1965 年被发现的，一开始在整个天空中呈现出非常均匀的现象。然而，几年后人们发现，红移并不是在每个方向上都相同，在一个方向上的红移会稍微多一些，而在完全相反的方向则会等量地减少。之所以会观察到这个现象，是因为我们的银河系在相对于遥远宇宙构成的参考系在飞快地移动，速度大约是每秒 600 千米，这个速度远比地球围绕太阳的速度快得多，甚至比太阳系围绕银河系的速度还快。

这种运动的成因是神秘的“巨引源”（Great Attractor），数十年来它都是一个解不开的谜团。不论巨引源是什么造成的，成因最终都会藏在我们的银河系圆盘的物质背后。现在我们认为这种运动的源头是超巨大的矩尺座星系团（Norma），它不仅吸引着我们的银河系与邻近的星系，还吸引着更大的室女座星系团。在宇宙中，每一个星系与星系组成的星系团都处于类似的情况，会被另一个类似的星系团吸引。因此，相对于不断膨胀的整个宇宙，不太可能存在一个完全静止的星系。

Q179 天文学家观察到星系正在远离彼此，但我们如何知道这是源于空间本身的膨胀，而不是源于星系在固定空间内的运动呢？

安德鲁 · 史密斯，约克郡，克莱顿韦斯特
（Andrew Smith, Clayton West, Yorkshire）

这是一个很好的问题，而且不太容易在这里完整地回答。首先，我们从观测的结果开始。关于宇宙在膨胀的第一个证据，是哈勃在 20 世纪 20 年代发现的。当时他在仔细研究来自相对遥远星系的光，并特别研究了它们的光谱，也就是光的波长范围分布。光谱也可以用颜色来表示，很像通过棱镜的光，不过他研究的

光谱不是一条从红到蓝平均分布的彩虹，一个星系的光谱上其实会有深色的条纹，这是吸收特定波长光的某种元素造成的。哈勃比较了这些吸收的线条以及他在地球上的实验室里测量到的线条，发现在特定星系内，所有线条都会移向波长较长的区域。事实上，在某一个星系里的所有线条，都会以相同的倍数向光谱的红色端移动，这种现象就被称为“红移”。

事实上，“红移”的可能成因有三种，都与爱因斯坦提出的相对论有关。第一种叫作“多普勒频移”，指的是一个物体相对于观察者（也就是我们）的速度，会造成光的波长变长或变短，相同的效应也会发生在声音上。举例来说，当警车鸣着警笛通过时，声音的频率在接近听者时会比远离听者时高。以警车警笛的例子而言，这个效应的大小和车的速度相对于声音的速度成正比。以来自遥远星系的光为例，这个效应和天体运行速度相对于光的速度成正比。来自一个正在远离我们的天体的光，会被红移到比较长的波长，而来自一个正在靠近我们的天体的光，则会被“蓝移”到比较短的波长。因为光会以每秒 30 万千米的速度传播，所以速度引起的红移的效应通常很小。

红移的第二种成因，是光在远离或接近一个巨大质量的物体。远离一个星系的光会在摆脱巨大的引力井的同时失去少量的能量。这种“引力红移”效应通常也很小。

第三种成因通常被称为“宇宙红移”，是由宇宙的膨胀造成的。描述宇宙膨胀的方程式假设宇宙是完全平滑的，这个假设只有在最大的尺度上才成立。当我们以数十亿光年为尺度来绘制宇宙地图时，一切看起来好像都很平滑，星系像泡沫似的散布在宇宙中。想想看，从太空中拍一张太平洋的照片，海洋看起来就像一个平滑的蓝色表面。虽然海洋表面会有波浪，但是在这么大的尺度上看，那些波浪无关紧要。

在这么巨大的尺度上，宇宙可以被视为是在膨胀的。离开遥远星系的光会被拉伸到更长的波长，因为从光被发射出来到我们测量到它的时间里，宇宙已经膨胀了。宇宙膨胀的量决定了光的波长红移程度，从比较遥远的星系而来的光要花更长的时间传播，代表宇宙在这期间已经以比较大的倍数膨胀，因此，光会红移的程度也比较大。

对于宇宙红移解释似乎也表明了空间正在膨胀。而由于空间的定义是“什么都没有”，目前我们还不清楚空间代表了什么；要理解这个概念，我们很难找到清楚易懂的模型。你可以将这解释成空间是由星系间的空洞创造出来的，但是这又有点问题——“创造空间”是什么意思？

早期的宇宙比较小，所以星系团之间都比较靠近，而这对距离的测量有什么影响呢？几十亿年前的 1 光年会比现在的 1 光年更短吗？当然不会！但是如果星系组成的星系团比过去更分散，那我们该如何比较不同阶段的宇宙呢？宇宙学家倾向使用另一种测量距离的方法，这是他们修正宇宙膨胀的方法，即让所有距离都乘一个适当的倍数。在使用这种被称为“共动坐标”（o-moving coordinate）的方法时，星系团之间的距离会保持不变，而不会一直越离越远。不过问题在于，距离的单位其实会随着时间而变大，70 亿年前的一个共动光年（co-moving light year），大约是现在的一个共动光年的一半。因此，解释这种情况就从考虑膨胀的空间转换到使用膨胀的标尺，问题就变得简单了。

如果描述宇宙膨胀的这个方程式假设宇宙膨胀是平滑的，那么这个方程式是否适用于其实没那么均匀的区域呢？如果你考虑星系团的尺度，它肯定不是平滑的。举例来说，我们的本星系群里有三个大星系（银河系、仙女座星系和三角座星系），每个星系的质量都相当于数十亿颗太阳，此外还有十几个较小的星系。这十几个星系分布在几百万光年的空间内，彼此之间几乎什么东西都没有。

这听起来根本就不是平滑的。换句话说，宇宙并不会遵守这个适用于大尺度的非常“简单”的方程式。在相对较小的尺度上（因为宇宙范围有几十亿光年，把几百万光年看成是“小的”也是很合理的！），我们只需要考虑引力。在这些小尺度里，引力会造成星系在它们所在的星系团内移动，使得它们获得一个物理速度，增加额外的红移或蓝移现象（根据一般的多普勒频移，是蓝移或红移会由它们朝向我们还是远离我们而定）。在邻近的宇宙中，这些所谓的“本动速度”（peculiar velocity）会主导宇宙红移，而且整体来说，有数不清的星系有蓝移现象。

如果和最遥远的星系之间的距离会随着时间增大，那我们能不能把这解释为一种速度呢？嗯，可以，也不可以。我们可以利用观测到的红移，计算出能产生足够的多普勒频移的速度，以符合观察的结果。对于相对较近的星系来说，这样好像没问题，但在更遥远的距离上，问题就出现了。这样计算出的速度最后会比光速还大，但我们知道这是不可能的，而这个问题其实我们已经遇到过了。因为测量距离是非常困难的，所以我们无法测量出真正的速度。

要正确地计算出这个速度，我们必须知道当星系发出光时，星系所在的距离，以及等到光到达我们这里时，星系和我们的距离又是多少，还要知道这当中经历的时间有多长。但事实上我们所知道的，只有光红移了多少。有一些测量某些种类的天体距离的方法，但这些几乎都非常接近宇宙的尺度，要说到底测量到的是什么距离并不容易——是光发射出来的当时我们与星系间的距离，还是当光抵达地球时，我们与星系的距离呢?

如果给你一个简单清楚的答案，应该会更加令人满意，但这是不可能的。我们一直试图用熟悉的东西来进行类比，但是问题在于，除了宇宙本身之外，根本就不存在可以描述整个宇宙的东西!

Q180 在持续膨胀的宇宙中，到底是什么在膨胀——是星系之间的空间、恒星之间的空间、行星之间的空间还是其他东西？地球与月球之间的空间也在膨胀吗？

马丁·弗莱彻，赫特福德郡，克罗克斯利格林

（Martin Fletcher, Croxley Green, Hertfordshire）

这个问题假设宇宙的膨胀是空间本身在膨胀。就像前一题中所讨论的，这是一种看待宇宙膨胀的方式，但这种观点也存在问题，主要是“空间膨胀”的概念本身就非常令人困惑。宇宙一开始是一个单调且均匀的地方——虽然在最初的时候，宇宙热得难以想象，密度也极高。如果你能看到当时的宇宙，目光所及都是一模一样的——不管看向哪个方向，都是一样的。

这个平滑且均匀的地方就是膨胀的宇宙，一切东西彼此间的距离都会越来越遥远。但是有一个问题：宇宙其实并不是到处都一样。有些地方比其他地方的密度高一些，这些密度高的区域最后会演化成我们现在看到的星系和星系团。只有当你在最大的尺度中看宇宙时，它看起来才会是平滑且均匀的，所有星系都变得模糊，成为数不尽的小点，组成一片庞大的海洋。这就是宇宙学家对宇宙的看法，所有星系都由一个小点代替，而在这个庞大的视角下，宇宙是在膨胀的。

但是，如果你把镜头拉近，只看其中一个星系团，那么里面的星系绝对不是平滑一片的，而是一个几乎完全空无一物的真空空间，和里面的一团一团的巨大物质。这样的团块遵循的规则，与平滑空间的规则并不相同，因为比起试图把宇宙推开的力，引力扮演的角色反而更重要。星系群被引力绑在一起，聚焦成团，继而形成星系团。这些星系团不会随着空间膨胀，而是通过引力聚集在一起，引力在这种相对较小的尺度上更为强大。

对于单独的星系与星系团，自身的引力强大到足以阻止彼此间空间的膨胀。但对于宇宙中无数的物质团块，它们自身的引力是否能让它们轻松克服膨胀的力量呢？事实上，一个星系团除了受到相邻的星系团的引力，还会受到宇宙中的其他星系团的引力，由于在大尺度上宇宙是平滑的，各个方向上有大约相同数量的星系团在拉扯，来自所有星系团的引力总和平均后几乎等于零，所以在大尺度上，宇宙的膨胀是可以让物质分得更开的。

如果星系团由于彼此太接近而无法随着宇宙膨胀，那么单个星系和我们所在的太阳系的情况也是如此。所以各恒星之间的空间，地球与月球之间的距离，都不会增加。当星系团之间的空间膨胀时，彼此间距离就会越来越远，但它们本身的尺度并不会越来越大。

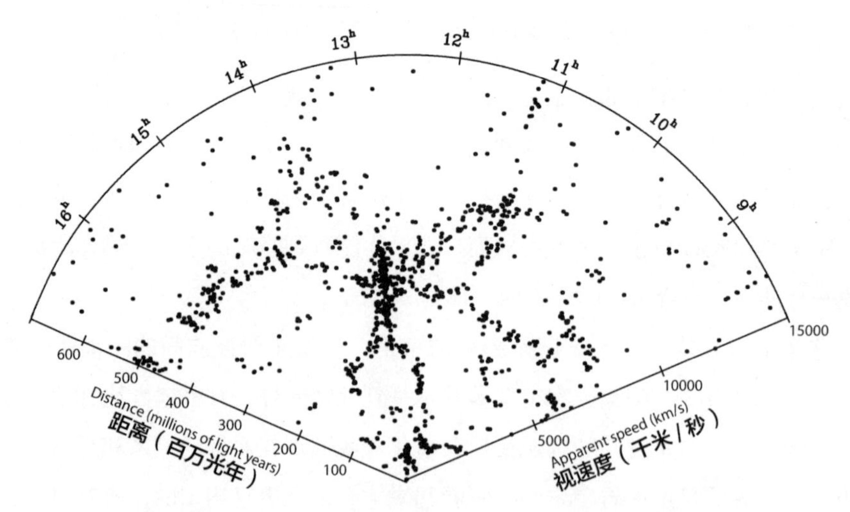

这个太空切片显示了 20 世纪 70 年代和 80 年代的星系巡天测得的星系分布结果。星系分布看起来并不是随机的，在大约 5 亿光年的地方可以看到一道类似“长城”的形状，虽然这类似人物简笔画的形状纯属巧合！

我们回到之前简单的类比上，把宇宙想象成一个膨胀的气球表面。必须记住，只有气球表面代表宇宙，气球里面的气体需要被忽略，这一类比可以帮助我们了解只有表面在膨胀。在这一类比中，常见的错误是把星系画在气球的表面，这样一来，表面（也就是宇宙）在膨胀的时候，这些星系也会变大，但按照我们之前的讨论来看，实际并非如此。星系应该用固定在表面的硬币或纽扣来表示，这样我们就知道，它们并不会随着宇宙的膨胀而变大，但彼此间的距离会越来越远。

在气球的这一类比中，宇宙可以被分成两个部分：大范围的部分可以被视为是平滑的（会随着时间的推移而膨胀），小范围则是物质呈团块分布的部分。事实上，宇宙并不简单，而且当中也有灰色地带。但可以确定的是，像太阳系、行星以及人这些物体，是不会越变越大的。引力会让月球继续公转，电磁力会让你身体里的分子保持聚集，这些力量都比把星系团拉开的膨胀力还要强数千、数百亿倍——至少在较小的尺度上看是如此。

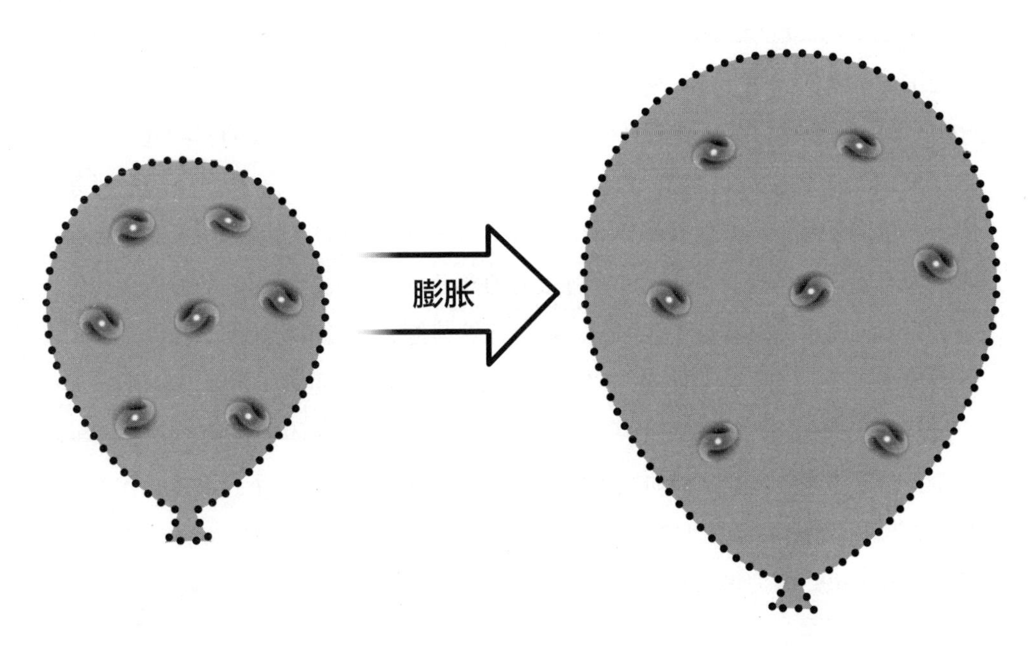

我们可以将宇宙想象成一个膨胀的气球表面，上面附着着星系。随着气球的膨胀，星系间的距离会越来越大，但星系自身并不会膨胀。

Q181 我曾经在天文学家马丁·里斯（Martin Rees）的书里读到，我们的银河系正以每秒600千米的速度向室女座星系团移动，而室女座星团则在向其他星团移动。包括我们在内，有数以百计的星系都被拉向一个叫作“巨引源”（Great Attractor）的物质。我们如何知道我们并不是位于一个以“巨引源”为中心收缩的宇宙中呢？

彼得·艾格尔斯顿，诺森伯兰郡，赫克瑟姆
（Peter Eggleston, Hexham, Northumberland）

我们的银河系是由将近20个星系组成的星系群[1]中的一员，这个星系群的名字叫作“本星系群”（Local Group）。整个星系群里面还有仙女座和三角座星系等其他几十个较小的星系，全部都被拉向室女座星系团——一个更大的星系群，这个更大的星系群里有数百个星系。此外还有更大的星系群，例如，后发星系团（Coma Cluster），里面有数千个星系，它可以被视为是星系团组成的星系团。这些星系团的名字指的就是这些星系团所在的星座。

从最早的20世纪60年代，到如今许多对遥远宇宙的测量结果来看，银河和周围的星系的确在太空中移动。后来的测量结果证实，它们的移动速度是每秒600千米，而且它们在向半人马座中的一个点移动。从发现这样的移动开始，我们就假设是一个质量相当于10000个银河系的超级星系团（星系团组成的星系团！）造成了这种结果。找出这个星系团（也就是所谓的“巨引源”）的困难在于，为了看到它，我们必须能够穿过银河的圆盘，但是关于银河系的影像中包含了数百万颗恒星，很容易干扰测量。通过比较其他邻近星系的速度，我们计算出巨引源大约在2亿光年以外——比室女座星系团和我们的距离还要远很多倍。

尽管我们的银河系阻挡了可见光，但如此巨大的星系团在X射线中仍然非常明亮。近年来许多严谨的研究表明，巨引源仿佛比预期中的小。不过，在大约5亿光年外，还有一个巨大的星系团集合体，我们称其为沙普利聚集度（Shapley Concentration），因为里面有哈罗·沙普利（Harlow Shapley）于20世纪30年代发

1　目前已发现约有50个星系。——编者注

现的、有着数千个星系的“沙普利超星系团”（Shapley Supercluster）。

很多邻近星系的确都被拉向这个星系团集合体，但这只是一部分事实而已。我们在距离比沙普利超星系团还要远很多倍的地方，看到很多星系并没有向它移动。所以这个巨大质量形成的吸引力，相对来说只是一种局部效应（虽然说这个局部范围达数亿光年）。这种局部效应的力量，在我们的邻近范围内，与宇宙的膨胀进行着小小的抗衡。

Q182 哈勃太空望远镜发现的那些非常遥远的星系，是不是和邻近星系一样有膨胀的状况？

罗斯·普拉特，法国西部，旺代省

（Ross E Platt, Vendee, Western France）

当我们观测一个遥远星系时，可以看到来自这个星系的光的波长被宇宙的膨胀拉长了多少，这种现象被称为“红移”。这是哈勃在20世纪20年代发现的，由此产生了“哈勃定律”。通过观察相对邻近的星系，哈勃提出：这些光的红移和发射它们的物体与我们与它们之间的距离成正比。换句话说，来自两倍远的星系的光的波长也会被拉长两倍。为了推导出这样的关系，哈勃必须知道星系间的距离，但这通常是很难计算的。

为了得到这些星系的距离，哈勃研究了一种特别的恒星，被称为“造父变星”，这种恒星的亮度很容易预测。通过比较恒星的预测亮度与实际的观测亮度，就能计算出恒星的距离。这些造父变星和地球的距离相对较近，所以要计算宇宙中更遥远的距离，我们必须找到可预测亮度的更亮的物体。幸好自然给了我们一种特别的超新星——Ia型超新星。这些超新星可以照亮整个星系，就算在极为遥远的地方也可以看得到。

哈勃太空望远镜是以天文学家哈勃的名字命名的，是在天空中寻找这种超新星的众多望远镜中的一员。对找到的每颗超新星，我们都算出距离与红移，就能确定哈勃定律依旧适用。得到的结果是，遥远的星系看起来还是在后退，但更遥远的星系看起来后退的速度更快。这一现象有两种解释：要么这些距离是错的，要么就是宇宙膨胀的速度在过去几十亿年里加快了。

超新星在早期宇宙中的特性可能有所不同，也许是由于它们是由比较原始的元素构成的，或者是它们所处的环境不同。不论原因是什么，都会对预测亮度以及计算出的距离产生影响。但是，目前还不清楚这样带来的影响是否足以解释在膨胀方面的显著变化。

如果宇宙现在的膨胀速度比较快，又是为什么呢？目前的共识是，这是一种被称为暗能量的物质加速了宇宙的膨胀。另外也有其他证据表明，宇宙中存在类似暗能量的物质（请见第207个问题），但是这样的物质到底是什么？我们对此还没有任何概念。

在最早发现宇宙加速膨胀的科学团队里，有三位顶尖科学家因此获得了2011年诺贝尔物理学奖，他们分别是索尔·珀尔马特（Saul Perlmutter）、布莱恩·施密特（Brian Schmidt）以及亚当·雷斯（Adam Reiss）。

Q183　如果光需要很长的时间才能到达地球，那么很多我们观测到的天体是不是可能都已经不存在了？

约翰·马洪，威尔特郡，梅尔克欣
（John Mahon, Melksham, Wiltshire）

有些我们在天空中看到的天体的确可能已经不在了。光的速度非常快，每秒约前进30万千米，但天文距离却是出人意料的遥远。来自距离我们1.5亿千米之外的太阳的光，大约8分钟就会抵达我们所在的地球，但来自冥王星的光则需要7小时才能穿越75亿千米的距离。这意味着我们看到的太阳是8分钟以前的太阳，看到的冥王星则是7小时以前的冥王星。但这些距离相比来自恒星的光都非常小，来自恒星的光飞行时间是以年为单位计算的。最近的恒星距离我们4光年，而最近、最大的星系——仙女座星系——距离我们250万光年。我们如今看到的仙女座星系，是我们大部分祖先还住在树上时的那个星系！

当观测比较遥远的星系时，我们看到的是数十亿年前的它们，当然更大的恒星可能在那之后就死亡了，因为它们通常不会存活太久。很多星系也可能已经和它们的邻居相撞且并合。所以，尽管就整个星系而言它可能依旧存在，但里面可能已经发生了巨大的变化，而且是由一群新的恒星组成的。

Q184 如果说“大爆炸”是物质的径向扩展，那么为什么宇宙中几乎所有事物都在旋转?

斯蒂芬·托德，英格兰东北部
（Stephen Todd, North East England）

原因在于一切事物的形成方式。恒星和行星是从巨大的气体云中形成的，而星系是由数量庞大的恒星形成的。我们想想恒星的形成，它的前身不只是一堆从看似随机的方向集中在一起的分子而已。当这些粒子撞击到彼此时会减速，而那些密度最高的区域会坍缩成中央的核心。剩下的云会继续移动，而核心的引力会让周围的粒子开始围绕它公转。

物理学上有一种量被称为“角动量”，本质上就是东西旋转的量。角动量可以指单一一个固体的旋转，如一颗行星或一个陀螺，或围绕恒星公转的行星这样一个系统的旋转。我们看不到角动量，但是我们可以测量并计算它——就像能量一样。角动量的特征之一，就是它很难消失，它可以通过摩擦减少，因此，旋转的陀螺最后会停止旋转。相撞的物体会转移角动量，所以旋转的母球就能让被撞到的其他球也开始旋转。

不是每个粒子都会以相同的方向公转，它们也不会都在圆形的轨道上公转，但是当它们的运动平均分散后，会出现一个共同的公转方向。这种公转的共识形成了盘状物，并加强了公转的一致性。偶尔会有一些粒子沿不同方向公转，但大部分粒子还是以相同的方向运动。有些角动量会在撞击中消失，但大部分还是会留在气体云里。当气体云坍缩时，角动量几乎还是会保持不变。就像一边把手臂向内收，一边不断旋转的溜冰运动员一样，气体云的旋转速度也会越来越快。这意味着即使是大型尘埃云非常缓慢地自转，在坍缩后都会变成自转速度更快的较小恒星。

这个留在恒星周围的气体盘，就是行星生成的地方。大部分物质都在沿同样的方向转动，大部分行星也是如此。一些较小的天体，如小行星和彗星，会以不同的方向公转，但太阳系中大部分物体都在一个圆盘内，并且沿相同的方向围绕太阳公转。

星系也类似，不过它们不会从气体粒子中形成，而是从恒星的集合体中形成。恒星一般来说不会相撞，所以它们更难失去角动量，星系也不会坍缩成超大质量的恒星。恒星之间确实存在相互的引力，这使它们最后公转的方式也和行星差不多。就像我们的太阳系一样，并非所有在同一个星系里的物体都以相同的方式公转。例如，银河系内的一些恒星的公转轨道，相对于星系盘是倾斜的。其他围绕银河系公转的较小的星系，如大麦哲伦星云与小麦哲伦星云，公转的方式也不一样。所以像星系这样的天体的公转方式，可以用来描述大部分恒星的运动方式，但不一定适用于全部。

Q185　宇宙在旋转吗？

约翰 · 罗伯逊，德文（John Robertson, Devon）

问这个问题的时候，必须先克服一个概念上的重大转换：宇宙在相对于什么旋转？换句话说，这个问题问的是：宇宙内的天体是不是沿着相同的方向在旋转？星系和星系团都在运动，但它们是不是都在围绕一个中心点或中心轴转动？如果你测量了大量星系的自转方向——实际上这件事情已经有人做过了，那么你会发现：其实没有一个大家偏好的方向。顺时针方向自转的星系数量，与逆时针方向自转的星系数量差不多（这里的“顺”与“逆”是我们从地球上看到的）。至于星系的运动方向，就比较难测量了。我们可以测量星系相对于我们前进或后退的速度，但是无法测量它们在天空中的运动——因为它们要移动得够远，地球才能测量出距离的变化，但这一过程所花的时间实在太久了。

我们不认为宇宙整体是在旋转的，而且宇宙微波背景里有可观测到的证据可以证明这一点。宇宙微波背景是大爆炸遗留下来的产物，也是我们能看到的最遥远的东西，这提供给我们一种在大尺度中看宇宙的理想方式。如果宇宙整体是在自转的，那么我们将会看到宇宙微波背景的细微变动。很多人都曾经寻找过这样的影响，但都没有找到。

宇宙整体的自转也会违反宇宙学的一个原则，也就是宇宙中没有一个地方是特别的，这是爱因斯坦相对论成立的条件，我们相信相对论在整个宇宙中都是适用且正确的。因此，如果宇宙真的围绕一个点或一个轴自转，那么有些地方一定会比其他地方特殊，而且也会产生一个可以用来测量所有运动的普遍性参照系。

Q186 长久以来，大家都知道宇宙在膨胀，而且越远的天体移动的速度越快。但是既然我们看到的遥远天体是存在于很久以前的，又怎么知道宇宙到现在还在膨胀？

汤姆·伍德，利特尔汉普顿（Tom Wood, Littlehampton）

我们认为遥远的星系正在远离我们，是因为它们的光的波长已经被拉长。这种拉长是通过测量光谱中特定特征的波长，并且与在地球的实验室中测量的值互相比较得知的。严格来说，这种“红移”并不是星系实际的物理速度造成的，而是由于宇宙在光前进的过程中发生了膨胀。我们可以比较这些红移与这些天体的距离，不过只适用于我们已经知道距离的天体。有一种特定的超新星叫作“Ia 型超新星”，它的亮度可以被预测，所以我们能计算出与它的距离。而这些爆炸的恒星非常亮，就算在数十亿光年以外，我们也能测量得到。当我们观测更遥远的物体时，光传播的时间更长，所以我们看到的膨胀会比从较近的天体观测到的还要多。

我们可以测量波长的微小变化，因此也能知道极细微的膨胀。宇宙的膨胀的确会随着时间而变化，并且符合我们的预期。如果我们看到一个天体，从那里来的光经过了 10 亿年才来到这里，我们看到的膨胀是小于 10% 的，也就是说，10 亿年前的宇宙几乎是现在的 10%。当我们看到一个非常遥远的星系，那里的光经过了 80 亿年才来到这来，在星系发出光的同时，宇宙的大小只有约现在的一半。我们所能看到的来自最遥远天体的光，波长已经被拉长了大约九倍。虽然我们无法测量与这些天体的距离，但可以计算出这些光已经传播了 130 亿年，所以是在大爆炸后不到 10 亿年就发射出来了。

如果宇宙的膨胀在历史上的某个时间停止了，那么我们就会看到，在距离地球一定距离内测量到的膨胀也会停止改变。不过，并没有证据表明膨胀已经停止，我们甚至还有证据显示膨胀正在加速。在宇宙历史的大部分时间里，膨胀已经渐渐慢了下来，但在过去的几十亿年里，膨胀的速度似乎加快了。对此，目前我们相信是一种神秘的力量——“暗能量”——造成了这些现象。

Q187 为什么宇宙的膨胀会越来越快，而不是如预期的越来越慢？

肖恩·特罗，泽西；默文·普里查德，什罗普郡，马钱利
（Sean Trow, Jersey and Mervyn Pritchard, Marchamley, Shropshire）

这是现代宇宙学最大的问题之一，也是一个没有准确答案的问题。当宇宙在膨胀这个理论一成立，大家就开始试着找出膨胀的速度有多快。我们预期膨胀会慢下来的原因很简单——因为宇宙中的一切都有引力。宇宙的命运由膨胀的速度有多快、密度有多高决定。

这有点像把一颗球直接抛向空中。球会先向上运动，但由于地球的重力，它会不断减慢，最后慢到停下来，并开始向下落。现在想象一下，如果你可以更用力地抛出这颗球，让它飞得更远，虽然它还是会变慢，但如果你丢出去的速度超过每秒 11 千米，那么它就永远不会停下来了。这个临界速度被称为“逃逸速度”（escape velocity），是由地球的重力决定的，而重力又是由地球的质量决定的。以宇宙来说，它的临界量是它的密度，超过临界密度，宇宙就会自行坍缩，而低于这个临界密度，它就会永远膨胀。但这一切的假设是：宇宙只由物质与辐射组成。

在 20 世纪 90 年代，情况变得更加扑朔迷离。虽然在大尺度上，针对宇宙的测量值仿佛显示出它的密度几乎等于它的临界值，但天文学家就是无法找到足够的东西来达到这样的密度。事实上，即使是把所有星系都加起来，也只有临界密度的 1/3，就连将神秘的暗物质算进来也是一样。除了这个难题，针对遥远超新星的测量结果还表明，宇宙其实是在加速膨胀，并且已经持续了好几十亿年。

目前大多数宇宙学家倾向的解决办法被称为“暗能量”。这是一种能量形式，遍布于所有空间内，但它会产生一种压力，把所有东西都推散。这种神秘能量的成因目前尚不清楚，而且已经有很多人试图提出各种理论来解释它。最广为接受的一个理论（但不代表就是对的！）认为，膨胀之所以会加速，是由于太空的真空中存在的一种固有能量。这种能量的密度由于非常薄弱，因此大部分情况下几乎无法被观察到。这种真空能量是量子物理学预测的结果，但我们却无法预测它具体的值。我们无法测量或计算它，但我们最好的估算是将它视为比解释宇宙的加速膨胀所需的值再高 30 个数量级（物理学的专有名词，1 个数量级就是 10 倍），

也就是相差了 10^{30} 倍！这让宇宙学家和量子物理学家们非常尴尬，不过既然这是基于一个估计值算出来的，那么很明显还有很多要努力的地方。

所以，我们并不知道暗能量从何而来，但所有的测量结果似乎都显示有什么物质导致了宇宙的膨胀，而这个物质也填补了宇宙中应有的“物质”的空缺，让整体数字又回到了其他实验测量出来的临界密度。当然，这些理论也有可能都是错的，根本没有类似暗能量的东西。但是，由于这对我们理解宇宙学非常关键，所以如果理论真的是错的，那它们一定错得非常离谱！

Q188 既然用“标准烛光”来探索膨胀中的宇宙被证明是不准确的，那这会如何影响我们对膨胀中宇宙的理解呢？

斯科特·贝雷斯福德，西米德兰兹郡，伯明翰

（Scott Beresford, Birmingham, West Midlands）

“标准烛光”更准确的定义应该是“可标准化的烛光”，因为后续需要做一些工作来仔细计算距离。在研究银河系外星系时使用的两个主要基准就是造父变星和 Ia 型超新星，两者的亮度变化都可以用来推论恒星的固有亮度。只要知道了这一点，我们就可以计算出距离，因为较遥远的天体看起来会比较近的天体黯淡一些。

造父变星在大小和亮度方面都有脉动，而脉动的周期与它们的平均亮度有关。这类恒星的亮度通常是太阳的好几千倍，所以从其他星系也可以看到它们。哈勃就是通过观测仙女座大星云中的造父变星，才推断出这个星云其实远在我们的银河系之外的遥远地方。

但是造父变星的脉动周期和亮度之间的关系并不是那么简单的。首先，造父变星有两种。事实上，哈勃一开始计算出的仙女座星系距离是错误的，因为他假设了错误的造父变星种类。脉动也会根据恒星的成分而改变，例如，氧、碳或铁这类重元素的含量，都会造成不同的影响。虽然这些成分可以通过其他方式来判断，但从造父变星计算得来的距离仍然存在固有的不确定性。尽管哈勃在 20 世纪 20 年代用造父变星证明了宇宙的确在膨胀，但当时并不清楚膨胀的速度。

Ia 型超新星比造父变星亮很多，是白矮星达到临界质量后毁灭的结果。这一

临界质量原则上对于所有白矮星是相同的，所以我们希望它们的亮度也相同。但是爆炸的具体情况取决于恒星自转的速度以及恒星的元素构成。根据观测结果，我们推断，Ia 型超新星最大亮度与其余晖消逝的时间有关。所以要推断出其固有亮度，就必须先测量超新星在数日到数周内的亮度变化。

目前我们观察到距离最遥远的超新星因为太过遥远，所以当光离开它们的时候，宇宙还不到目前年龄的一半。在 20 世纪 90 年代晚期，人们发现，最遥远的 Ia 型超新星退行的速度似乎更快了，以测量的距离来计算，它们不应该后退得那么快。这有两种可能性：一种是宇宙膨胀的速度变快了，另一种则是与这些超新星的距离测量结果是错的。

于是严重的问题来了：这些超新星的演化方式与数十亿年前的相同吗？如果它们已经改变了，那么计算它们原本亮度所使用的假设可能也错了，这样一来，计算出的距离也会是错的。举例来说，我们知道恒星的组成会渐渐随着宇宙的历史而改变，组成恒星的元素成分会比之前组成恒星的更为丰富。关于这些差异是否可以解释我们看到的影响，还存在着许多争议。不过，大部分天文学家现在都倾向于这些差异都太小了，并不足以影响距离测量结果。

不过，仍然有人持有不同的意见，他们认为宇宙加速膨胀的证据非常薄弱。不过现在已经其他实验，如测量大尺度的星系分布等，也得到了相同的结果。由于一切都指向相同的模型，所以如果最后是超新星误导了我们，那么这个模型也将摇摇欲坠。

Q189 如果宇宙微波背景辐射是大爆炸的残余，那么为什么我们现在还看得见呢？它不是应该以光速的速度向外前进，早就超过我们了吗？

理查德 · 琼斯，柴郡（Richard Jones, Cheshire）

我们看到的宇宙微波背景的微波光的确在以光速传播，但它来自可见宇宙的遥远地方。这意味着，它花了 137 亿年，才从起点到达我们现在的望远镜面前。而 137 亿年前在我们现在这个位置所发出的光，也已经以光速离开，早就不在这里了。事实上，在数十亿光年以外，可能也有一个人在回答相同的问题。

Q190 当我们在描述星系有多遥远时，会用到“光年”这个词。但是这在膨胀的宇宙中代表着什么呢？如果我们说一个星系在好几光年外，而光是以固定的速度传播的，那么明年我们与这个星系间的距离就会增加。我们会不会修正这些距离以符合宇宙的膨胀现象，还是这样的影响是可以被忽略的呢？

罗伯特，莱斯特（Robert, Leicester）

定义距离对宇宙学是一个非常困难的挑战，原因就是上述问题中提到的种种因素。我们和一个移动中的天体间的距离，会随着测量这个距离的时间改变而改变。我们习惯使用实时的测量单位，但是在宇宙学中并不一定是这样的。因为要测量的距离太大了，所以光需要很久的时间才能从发出的地方，抵达我们在地球的望远镜前。而宇宙在这段长达数十亿年的时间里已经膨胀了，所以你要用的到底是光发射时的距离（当时的宇宙比较小），还是现在的距离呢？

我们测量宇宙中大部分天体的唯一方法就是它们的红移，也就是观察它们所发出的光的波长由于宇宙膨胀而被拉长了多少。在宇宙膨胀的标准模型框架下，我们就能计算出光前进了多久。但把红移转换成距离就是一项复杂的工作了，而且这还取决于你对宇宙的想象。

假设宇宙是一个巨大而扁平的塑料片，星系散布在表面上。随着宇宙的膨胀，这个塑料片会被拉长，星系间的距离会越来越远。现在你该如何测量距离呢？你可以拿一把尺子对着塑料片测量，但是这样得到的距离会随着测量时塑料片被拉长多少而改变。

假设你拿尺子量橡胶片的时候，有一个星系在 30 亿光年以外。而我们可以想象从那个星系发射出来的光，就像塑料片上从星系所在的位置滚出来的一颗以光速前进的弹珠，所以可以预测它在 30 亿年后会到达我们的位置。可是在光前进的同时，塑料片（也就是宇宙）也被拉长了，而这颗弹珠（也就是光）就要花更长的时间才能走完原本的距离。事实上，光花了 130 亿年才到达我们的地球，在这段时间里，宇宙已经膨胀了大约 9 倍。如果我们再用尺子来测量，就会发现这个星系更远了——是原来的 9 倍，所以算出来的距离大约是 300 亿光年。这两个测量值都是合理的，但是具体数值却相差很多，后者会让人觉得这个星系在

130 亿年里前进了 300 亿光年，速度比光速还要快。

此外，还有其他测量距离的方法。如果我们知道天体的本征亮度，如造父变星和 Ia 型超新星，那么这个距离的算法又会不同。越遥远的天体看起来越黯淡，来自宇宙某处天体的光，也会随着宇宙膨胀变得更黯淡。这意味着我们计算出的距离似乎会比实际距离大很多。以我们前面提到的星系为例，这样算出来的距离可能会在 2700 亿光年以外！

这些不同的解释意味着宇宙学家在讨论宇宙中的距离时，会使用两种主要的测量方法。第一种是红移，也就是测量宇宙自光发射以来膨胀了多少。既然这是一个可以观测到的事实，那么争议就会很小，所以红移是测量距离最常用的方法。如果需要算出距离，那么最常见的选择就是用现在一把超大尺子实时量出来的距离，用我们上面举例的星系来说，测量值就是 300 亿光年。这个值被称为“共动距离”，它会随着宇宙的膨胀而消弭。不过，如同我们前面所看到的，这个数字会让人以为天体移动得比光速还快。但事实上，只是宇宙膨胀的速度比光速快。

Q191 如果宇宙从大爆炸时就开始以光速膨胀，怎么还能够膨胀得更大呢？这是不是表示光速并不是宇宙中最快的速度？

迈克 · 罗斯维尔，伯克，梅登黑德；莫莉 · 切特珀斯，埃塞克斯，格雷士和布莱恩 · 莫伊兹，东约克郡，贝弗利

（Mike Rosevear, Maidenhead, Berkshire; Molly Cutpurse, Grays, Essex and Bryan Moiser, Beverley, East Yorkshire）

如同上一题的答案，这会根据你对“距离”的定义而改变，因为测量值会随着宇宙的膨胀而改变。之所以会产生这样的混淆，是因为我们经常称可见宇宙的直径为 450 亿光年，但如果与宇宙 137 亿年的年龄相比，就会让人觉得这些天体移动得比光速还快。但你可以放心，事实并非如此，这些距离都是用一把超级大的尺子测量而得到的结果。

从可见宇宙遥远最深处来的光已经朝我们前进了 130 亿年，因此，我们可以看到宇宙初期的样子。然而，我们无法看到大爆炸最开始时的样子，因为在

最初的几十万年里，宇宙都是不透明的。我们能看到的最古老的东西，就是宇宙微波背景，这是宇宙年龄还不到 40 万年的时候就发射出来的光子。这个光发射出来的时候，宇宙还比较小，我们现在看到的遥远视界，其实距离我们只有 4000 万光年。光之所以需要这么久的时间才到达我们这里，就是由于宇宙一直在膨胀，而自从来自宇宙微波背景辐射的光开始它的旅程，宇宙就已经被拉长了 1000 倍以上。

因此，光速仍然是宇宙的终极速限，没有东西能比光更快，除了无物（如虚无的太空）。

Q192 有什么更好的理由能让人相信整个宇宙都包含在我们的宇宙视界内吗？在我们的视界之外还会有更多星系吗？

杰夫 · 罗宾斯，爱丁堡；杰夫 · 萨金特，汉普郡，朴茨茅斯
（Geoff Robbins, Edinburgh and Geoff Sargent, Portsmouth, Hampshire）

我们的宇宙视界是由宇宙的年龄决定的，我们只能看到距离足够近且光能够在过去的 137 亿年内到达地球的区域。随着时间推移，这个视界将会增加，我们也能看到更多星系——不过，对于宇宙学来说，增加的速度会非常慢。那么，有没有停止的一天呢？我们还不知道整个宇宙的大小，事实上宇宙可能是无穷无尽的。然而，即使宇宙是有尽头的，也不代表宇宙有边界。

回到我们熟悉的类比中，仍然将宇宙想成是气球的表面，这里也没有尽头，但气球的大小是有限的。宇宙可能也是如此，我们的可见视界代表整个表面的一部分。如果你在这个气球上前进，最后你会回到出发点，也许宇宙也是如此。如果我们可以看到足够多的表面，那么我们在一个方向看到的星系，可能和从另外一边看到的是同样的。当然，当我们将宇宙类比为气球时就要小心，因为这可能是错误的，会让我们误以为宇宙是球体的。

不过，有些科学家正在寻找一些关于宇宙大小的线索。通过研究在宇宙中看到的最大尺度——宇宙微波背景，科学家们已经开始寻找各种不同效应的细微特征，其中就包括宇宙的有限大小。这是一次很大胆的尝试，因为他们连究竟在寻找什么都还不清楚，但可以肯定的是，我们目前为止还没有发现什么异常！

Q193 整个宇宙的质量是多少？

保罗，爱尔兰，都柏林（Paul, Dublin, Ireland）

实际上，我们并不能看到整个宇宙，也无法判断它的大小与质量。我们只能试着计算出它的密度，或某个体积内的质量。虽然我们可能无法测量整个宇宙，但可以向各个方向看到数十亿光年的太空，而在这个太空里有数以百万计的星系，其中像我们的银河系一样的星系，其质量相当于 100 万个太阳，而太阳的质量是 200 万兆兆千克，因此，星系是非常重的。由于算出来的这些数字非常庞大且难以处理，所以科学家会将太阳的质量写作 2×10^{30} 千克，也就是 2 的后面有 30 个 0！

可是，星系间的距离很遥远，而且它们是一群一群或一团一团的，里面还有巨大的空洞，那么，整体的密度是多少呢？其实，计算出来的密度是非常低的。如果把宇宙抚平，那么每立方米内大约只有 6 个质子。与我们看起来密度并不高的空气相比，1 立方米的空气质量大约是 1 千克，里面大约有 600 兆兆个质子。也就是说，如果将空气的密度降低到宇宙的平均密度，我们就必须把 1 立方米的体积扩大到月球轨道之外。

所以，宇宙的密度并不高，但宇宙本身非常大，即使是很低的密度，加起来也可能形成巨大的质量。我们现在测量到的宇宙范围大约是 450 亿光年。（至于为什么这不代表天体移动的速度超过光速，可以参考上一个问题的答案！）以这个体积以及上面的密度来计算，整个可见宇宙的质量大约是 6000 万兆兆兆千克（6×10^{43}，也就是 6 后面有 43 个 0），相当于 100 万个银河系这样的星系。既然银河内大约有 1000 亿颗恒星，那么宇宙中类似太阳系的恒星系统数量就更加难以计算了！

Q194 如果宇宙在膨胀，那会不会有一天，所有东西都会消失在我们的视线里呢？

托尼·罗伯茨，西萨塞克斯郡，滨海肖勒姆（Tony Roberts, Shoreham-by-Sea, West Sussex）

即使宇宙在膨胀，但随着时间的推移，我们能够看到的范围反而更远。原因很简单，来自更遥远天体的光将会有更多时间到达我们所在的地球。但是，随着膨胀的继续，那些来自最遥远天体的光也会被拉伸得越来越远。就像光的波长会增加一样，天体也会显得越来越黯淡。最后，最遥远的天体会移动到更远的地方，它们的光将永远无法到达地球，所以我们看不到它们。

较近的天体——如太阳系和银河系——会由于引力互相联系在一起，所以不会因为膨胀被拉开。不过最终，过了几十亿年后，最后的恒星也会消失。如果那时宇宙中还有人类，那么他们的视线里一定不会再有什么天体了！

Q195 在《仰望夜空》的播出期间，我们对宇宙的年龄与大小的估计改变了多少呢？

海维尔·克莱特沃斯，南威尔士，澎堤池
（Hywel Clatworthy, Pontypool, South Wales）

《仰望夜空》播出的这段时间正好是我们对宇宙的了解出现重大改变的时期。在 20 世纪 50 年代，宇宙学界在讨论一个大问题：到底有没有大爆炸？当时有确凿的证据表明，宇宙在膨胀，这要感谢哈勃与其他天文学家，而且膨胀也恰好符合爱因斯坦的一般相对论。

不过，有一群科学家仍拥护“稳恒态宇宙”（Steady State Universe）的说法，其中一位就是剑桥的弗雷德·霍伊尔（Fred Hoyle）。霍伊尔成功证明了大部分化学元素都是在恒星中心形成的，他并不赞成“宇宙有一个开始”这样的说法。在他的理论里，宇宙是在膨胀的，不断产生的新物质会填补膨胀后的缺口。因此，尽管宇宙在不断地变化，但是就整体而言，则永远处于相同状态。

与“稳恒态宇宙”相反的理论涉及“宇宙在过去比较小”这个概念。这样的想法自然会得到一个结论，就是宇宙一定有一段比较小的时期。这一理论得到了射电天文学家对遥远星系观测结果的支持。他们的观测显示，最遥远的宇宙与我们所处的环境是不一样的。但在一些人看来，“宇宙并非永远不变”这一观点是荒谬可笑的。英国天文学家霍伊尔在 1949 年提出了“大爆炸”一词，一些报道认为，霍伊尔当初这么说根本是在刻意嘲笑这一理论（不过霍伊尔本人从未承认）。

击溃“稳恒态宇宙”的事件发生于 20 世纪 60 年代。在贝尔实验室工作的物

理学家阿诺 · 彭齐亚斯（Arno Penzias）和罗伯特 · 威尔逊（Robert Wilson）试图找到无线电通信中的杂音来源。他们发现一直存在一个从天空铺天盖地而来的信号，但却找不到信号的源头。美国理论物理学家罗伯特 · 迪克（Robert Dicke）推论，这可能是大爆炸结束后残留的辐射。他的推论完全符合大爆炸模型，因为早期宇宙是辐射主导的，具有很高的温度和密度。这种宇宙的残余辐射早在 20 世纪 40 年代就被单独预测到了，而且实际发现也与预测结果非常接近。我们现在知道，这种辐射就是宇宙微波背景（CMB）——在整个天空中一直发光的东西，温度比绝对零度高 3 ℃。

CMB 把宇宙学从理论研究变成了观测型科学，天文学家也尽可能地争相了解早期宇宙的情况。观测结果缩减了宇宙的年龄范围，最初人们估计宇宙的年龄为 100 亿年，不过这个年龄与其他一些证据相矛盾，这些证据表明有些恒星甚至比这个年龄更大。

但 CMB 也为宇宙学家带来了一些问题。早期宇宙几乎在每个方向上都完全一样。不同部分达到相同温度的唯一方法，就是光可以在这些区域间传递，使能量达到平衡。可是来自宇宙一边的光才刚刚到达地球，所以没有足够的时间到达另外一边。但是不知为什么，宇宙仍然达到了这种不可思议的均匀状态。

更进一步的问题就是我们计算出的这一宇宙密度。描述宇宙演化的爱因斯坦理论有三种解释：如果宇宙密度太高，物体间的引力会减缓膨胀，并最终反转膨胀，导致高峰后的“大收缩”；如果宇宙密度太低，那么宇宙将会继续膨胀，最后导致“大冻结”；如果宇宙密度在两者间最佳的折中点，也就是所谓的“临界密度”，那么宇宙会继续膨胀，但膨胀的速度会不断下降。

问题是，如果宇宙密度和临界密度有一点点偏差，我们就不会在这里了。即使存在 10 的 60 次方（1 后面有 60 个 0）分之一的差异，都会让宇宙在地球上有生命开始演化之前就分崩离析，这一切都只是巧合吗？通常情况下，科学家们对巧合都很谨慎，尤其是这种保持着危险平衡的巧合。

对于所谓“平坦性问题”（flatness problem）的常见反应是人择原理，这一原理认为宇宙必然原本就是这个密度，因为如果不是，我们就不会在这里提出这个问题。这看起来好像是个合理的答案，然而并不太令人满意。

20 世纪 80 年代，一位名叫艾伦 · 古斯（Alan Guth）的天文学家提出了解决这两个问题的方法。他将自己的理论称为“暴胀”（inflation），即宇宙在诞生之初的极短时间内，曾有一段急剧膨胀的时期，使视界快速地膨胀，因此，宇宙内大部分空间都会达到相同的温度与密度。如果这是真的，那就意味着我们可见的宇宙只是一个更大宇宙中的小小一部分，而这个庞大宇宙的大部分都距离我们非常遥远，所以来自那里的光根本无法到达我们这里。暴胀理论能很好地解释“平坦性问题”，因为暴胀理论要求这个密度必须达到临界值。这将是一个比人择原理更令人满意的答案，不过它仍需要测试和验证。

到了 20 世纪 90 年代，人们已经开始更详细地描绘宇宙微波背景，并发现了细微的变化。早期宇宙的一部分比其他部分的密度高一些，这些密度更高的地方形成了巨型星系团。美国国家航空航天局的宇宙背景探测器（COBE）和威尔金森微波各向异性探测器（WMAP）都绘制出了越来越精确的宇宙微波背景图，使我们对宇宙成分的估计越来越精准。最近，欧洲航天局的普朗克卫星也绘制出了更详细的全天宇宙微波背景图。

答案令人瞠目结舌，因为这些数据显示，宇宙中只有不到 1/20 的能量来源于正常的原子物质，也就是组成所有我们看到的东西的物质。宇宙学和天体物理学等领域的数据表明，宇宙大约有 1/5 都是由暗物质组成的。但是，就算把以上说的这些物质都加起来，也只有整个宇宙能量密度的 1/4。其余部分被认为是由一种被称为“暗能量”（宇宙学家很喜欢取一些没什么用又毫无意义的名字）的物质组成的。暗能量和暴胀都是粒子物理学理论的分支，不过，粒子物理学的细节已经远超这本书的范围了。

在 21 世纪初期，终于形成了一种比较一致的看法。组成宇宙的物质当中，4% 是我们所熟悉的，大约 23% 是暗物质，大约 73% 是暗能量。我们也知道宇宙的年龄大约是 137 亿年。关于宇宙的其他方面就更不确定了。例如，我们还没有发现暗物质是什么（现在这么写其实很大胆，因为大型强子对撞机可能就要发现答案了！），并且对暗能量是什么也一无所知。

在其他方面，从 20 世纪 50 年代开始至今都没有什么变化。我们也许更了解宇宙经历过什么样的变化，以及早期发生了什么事。不过，关于最初是什么造成了大爆炸，我们还没有任何线索。虽然有很多理论，但目前我们还无法进行验证。也许，当下最好还是把最大的难题留给哲学家去想吧。

Q196 宇宙的质量是否在增加？

史蒂夫·盖勒，多塞特，普尔（Steve Gayler, Poole, Dorset）

简单来说，答案是“没有”——至少在假设质量和能量是等价的前提下，宇宙的质量没有增加。这是爱因斯坦告诉我们的，也是 $E=mc^2$ 这个方程经常被引用的原因之一。物质正在不断被转换成能量，举例来说，当一颗恒星燃烧核燃料的时候，就会产生光。但是也可能发生相反的事，例如，光的光子也可能衰变成物质的粒子。当我们说到宇宙的构成内容时，我们说的通常是能量密度，并用等效的能量来指代物质。

我们看不到整个宇宙，只能看到那些离我们足够近且光有足够时间到达我们这里的部分。随着时间的流逝，我们可以看得更远，并看到更多星系。但是，如果在某个时间拿特定体积的空间来看，如我们目前看到的整个可见宇宙，那么，平均来说没有任何东西进入或离开这里。每当有一个光子离开我们选择的这个可见宇宙，就会有另一个光子填补进来。

然而，宇宙在膨胀，导致这一固定区域的体积增大。虽然该区域能量的含量保持不变，但密度却一直由于体积的增大而减小。

Q197 宇宙是什么形状？我们如何知道呢？

彼得·贝克，伯克，阿斯科特；汤姆·斯特劳德，汉普郡，南安普顿（Peter Baker, Ascot, Berkshire and Tom Stroud, Southampton, Hampshire）

关于宇宙形状的讨论，通常都与如何在大尺度上处理它有关。一般，我们假设宇宙是二维的（显然，宇宙并不是二维的，但对三维立体空间的操作是出了名的难以具象化），用二维平面来代表宇宙，并在一个三维空间内操作这个平面，是一个更容易想象的物理图像。现在，想象我们在一张纸上画一个三角形。小学生都学过，三角形的内角相加是180°，但这只适用于平直的二维空间。一个三角形的内角相加是180°的二维空间，我们称其为具有“平坦”的几何特性。

想象一个球体的平面，如地球的球面。从赤道开始，向北画一条到北极的线，接着转一个直角，再将线画回到赤道。然后在赤道再转一个直角，连接回到线的起点。这样你就在球体上画出了一个三角形，不过，这个三角形的三个角都是直角，也就是说这三个角的总和是 270°，而不是 180°。

这样的曲面被称为“正曲率”（positive curvature），即三角形的内角加起来超过了 180°。如果你沿着这条线走（游或飞），你会觉得自己一直都在走直线，无法察觉表面的曲率。只有当你从三维立体的角度来看，才会发现这些线看起来是弯曲的。

我们可以想象有一个曲面，上面的三角形的内角总和是小于 180° 的。这就是“负曲率”（negative curvature），最简单的就是想象马鞍的形状：两侧向下，前后向上。这些线条近看是直的，但远看就像是向外弯曲的。

这些看起来都很抽象，而且在不同的形状上画三角形与宇宙又有什么关系呢？现在我们不画线，想象发射一束光。在正曲率的宇宙内（如球体），光束会

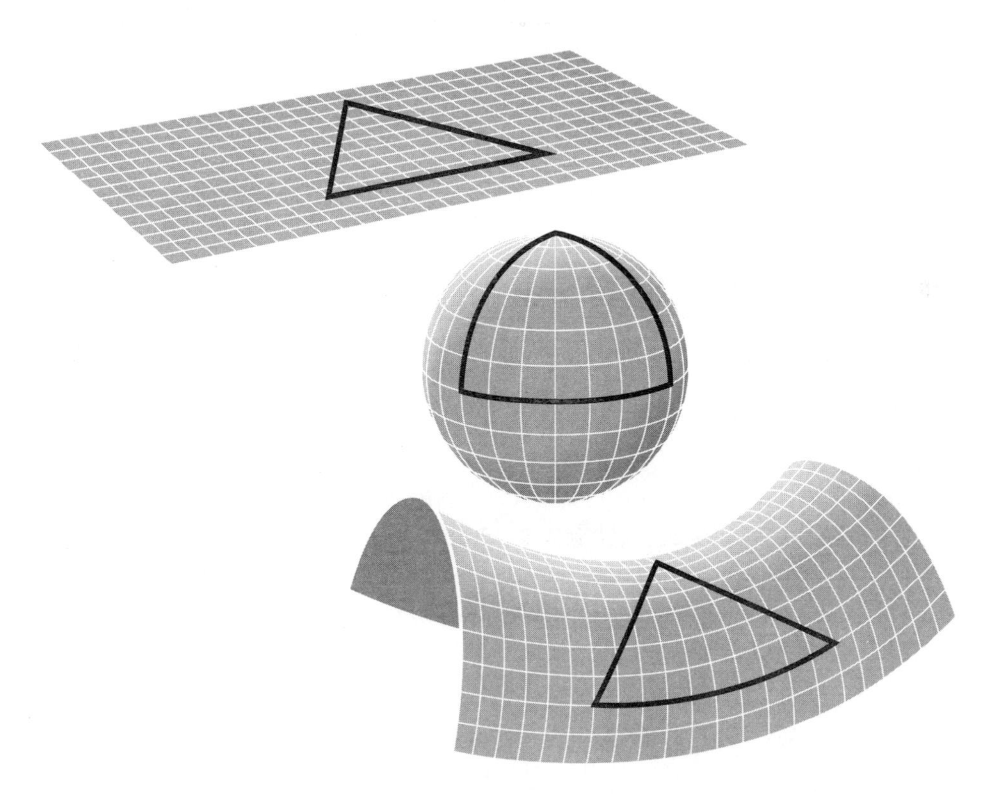

在地球上画一个足够大的三角形，三角形内角总和会变成 270°，这比平面中三角形的内角和更大。

朝彼此弯曲，使得东西看起来比实际上更大，此时宇宙就像一面巨大的透镜。在负曲率的宇宙内，线条会向彼此的反方向弯曲，物体看起来会更小。

我们如何测量光束是不是沿直线前进呢？首先，我们要知道物体有多大，这样才能和它“看起来”的大小进行比较。幸好我们有一些已知大小的东西，也就是众所周知的大爆炸的残留——宇宙微波背景的一些特征。当我们观察宇宙初期残留至今的这些微波时，看到的是比其他部分稍微热一些、密度高一些的部分。我们其实很清楚这些热的（和冷的）点的形成原因——早期宇宙可能更热且密度更高，但是从物理学的角度看，其实很容易理解。

接下来，我们可以开始在地球的一个角落上画出三角形的一个点，另外两个点则在一个热点的两端，这样画出来的形状正是三个内角相加为 180° 的三角形。这表示光是沿直线传播的，并且在这个大尺度中看，宇宙是平坦的。我们也可以利用星系的大规模分布等特征，在比较接近我们的天体，而不是在我们可见的最遥远的宇宙画同样的三角形，如大尺度上星系的分布。基本上只要是大小已知的东西，我们都可以这样画。

我们知道，宇宙几乎可以说是完全平坦的，但是我们并不能百分之百地确定确切的数字——就像所有物理测量一样，有一些部分还是不确定的。这些不确定代表我们可能有一天会测量到早期宇宙结构的特征，暗示宇宙可能在比我们所见的更大尺度上不是平坦的。也许还有其他的可能性存在，例如，宇宙是橄榄球形的，在交叉的区域则接近平坦，但又不完全平坦。欧洲航天局普朗克卫星得到的新测量结果，有助于进一步修正这些测量值，让我们更加确定宇宙的形状。

Q198 我们怎么确定宇宙是无穷尽的呢？

格伦 · 波维，萨福克郡，伊普斯维奇；彼得 · 莱特，多塞特郡，韦茅斯
（Glenn Povey, Ipswich, Suffolk and Peter Wright, Weymouth, Dorset）

其实，我们并不能确定宇宙是无穷尽的。目前为止的测量结果告诉我们，整个宇宙的大小可能比我们看到的任何东西都要大很多，但它是否无穷尽却很难测量。

Q199 宇宙之外是什么东西呢？宇宙又在向哪里膨胀呢？

托马斯·沃克，北爱尔兰，贝尔法斯特；凯丽·杨，伦敦；布莱恩·默里，利物浦（Thomas Work, Belfast, Northern Ireland; Kerry Young, London and Brian Murray, Liverpool）

“宇宙之外有东西”的这个想法其实毫无意义，因为这是一个涉及宇宙之外还有空间的概念。我们所了解的空间——有上下、左右和前后的三维空间——只在宇宙的范围内有定义。我们所知的宇宙可能嵌在一个更高维的结构中，但我们无法用同样的方式来测量更高的维度。

Q200 我们很难将膨胀中的宇宙具象化，但可以把它比作充气中的气球，气球的表面有星系，并且星系间会随着时间的推移而越来越遥远。在这个类比中，气球内部有什么东西吗？

罗杰·克拉克，东萨塞克斯郡，布莱顿（Roger Clark, Brighton, East Sussex）

膨胀气球的这个类比很有用，我们可以通过它来想象一个没有边缘的膨胀中的空间。在这个例子中，宇宙是气球的表面，整个太空都在表面上，那么，气球内部就没有意义了。

之所以会有这个问题，是因为我们把宇宙想象成三维世界里的二维平面，但其实应该从一只爬在气球表面的蚂蚁的角度来思考气球表面。这只蚂蚁（假设它无法向上看，只存在于二维空间）只知道气球的表面。但由于这个表面够大，因此对一只小蚂蚁来说，它就是一个平面，就像我们这些在地球上“爬”的人，也会将地球看作一个平面。

如果你仍然对这颗气球的内部存在疑问，可以试着把宇宙想象成一张不断膨胀的平面膜。但这样想的问题是，你很难摆脱它有边缘的想法，所以你会觉得这张膜的大小是有限的。如此一来，恐怕真的没有一个简单的答案了。

大爆炸与早期宇宙

Q201 大爆炸之前有什么东西呢？

吉迪恩·基布怀特，萨默塞特，巴思；乔治，兰开夏郡，布莱克本；伊恩·艾奇，柴郡，波因顿；马丁·纽曼，萨福克郡，伯里圣埃德蒙；约翰·派珀，东萨塞克斯郡，滨海贝克斯希尔（Gideon Kibblewhite, Bath, Somerset; George, Blackburn, Lancashire; Ian Edge, Poynton, Cheshire; Martin Newman, Bury St Edmunds, Suffolk and John Piper, Bexhill-on-Sea, East Sussex）

“大爆炸之前有时间存在”这个概念，一般被认为是不准确的。在宇宙学中，空间和时间被视为一个整体，称为“时空”，这是大爆炸时出现的概念。所以在此之前，“时间”是没有意义的。问大爆炸之前有什么，就像是在问北极的北边是什么一样。

Q202 如果宇宙是一道菜，那么食谱是什么？需要花多长时间才能烹制好？

安迪·叶，北约克郡，惠特比（Andi Ye, Whitby, North Yorkshire）

在准备做“宇宙”这道菜之前，你要先确保已经有所有需要的食材和器具。首先，请准备各种基本粒子作为主要食材。你可以在标有“夸克”和“轻子”的架子上找到材料，其中包括电子、介子（muonparticle）、τ 粒子（tauparticle）等；另外还有很小的迷你中微子（neutrino），不过它们比较难拿住。你还要确保拿了和这些粒子对应的反粒子，不过要注意，物质要放得比反物质多一点点，因为这在后面会变得非常重要。至于器具，你可以在写着“力”的橱柜里分别拿出强核力、弱核力、电磁力和引力。这些力都带着“交换粒子”，如果你还能找到希格斯玻色子（Higgs boson），那么加一点进去也会很不错。

现在要开始烘烤了，最简单的方法就是找到“准暴胀的宇宙”。它们已经经历了暴胀阶段的所有麻烦，可以为你免除一些烦恼，也可以节省一些时间。也不需要烘烤太长时间，大约需要 10^{-35} 秒（也就是 $1/10^{35}$ 秒），这一过程需要巨大的能量，而且重复一次可能是非常危险的。你很容易认出暴胀的宇宙，因为它大约只有一颗苹果的大小（我们说的只是我们可见的宇宙，因为我们还不知道可见宇宙之外还有什么），而且表面看起来非常平滑。

接下来是把所有材料和力都丢进去，别忘了最重要的交换粒子，这是让力开始作用的必要物质。现在开始烹饪，将烤箱加热到 10^{28} ℃，也就是 1 万亿万兆摄氏度。

在你把宇宙放进去之前，记得先往后退，因为在刚开始的几万亿分之一秒里，它会膨胀到地球轨道那么大，大约有 3 亿千米宽。同时，它会很快冷却下来，温度大约只有之前的 10 亿分之一。强核力会利用胶子对夸克起作用，宇宙将由夸克胶子等离子体构成，这是目前已知密度最高的物质形式，不过周围仍然有很多强烈的辐射。你还需要确定自己戴上了保护耳朵的东西，因为宇宙中会有非常吵的声波在移动。这一切都源于你使用的准暴胀宇宙有些小小缺陷。别担心，它们并不危险，只不过听起来像不和谐的摇滚演唱会。

大约过了百分之一毫秒，宇宙又会再冷却几百万倍，温度会下降到 10^{18} ℃，而宽度会膨胀到大约 1 光年。强核力利用胶子将所有夸克绑在一起，变成被称为“重子”（baryon）的粒子。大部分重子都不稳定，而且瞬间就会衰变，产生由电子、中微子和光子组合而成的物质。唯一稳定的重子是质子和中子，不过就算是中子也会渐渐衰变，成为质子和电子的混合物质。宇宙中最主要的成分是光子，也就是光的粒子。电子和它的反粒子——正电子——会不断地互相撞击产生光子，不过在这样的温度下，光子会自动转换回电子和正电子。

这种情况会持续 3 分钟，光子变成电子和正电子，然后又变回来，中子则会慢慢变成质子。3 分钟之后，温度已经降低到 10^{9} ℃，质子和中子开始结合成原子核。这一过程被称为核聚变，依靠弱核力将所有中子束缚到“核”内，让它们不再衰变。

这场质子与中子间的战斗，最后结局是宇宙中的物质将由 70% 的质子和 30% 的中子构成。大约一半的质子会继续单独存在，并飘浮在四周，另一半会被锁在原子核中，如氦。重要的是，温度必须以正确的速度下降，否则如果花费的时间更长，所有中子就都将变成光子，那么，早期宇宙中除了氢之外，就不会再有其他元素了。

你必须确保温度继续下降，这样大约再过 15 到 20 分钟，温度就会降到几亿摄氏度。这会使核聚变停止，意味着只能产生较轻的元素——因为没有足够的时间产生重元素。温度也会降低到光子不会再衰变成电子和正电子。假设你放入的物质与反物质的比例正确，那么现在应该不会剩下正电子，电子也应该减少了大半，剩下原本数量的十亿分之一左右。

此时，让宇宙自己冷却。你也许会想找一下离你最近的时间之门，向前快进几十万年，因为到了那时才会发生下一次重大改变。温度到了那时会冷却到相对寒冷的 3000 ℃（但仍然是烤箱刻度大约 200 ℃的位置），因此，电子会与原子核结合并形成第一个原子。这也会让宇宙变成光能穿透的透明状态，光子也能自由移动。

如果你近距离观测这个现在宽度超过 1000 万光年的可见宇宙，就会发现它看起来有些坑洼不平，这是由于准暴胀宇宙的小小缺陷造成的。四处传播的声波导致了轻微的密度起伏，一些区域比其他地方密度稍高一些。

在这个时候，你就能移开那些器具了，不过还有一个要留着。强核力是你要建立或破坏质子、中子或其他重子时必需的，但现在它们已经被绑进原子核里了；弱核力只有在你想制造或破坏原子核的时候才会用到，可它们现在已经安稳地待在原子的中央了；电磁力总是忙于将电子保持在原子中，并且确保宇宙里的物质都是电中性的；在未来的几亿年里，唯一重要的器具将是引力，然而其他的也别放太远。

有一个很关键的原料我们至今都没提到，主要是因为它已经存在于准暴胀的宇宙中了，这个东西叫作暗物质。我们之前已经讲过很多了，所以这里就不再多说。重点是，大部分力对于暗物质的作用都很小，只有引力可以对它造成一些影响。虽然事实上你根本看不到暗物质，但它仍然存在。所以当你的宇宙演化到引力成为主要力量的时候，暗物质就变得非常重要了。

如果你盯着你的宇宙看，就会发现那些密度稍大一些的地方正在将周边区域的物质往里拉，使这里的密度变得更高，体积也更庞大。如果看得够久，那些密度最高的点的中央，温度与密度会高到足以启动核心的核聚变。弱核力将再次出现，产生越来越重的元素，并制造出大量的光。这时，强烈的辐射会产生电磁力，电磁力则电离周围物质，将它们的电子从原子剥离。

这个“再电离”的阶段将是宇宙最后一次重大的改变。而宇宙剩余的演化，与大爆炸发生几亿年后出现的相对较小的条件变化有关。恒星集结成群，被称为星系，有些恒星的周围还会出现行星。经过数十亿年的漫长时间后，可能才会开始出现生命形式。如果你很大方，你可以考虑让一些物种进化出智慧，不过我不会对此抱有太高的期望（我听说你要关注的是那些比较小的水生哺乳类动物）！如果你真的要测试它们的智慧，我建议你留言给它们吧！

Q203 我常听到文献中使用“纯能量”这个词来描述早期宇宙，“没有物质的能量”是可能存在的吗？

P · 洛夫林，南威尔士，波斯考尔（P Lovering, Porthcawl, South Wales）

爱因斯坦证明了能量与质量是相等的，两者可以互相转换，这就是著名方程 $E=mc^2$ 的本质，E 是能量，m 是粒子的质量，c 是光在真空中的速度。这是爱因斯坦这一方程的简化版，实际上爱因斯坦的方程更为复杂，描述的是静止粒子的情况——移动的粒子能量会更高，这也是大型强子对撞机等实验的基础。

粒子物理学的标准模型有一个特征，就是粒子会衰变成各种各样的粒子，这就是核裂变的机制。我们讨论的粒子是次原子粒子（subatomic particle），其中有些粒子我们可能比较熟悉，例如，质子、中子、电子等组成原子的粒子；其实，除了它们之外，还有五花八门的各种粒子，如组成质子和中子的夸克，此外还有 π 介子、K 介子以及中微子，等等。这些粒子在互相撞击时可能转换成其他粒子，不过前提是有足够的能量来产生所需的质量。但是它们也会衰变成另外一种有能量但没有质量的东西，如光子。光子可以被视为没有质量的能量，也可能衰变回有质量的粒子，而质量则是由光子的能量决定的。

在瑞士的欧洲核子研究中心的大型强子对撞机进行的实验，靠的就是这种物质的转换。研究员将质子或铅原子核等粒子加速到接近光速，使这些粒子具有巨大的能量，当它们相撞时，就会产生大量的粒子。大型强子对撞机进行实验的目的，是检查在这个过程中产生的这些粒子中有没有我们未知的新粒子。[1]

最早期的宇宙比现在热很多，密度也更高，粒子的平均能量比大型强子对撞机里使用的粒子还要高很多。在高能粒子的海洋中，这些粒子一直都在改变形式。有些能量会变成光子的形式，而光子是没有质量的。能量一定会被锁在某种粒子中，但这些粒子不一定有质量。

Q204 我曾经读到过，在非常早期的宇宙“暴胀”阶段，当时膨胀的速度比光速还快。这难道不是与“没有东西可以比光速快”相矛盾吗？

休·伯特，斯塔福德郡，塔姆沃思（Hugh Burt, Tamworth, Staffordshire）

这并不矛盾，因为其实并没有物体能以超过光速的速度移动，而空间（或更精确地说是时空）的膨胀快得不可思议。从某种意义上来说，时空的定义是什么都没有，所以一方面可以说没有物体可以比光速快，另一方面也表示没有东西能以任何速度膨胀。

暴胀理论认为，在最初的10^{-30}秒（小数点后有29个0，相当于0.000 000 000 000 000 000 000 000 000 001秒）内，宇宙膨胀了10^{60}倍。宇宙中各区域起初非常接近，但现在却相隔非常遥远，所以光没有足够的时间在这些区域之间穿梭——我们会说它们已经超出了彼此的视界。这一点很重要，因为这些超出彼此视界的区域应该无法互相交换能量，所以也没有理由看起来一样。但是在快速暴胀发生之前，宇宙中各区域距离很近，在彼此的视界范围内，这代表在短

1 希格斯玻色子（Higgs boson）是粒子物理学标准模型预言的一种自旋为零的玻色子，不带电荷和色荷，极不稳定，生成后会立刻衰变。1964年，英国物理学家彼得·希格斯提出了希格斯场的存在，进而预言了希格斯玻色子的存在。2013年，大型强子撞机实验初步确认已经发现了“希格斯粒子”，并定名为“希格斯玻色子”，证明了“希格斯场”的存在，希格斯本人也因此荣获诺贝尔奖。希格斯玻色子也被称为“上帝粒子”，据说在大爆炸之后的宇宙形成过程中扮演着重要的角色。——编者注

时间内，光是可以在它们之间传播的，而且这种接触使它们达到了平衡，密度和温度也几乎相同。

暴胀的这一特色解决了大爆炸理论数十年来的一个问题，也就是为什么宇宙从各个方向上看起来都是一样的。我们在天空相反的两个方向看到的最遥远的宇宙，这些部分刚刚进入了我们的视野，还不应该在彼此的视界之内。因为这些地方太遥远了，光无法在这些区域之间往返，所以它们彼此间也应该是不平衡的。而我们在研究我们所看到的遥远宇宙时，会发现宇宙从各个方向上看都很相似，这暗示了它们一定在某个地方有过接触。宇宙的各区域现在都相隔得非常遥远，但其实在暴胀之前，它们彼此的距离都比现在近很多很多。在大爆炸后不到 1 秒的时间内，这些距离遥远的区域都还在彼此的视界内，这就能解释为什么它们现在如此相似了。

Q205 科学家是怎么确定大爆炸后不到 1 秒内发生的事呢？

布鲁斯·杰维斯，苏格兰，爱丁堡（Bruce Jervis, Edinburgh, Scotland）

其实非常容易理解，因为宇宙早期的结构并不复杂。在大爆炸后的几亿年内，宇宙中几乎只有氢气和氦气。宇宙早期时，这些气体比较热，密度也比较高，所以宇宙在刚开始的 40 万年里实际上是不透明的。高温会将原子的电子剥除，产生被称为等离子的电离气体，并持续散射光。这是我们能直接看到的最遥远的过去，通常被称为“最后散射面”（Surface of Last Scattering）。从最后散射面出发，在宇宙中传播的光如今被我们称为“宇宙微波背景”，也是最初大爆炸的残余。我们可以测量宇宙在大约 40 万年时的特点，但是想看更遥远的过去，就必须从我们的观测结果与理论来推断到底发生了什么事。

在比较接近大爆炸发生的时候，高温使得组成原子核的质子发生裂变。这需要非常巨大的能量，而我们可以利用大型强子对撞机之类的粒子加速器来重现这样的反应。在实验室中的观察结果能为我们的理论提供信息，帮助了解早期宇宙在刚开始的那几毫秒内是什么样子。不过，我们在地球上的实验有一个极限，到达极限后我们就再也无法重现当初的条件了。此后，我们无法通过实验获得更多的数据，只能完全依靠理论了。

宇宙学家可以天马行空地想出很多关于早期宇宙的古怪理论，但是要证明这些理论，就必须做出可验证的预测。暴胀理论与所有观测结果一致，但它还没能做出可验证的预测。更糟糕的是，就我们目前拥有的资料而言，有很多不同的暴胀理论都是可能的，但我们无法分辨哪一个是正确的——如果当中真的有正确的话。

既然我们无法直接观测到暴胀阶段，那么就只能看它对后来宇宙的影响。各种暴胀理论都预测，在宇宙微波背景中应该会有一个细微但可见的特征。这一暴胀的特征可能非常微小，但普朗克卫星应该可以探测得到。如果普朗克卫星能看到这一暴胀的特征，那么我们就可以更有立场确定暴胀理论是正确的。不过，想推断出确实发生了怎样的细节，还需要依托未来尚在规划中的其他任务。

Q206 大爆炸发生的时候有声音吗？

富兰克林·戈登，南约克郡，谢菲尔德
（Franklin Gordon, Sheffield, South Yorkshire）

首先，我们先想想什么是声音。声音是一种可以通过物质传播的压力波。我们很熟悉压力波在空气中传播的情况，不过压力波也能在液体和气体中传播。举例来说，地震会产生可以在地球内部传播的压力波。当压力波前进时，物质的一部分会被挤压在一起，密度变高；与这些部分相邻的区域反而被拉开了，密度也会因此降低。声波会在物质中传播，会在路径上形成密度过高与过低的区域，前进的速度则会根据物质的密度与组成而有所不同。

在早期宇宙中，有些区域比其他区域密度高。密度过高产生的影响就像水中的波纹一样，而其所产生的密度波会在宇宙中传播。这些密度波传播起来很容易，速度大约是光速的一半。压力波则会在早期宇宙中创造一个密度偏高和偏低的区域，就像我们现在在宇宙微波辐射背景中看到的那样。在大爆炸发生40万年后，最早的原子开始形成，密度波也不再如此轻易地在宇宙中传播。保持下来的密度分布被冻结在宇宙的物质中，密度较高的区域最后形成了我们现在看到的巨大星系团。

声波的强度，或者说音量，是由密度偏高区域相对于密度偏低区域的密度差决定的。通常我们会以分贝这个有些不同寻常的单位来测量。这是一个很有用的计量单位，因为人类耳朵能听到的音量范围很广。每增加 10 分贝，就代表较高密度区域的密度是较低密度的 10 倍。所以 20 分贝是 10 分贝的 10 倍，30 分贝又是 20 分贝的 10 倍，以此类推。

早期宇宙的密度变化非常微弱，大约是 10 万分之一，但仍然相当于 110 分贝左右。如果你可以回到当初去听，可能并不会觉得声音有多响——而是听起来与摇滚演唱会的音量差不多！但是这个声音的频率太低了，人类的耳朵是听不到的；实际上大约低了 50 个八度。

暗物质与暗能量

Q207 暗物质和暗能量是什么？它们真的存在吗？

保罗·福斯特，伦敦，克拉珀姆；安·易卜拉欣，伦敦；肯·麦金托，西萨塞克斯，霍舍姆（Paul Foster, Clapham, London; Ann Ibrahim, London and Ken Mackintosh, Horsham, West Sussex）

为了讨论这件事，我们应该先研究暗物质和暗能量存在的证据。从 20 世纪 30 年代开始，我们就发现了暗物质存在的证据，当时天文学家弗里茨·兹威基（Fritz Zwicky）发现，后发座星系团（在后发座中发现的巨大星系团）里的星系聚集得比预期的还要紧密。星系的聚集是由它们的吸引力，也就是由它们的质量决定的。

当时测量星系质量的标准方法是看它们的亮度——本质上就是测量星系星总亮度，再除以像太阳这样的恒星的亮度，接着再乘以太阳的质量。但是兹威基发现，解释这些星系团的聚集程度所需的质量，是从它们的星光计算出的质量的好几百倍。他把这些剩下的物质称为"暗物质"，因为他推断这些物质是一定不会发光的。

在接下来的几十年里，科学家们发现用这两种方法算出的星系质量存在差值，这是因为一些物质发出的光并不分布于可见光波段。例如，射电天文学发现，恒星之间的氢气和氦气的质量几乎是恒星本身质量的 10 倍。但除此之外，这两种方法间还是存在很大的质量差距。

20 世纪 70 年代，美国天文学家薇拉·鲁宾（Vera Rubin）研究星系本身的自转，发现它们的行为模式出乎意料。因为星系的大部分质量都集中在中央，所以人们认为离星系中央较远的恒星公转速度会比较慢，就像我们的太阳系的外行星公转速度比内行星慢。但鲁宾和她的研究团队发现，在星系外围边缘位置的恒星的公转速度太快了。可能的原因有两个：一是星系质量比预想的更大，二是引力方程错了。如果星系质量比预想的大，那么提供额外质量的物质一定分布得比恒星本身更均匀，天文学家花了很长时间想找出这些物质是什么。当时所知道的是，这些额外的“物质”几乎不发光，但却有质量，会对其他物质产生引力。

渐渐地，各种各样的可能性都被排除了。天文学家仔细地寻找散布在星系中的小型黑洞，但是仍一无所获。接着他们改变方向，在星系晕中寻找黯淡的小型天体——这些天体被称为大质量致密晕体（Massive Compact Halo Objects，缩写为 MACHOs）。虽然有很多恒星和其他黯淡的天体，但它们的质量根本无法与那些“额外的质量”相比。那么剩下的只有一种可能性：有一种新的、完全不会和光相互作用的物质。这种物质其实并不是真的完全透明或隐形的，但兹威基为这种物质取的名字——“暗物质”——已经深入人心了。粒子物理学家认为这些粒子是存在的，但迄今为止还没有人找到过这些粒子。天文学家将这些粒子统一称为“大质量弱相互作用粒子”（Weakly Interacting Massive Particles，缩写为 WIMP），它们是暗物质最有希望的候选者，非常适合取代 MACHOs！

在寻找这些“额外的质量”时，另外一个更有力的证据是遥远宇宙的研究结果。物质在星系中的分布情况，只能用里面还有望远镜都看不到的物质来解释。目前科学家还在寻找暗物质粒子，而且已经取得了一些进展。欧洲核子研究中心的大型强子对撞机正在进行高能粒子对撞实验，可能产生极少量的暗物质。虽然我们看不到，或者说不能直接探测到暗物质，但是我们预计，暗物质粒子会衰变成能够被探测到的“正常”物质粒子。

尽管现在还没有确切的证据证明暗物质是什么，但大部分天文学家都认为它会是我们过去没见过的粒子。少数科学家仍然认为也许应该修改爱因斯坦的引力理论，以解释这些观测结果，但这方面的研究进展甚微。

关于暗能量是什么的讨论就更少了，因为我们知道的太少了。即使将暗物质也算进来，宇宙中仍然有大约 70% 的能量（也就是“物质”）是未知的。此外，似乎还有什么东西导致了宇宙的加速膨胀。人们提出了几个可能的理论，其中最受欢迎的理论认为，宇宙的加速膨胀是由太空的真空能造成的。随着宇宙的膨胀，物质的密度和辐射都会降低，但这种真空能的密度会保持不变。如果这个理论是对的，那么这种真空能量早在几十亿年前，就开始不断促使宇宙加速膨胀。

我们完全无法从理论中来预测这种真空的能量是什么，即使想尽办法猜测，也无法解释宇宙加速膨胀的原因。简单地说，就是我们还不知道！

Q208　关于暗物质与暗能量的最新信息有哪些？

克里斯·格拉格蒂，斯塔福德郡，坎诺克；里克·维特克，曼彻斯特
（Chris Geraghty, Cannock, Staffordshire and Rik Whittaker, Manchester）

暗能量与暗物质的最新信息，来自对数十万个星系的调查结果。虽然暗物质不发光，我们也看不到，但它的确有质量，会因此产生引力。而像星系这种大质量物质带来的观测现象之一，就是会让接近它们的光线发生扭曲。这种光线受强引力场的影响而弯曲的现象被称为“引力透镜效应”（gravitational lensing），这是爱因斯坦在引力理论中曾经预测过的。巨大的星系团会扭曲来自背景星系的光线，改变它的形状。大部分时候，星系只是看起来被拉伸或扭曲了一些，但有时候影像会被扩大成很大的弧形。如果效应足够强，同一个星系甚至会出现多个影像！

引力透镜使天文学家可以确定物质在星系团中的位置。这样一来，我们不需要直接观测到暗物质，就能确定暗物质质量分布。这方面的研究技术日新月异，越来越成熟，现在我们已经可以在辽阔的天空中确定星系的扭曲位置了。

这些被引力透镜扭曲的光线，通常来自非常遥远的背景星系。这一遥远的距离意味着这些背景星系可以让我们更了解宇宙的膨胀。任何关于宇宙膨胀的研究都能让我们更了解暗能量，而且这些研究还帮助我们确定了暗能量的强度。

但有一种测量结果对我们了解暗物质与暗能量至关重要，那就是宇宙微波背景。这是我们能观测到的最古老宇宙，是来自大爆炸后 40 万年的初期宇宙辐射；我们可以在宇宙微波背景中看到结构，这是在早期宇宙中密度略高的地方形成的。我们可以通过模拟早期宇宙，研究产生我们看到的这些现象需要的条件。

这些精细的技术表明我们已经进入精准宇宙学时代。通过研究各种测量结果，我们现在已经知道宇宙中 72% 由暗能量构成，大约 23% 由暗物质构成，剩下不到 5% 才是我们所熟悉的原子和分子。如果这样还不能让你感到我们的渺小，

那我就不确定还有什么能让你感到渺小了！

Q209 如果所有东西都有对应的相对物，例如，物质和反物质，那么是否存在“反暗物质”呢？

特里·利斯，萨里郡，坎伯利（Terry Leese, Camberley, Surrey）

物理学家在20世纪早期的研究显示，每一个已知的基本粒子都有完全相反的粒子存在，也就是它的“反粒子”，因此，存在反质子、反电子、反中子等物质。以此类推，所有构成物质的粒子都有相反的粒子。

我们认为暗物质是由不同种类的粒子构成的，这些粒子不会与光相互作用，所以我们看不到。尽管这些粒子的性质特殊，但它们在某些方面仍与我们所熟悉的“正常”粒子相似，它们应该也有反粒子。最有可能发现暗物质的反粒子的方法，就是使用大型强子对撞机这种粒子加速器，而且我们很有可能同时发现暗物质及其对应的反粒子。

Q210 气体云会由于来自恒星的引力而坍缩。我们也认为暗物质会在引力下坍缩吗？这会产生什么结果呢？

——史蒂文·琼斯，贝德福德（Steve Jones, Bedford）

引力是主导暗物质在宇宙中如何分布的力。我们在研究暗物质的分布时，发现它们都集中在星系和星系团的中心位置，但事实正好相反：暗物质由于引力形成这种团块，而星系则在团块的中心形成。

当气体云中的正常物质在引力作用下坍缩时，其他效应就开始发挥作用：粒子间的撞击表示气体云冷却并进一步坍缩。气体也会辐射出能量，辐射加上撞击会让云的核心密度变得更高，并最终形成恒星。以星系的规模来看，同样的过程也促使了组成银河系的主要结构——星系盘的形成。

另一方面，暗物质不会与任何东西相互作用，甚至连和自身都不会，也就不会辐射出任何能量，或因为撞击而冷却。因为没有这些相互作用，所以暗物质不会比巨大的球形天体坍缩得更多。

暗物质和一般物质由于互相的引力而绑在一起。早期的宇宙几乎是均匀的物质海洋（包括一般物质与暗物质），只有一点点密度较高的区域。这些密度稍大的区域具有更强的引力，也因此会在引力作用下聚集，继续保持更高的密度。宇宙中大约 90% 的物质都是暗物质（和暗能量），主导了引力造成的聚集。正常的物质会跟着暗物质，最后由于密度够高而形成恒星。

意想不到的是，既然暗物质只会感知引力，而且不会受到碰撞或辐射的影响，那么我们模拟它的行为反而比模拟一般物质更容易。对宇宙进行的计算机模拟，可以重现宇宙的初始状态，预测暗物质在宇宙历史中各阶段的分布。复杂的部分在于要精确预测正常的物质的演化行为，这牵涉到物理学的很多其他方面。毕竟，恒星与星系的形成非常复杂，这是我们仍然没有完全理解的东西。

这些模拟的结果似乎很符合我们对暗物质分布的观测结果，而且也与正常物质相吻合。例如，在我们可观测到的宇宙最大尺度——数十亿光年——的范围内，星系的分布就与模拟结果一致。然而，在银河系这种单一星系的较小尺度上，正常物质的物理学特性就会变得重要许多。多年来，模拟预测在我们周围应该分散着很多较小的星系，数量应远超我们实际观测到的。部分原因是这些小小的星系都非常黯淡，很难被发现，不过我们现在找到的数量相对来说已经很多了。但观测结果也正在改变我们对暗物质与正常物质的理解，并能使我们更好地了解暗物质粒子，让粒子物理学家可以在粒子加速器中寻找这些粒子。我们也许还需要很多年才能确定暗物质的存在，但是现在已经越来越接近它了。

Q211 如果我们不能探测或观察到暗物质，怎么能确定它真的存在呢？说不定这只是我们为了使观测数据符合预测而创造出的概念？

西蒙 · 福斯特，西约克郡，斯蒂顿；克雷格 · 苏海尔，伦敦
（Simon Foster, Steeton, West Yorkshire and Craig Sohail, London）

为了证明一个科学理论或假设（如暗物质是否存在）的有效性，我们首先必须要求这一理论与目前已知的所有观测结果相符。但更重要的是，理论必须能提出可以验证的预测，并使其与其他理论区分开。关于暗物质存在的最早证据来

自恒星与星系感觉到的引力，我们发现这个引力比我们看到的物质能产生的还要大得多。一种可能的解释是，有大量物质并不会发光，但当时还有其他理论。例如，也有可能在较大的尺度上，引力会比通过爱因斯坦引力方程算出的更弱。

最近几十年里，有更多的信息使得大部分科学家都倾向于支持暗物质的存在，而不是修改引力理论。其中一项信息来自宇宙微波背景，我们可以在其中看到早期宇宙的结构，而在最早期的宇宙中，暗物质与一般物质的行为不同，暗物质只会在引力作用下聚集，但一般物质同时会受到周围强烈辐射的影响。我们只能用暗物质的质量是一般物质的 4 倍来解释如今的宇宙结构，而且这个倍数竟意外地符合我们对恒星与星系的研究结果。

我们现在可以确定暗物质的分布，虽然不能直接看到这些物质，但可以通过暗物质对我们看得到的一般物质的引力效应做到这一点。暗物质惊人的质量会扭曲来自遥远星系的光，并产生扭曲的影像，帮助天文学家找出星系团中大部分质量的所在位置。这种效应曾经被爱因斯坦的引力理论预测到，被称为“引力透镜效应”，现在正被用于确定暗物质在庞大宇宙中的位置分布。

观测的结果也非常符合预测，每个星系和星系团都被大量暗物质晕围绕。一项来自对两个正要相撞的星系团的研究结果表明，这个“子弹星系团”（Bullet cluster）最近（用天文学的术语来说）互相擦肩而过，但两个星系团中不同结构的行为截然不同。当两个星系团互相擦过时，恒星和星系通常不会发生碰撞，而是受到彼此的引力影响，擦肩而过，这与两个星系团周围的暗物质晕圈的行为类似。相反，在星系团内散布的气体可以被视为一种流体，所以两个气体云会发生碰撞，并产生巨大的冲击波，在整个太空中传播。

这两个星系团的研究结果具有出乎意料的启发性：正如我们预期的那样，研究显示星系团中的气体形成了强大的冲击波，互相擦肩而过的星系就像在夜晚航行的船只，依旧是两个保持球体形状的星系团。科学家预测，暗物质的行为应该与恒星和星系类似，所以应该会保持在原来的位置。如果没有暗物质，那么星系团的主要质量就应该由气体构成；如果有暗物质，那么它应该位于星系附近。引力透镜效应的观测结果显示，星系团主要质量的所在位置与所星系位置相同，这符合我们以暗物质存在为基础所做的预测。

现在，暗物质的存在几乎已经被大多数天文学家所接受，但仍有很大程度的怀疑论存在，必须等到组成暗物质的粒子被发现并被辨识出来时，怀疑者才会真的接受。

Q212 你认为暗物质与暗能量的存在已经被证实了吗？它们合理吗？难道不是我们的总和算错或没算完整吗？

卡伦·卡普勒曼，肯特；罗伯特·因斯，兰开夏郡，普雷斯顿
（Karen Cappleman, Kent and Robert Ince, Preston, Lancashire）

暗物质与暗能量的观点非常特殊，部分原因是这两个理论非常复杂。以暗物质来说，目前的理论认为它可能是由粒子构成的，因此，我们可以在粒子加速器中寻找那些粒子。暗物质是由粒子构成的证据其实非常有力，这些粒子会受引力影响但不会发散、吸收或散射光线，但是除非在实验室中看到它，否则很多人无法相信它的真实性。

暗能量就完全不同了。目前的证据显示，某种东西导致了宇宙膨胀加速，但我们并不知道是什么东西。即便被普遍认为是最有可能的暗能量来源，即太空的真空能，都无法解释宇宙为何加速膨胀。事实上，目前对真空能的最佳理论预测值，都比我们可以探测到的暗能量的能量值高百亿亿万兆倍！

重要的是要记得，暗能量只是一种我们还不知道的物质的名字，而且是一个才形成十几年的概念。相比之下，牛顿的引力理论在1687年就形成了，而爱因斯坦发现牛顿的引力理论并非完全正确，也不过是100年前的事。所以300年来，科学界不得不面对他们对宇宙的理解有些不太对的事实。例如，牛顿的引力理论无法准确预测水星的公转轨道（不过已经很接近了），但爱因斯坦的理论可以。

但即使是爱因斯坦也并非什么都对！他的方程预测宇宙不是在膨胀中就是在收缩中，这在当时是难以想象的，所以他加上了一个条件，使得宇宙是稳态的（他相信应该是这样）。但后来他又为这个决定感到懊悔不已，因为10年后，哈勃就发现宇宙事实上是在膨胀的。

即使存在这些小插曲，爱因斯坦的引力理论仍与量子物理学领域同步发展，为物理学带来了根本性的变化，也为我们现在所居住的世界开辟了新的研究领

域。如果没有量子物理学和相对论，我们就不会有计算机，也不会有激光，更不会有卫星导航系统等许多东西。所以，一旦我们发现了暗能量到底是什么，很有可能会开启物理学的新时代。

即使我们最终发现暗物质和暗能量根本不存在，我们也会知道我们对宇宙的理解在某些层面上是错误的，而这反过来也会推动下一个阶段的研究，让我们了解错误的原因。

Q213 大型强子对撞机的发现会对天文学等相关学科产生重大影响吗？

肯·阿斯克，莱斯特郡（Ken Askew, Leicestershire）

天文学和粒子物理学密切相关，在对早期宇宙的研究中更是如此。大型强子对撞机的实验会让原子核互相碰撞，并释放出巨大的能量，足以和大爆炸后不到 1 秒的强度相提并论。在如此强大的能量下，质子和中子可能会分裂成组成它们的夸克，出现所谓的“夸克胶子等离子体”。这些夸克会组合成各种其他粒子，这使得粒子物理学家可以研究在其他地方——即使是在恒星的中心——完全观测不到的物理现象。

这种实验使宇宙学家能够了解宇宙中物质的起源，也可以研究为什么宇宙中的物质会多过反物质。大爆炸创造出等量的物质与反物质，但大部分反物质都被消灭了，而两者数量上的细微差异，表示至少我们的宇宙区域里，物质赢得了胜利。

过去几十年里，粒子物理学家证明了许多不同的基本粒子的存在，名称各不相同，包括电子、介子、夸克、中微子等。然而，也有其他理论认为，其实还有另外一种全新层级的粒子，它在某些方面与我们知道的粒子类似，但比我们所知的粒子质量更大。这些“超对称”粒子是最有可能组成暗物质的粒子。这类粒子的特点之一，就是它们不会与一般物质相互作用，所以只有在它们衰变成我们可以测量的粒子时，我们才能看到它们。

真正有趣的物理反应发生的概率非常低，所以我们唯一可以观察到它们的方法就是每秒进行数亿次的反应。大部分反应的结果都相对普通，但是偶尔会出现一些很有意思的产物。借助强大的运算功能，这些有意思的反应会被挑选出来详细研究。这一过程需要大量时间，但如果这些超对称粒子确实存在，那么LHC就应该可以找到它们。

Q214 既然我们可以像预测大爆炸理论那样观测到宇宙微波背景，那么为什么中微子探测器还没有发现宇宙中微子背景呢？

罗伯·肖特兰，美国亚利桑那州，塞多纳（Rob Schottland, Sedona, Arizona, USA）

中微子是一种亚原子粒子，我们现在知道它们是存在的，但我们对其所知不多，主要是由于它们很难测量，因为中微子几乎不与物质相互作用。事实上，我们根本没有探测到中微子，而是探测到它们对经过的物质造成的影响。中微子通过物质时，它们有极小的概率会和其中一个原子内的一个电子相互作用。于是这个电子将开始极快速地移动——比光通过水的速度还快——并散发出一种特定模式的光。这种辐射模式和音爆相等，是以俄国物理学家帕维尔·切伦科夫（Pavel Cherenkov）的名字命名的。切伦科夫描述了这种辐射模式的特性，并因此于1958年获得了诺贝尔物理学奖。

由于中微子产生切伦科夫辐射的概率实在太低，所以大部分探测器都会使用大量物质来增加中微子与其他物质相互作用的概率。举例来说，日本的“超级神冈探测器”（Super-Kamiokande）的实验就使用了一个宽40米的水箱，里面装满5万吨水。如果中微子通过水，与任何一个电子相互作用，那么当场在球体边缘的11000个探测器就会捕捉到切伦科夫辐射一闪而过的光。

宇宙里的中微子数量高得惊人，短短1秒内就有大约300万亿个中微子通过你的身体！幸好它们不会对你造成任何影响。如果想让一个中微子停下来，你需要一面1光年厚的铅墙。

中微子在宇宙中的来源有很多，地球上探测到的中微子大多来自太阳以及核反应装置。超新星也会释放出大量的中微子，这些在生命末期爆炸的大质量恒星，通过这种方式释放出大量的能量；超新星爆炸的闪光可以照亮整个星系，但中微子释放的能量是它的数百倍。1987年，人类在大麦哲伦星云（一个大约16

万光年外的小星系）中观测到一颗超新星。就在这颗超新星爆炸的闪光被观测到的同时，人类也在短时间内探测到了大量的中微子，这是关于超新星成因的一个最强而有力的证据。虽然在当时所有的实验中，大约只探测到 20 个中微子，但是这一事件已经成为中微子天文学的开端。尽管实验不断取得进展，但由于中微子难以被探测到，所以我们很难确定它们来自哪一个方向。

早期宇宙也有中微子产生，大约在大爆炸后 1 秒被释放，释放方式类似宇宙微波背景。这些中微子在太空穿梭，我们在地球上就能探测到它们。根据早期宇宙的标准模型预测，每立方厘米的空间内，都应该有一些最初的中微子。不过由于中微子很难被探测到，所以它们的存在还没有被证实。尽管宇宙微波背景是对来自 40 万年前宇宙的直接探测，但测量宇宙中微子背景却能让我们直接研究宇宙形成不到 1 秒的情况——这就更接近大爆炸本身了。

Q215 中微子有质量吗？如果有，它们会是暗物质吗？

泰勒·斯宾塞，洛奇代尔（Spencer Taylor, Rochdale）

粒子物理学的标准模型一开始是假设中微子完全没有质量，就像光的光子一样。然而，用核电站产生的中微子和来自太阳的中微子进行的实验结果显示，它们可能确实有质量，只不过非常小。这是由于中微子其实有 3 种（可以称之为 3 种“味”），而且中微子可以在不同味中转换。如果理论正确，那么它们的确有质量，但是所有实验都显示中微子的质量非常小，而且这 3 种口味的质量也有些许差异。

关于中微子的质量，最好的信息其实来自宇宙学，因为对宇宙膨胀速度的测量值有助于估计中微子的质量范围。在 2012 年，中微子质量的上限是电子质量的百万分之一，而电子的质量大约是质子质量的两千分之一，所以中微子真的很轻了！这个质量太小了，以至于还不能被精确地测量出来。我们只能列出一个最大值，而且这个数字还是这 3 种中微子的质量总和上限，所以个别中微子的质量还会更小。

我们知道中微子有质量，会受到引力影响。既然我们无法轻易看到它们（见前一个问题的回答），那它们很可能是暗物质的候选者。但问题是，它们的总质量还不够大，即使单个的质量达到我们说的上限也仍然不够。所以，某些我们认为是暗物质造成的现象，很可能是中微子造成的，不过它们并不是全部原因。研究仍在继续，敬请期待！

Q216 宇宙“消失的质量”可能在黑洞中吗？

KJ · 汤马斯，曼彻斯特（KJ Thomas, Manchester）

当人们知道宇宙中有“消失的质量”时，就开始提出各种理论来解释这些质量去了哪里。黑洞是一个可能性很高的候选体，因为它们有着相对较大的质量，而且不会发光。它们被称为晕族大质量致密天体（MACHOs），这类天体还包括中子星、褐矮星以及古老而黯淡的白矮星。

关于黑洞，首先我们从来没有真正看到过它，不过我们有充足的证据证明它的确存在。[1] 爱因斯坦的相对论预测，当物质的密度达到某一临界值后会发生坍缩，甚至可以坍缩到连光都无法逃离的极高密度。黑洞基本上被分为两种。第一种是超大质量黑洞，我们认为每个巨大的星系中央都有一个这样的黑洞——包括我们的星系在内。这些黑洞的质量是太阳的好几百万倍，并且和星系本身的形成有关，不过目前我们并不完全清楚究竟是星系先形成，还是黑洞先形成，这成了天文学上的“先有鸡还是先有蛋”的问题。大质量黑洞被巨大的星系包围，并且不可能在我们银河系的外围部分，所以它们并不难被探测到。

第二种是恒星质量黑洞。这些黑洞被认为是质量为太阳数十倍的恒星在生命结束时形成的。当恒星核心的核聚变停止时，它就无法再对抗自身的巨大重力，也无法支撑自身的巨大质量，此时一部分物质会坍缩，并在中央形成黑洞，这种黑洞的质量会由原始恒星的质量决定。有一些恒星级黑洞的质量只有太阳质量的几分之一，但是大多数恒星级黑洞的质量是太阳的好几倍。恒星级黑洞通常会出现在大质量恒星聚集的地方。

于是问题变成：你如何在外太空的黑色背景中看到一个黑色的东西呢？爱因

1　北京时间 2019 年 4 月 10 日 21 时，人类首张黑洞照片面世，该黑洞位于室女座一个巨椭圆星系 M87 的中心，距离地球 5500 万光年，质量约为太阳的 65 亿倍。它的核心区域存在一个阴影，周围环绕一个新月状光环。爱因斯坦广义相对论被证明在极端条件下仍然成立。——编者注斯坦这时又出来救援了，他曾预测过巨大质量对光的影响：一个大质量的天体产生的引力场会导致光线弯曲、放大或扭曲来自后面的光。这种现象相当常见，不过通常是由星系或整个星系团造成的。这的确也会发生在较小的天体上，产生的效果也相对较小。如果我们的银河系外围有黑洞，那么它们则是在遥远的恒星与星系形成的背景前移动。此时如果有黑洞刚好从我们和背景恒星之间穿过，那么黑洞的引力会放大恒星的光，会使恒星的亮度短暂地增加，这种现象被称为“微引力透镜效应”（microlensing）。如果任何质量巨大的天体——例如，褐矮星甚至一颗行星——直接从背景恒星或是背景星系前面掠过，也会发生同样的现象，所以这种方法也适用于寻找各种 MACHOs。亮度的变化很容易被预测，但这种事发生的概率却很低。

为了提高找到它们的概率，许多天文学家研究小组对大小麦哲伦星云进行了持续的观测。这两个小星系距离我们 16 万光年，但距离足够近，可以看到星系中数百万颗恒星。我们和它们之间有银河系晕，这是大部分 MACHOs 所在的地方——如果它们真的存在的话。目前我们探测到的微引力透镜效应事件非常少，但如果黑洞和其他 MACHOs 是暗物质引起的质量缺失的原因，那么探测到的微引力透镜效应事件则比预期的要少得多。

元素的起源

Q217 最早的氢原子是怎么在大爆炸时形成的?

约翰·扬斯，伦敦（John Youngs, London）

氢原子是最简单的原子，只有 1 个电子绕着 1 个质子。氦、氧、铁等较重的元素会有 1 个由质子和中子组成的原子核，较重的元素的原子核里的质子数量更多，原子核周围也有更多的电子，原子核里中子的数目与质子数目相近。质子和中子喜欢在一起，但如果温度超过 10^9℃，两者就会分离。同样，电子喜欢绕着原子核公转，但如果温度高过几千摄氏度，它就不再绕着原子核公转。

大爆炸后的几万年里，温度高到足以让电子不再附着在原子核周围，所以那时的宇宙是电离的。在此之前，我们只需要考虑原子核——也就是质子和中子。大约在大爆炸过后的 3 分钟内，宇宙还是太热了，以至于中子和质子无法在一起。既然质子是氢原子的核，那么我们可以认为，早期宇宙里的物质应该是由氢原子以及众多自由的中子组成的。任何四处飞散的中子都会渐渐衰变，形成质子（更多的氢原子核）和电子。

随着宇宙的膨胀，宇宙的温度也随之冷却。大爆炸过后大约 3 分钟，温度降低到足以让质子和中子开始结合，这一过程被称为核聚变，在太阳的核心也发生相同的反应，而且只在温度超过数千万摄氏度时才会发生。在先前的过程里还没有衰变成质子的中子，这时就会被固定在较重元素的原子核里，包括氦（有 2 个质子和 2 个中子）以及氢的其他变体——氘（1 个质子和 1 个中子）和氚（有 1 个质子和 2 个中子）。氘和氚大致与氢类似，它们的化学性质一样，多了额外的中子其实不会有太大的影响。

核聚变的过程只维持了大约 20 分钟，因为之后温度将降低，无法再进行核聚变。此时宇宙中，大约 75% 的物质是氢，25% 是氦，另外还有少量的重氢、氚以及锂（有 3 个质子和 3~4 个中子）。在温度低于这个上限之前，并没有足够的时间让较重的氧、碳、铁等元素被制造出来。

接着宇宙将继续膨胀与冷却，到了大爆炸之后大约 40 万年时，宇宙的温度已经冷却到足以让电子开始绕着原子核转，第一个可以被称为原子的东西就形成了。宇宙保持着充满中性的氢和氦的状态达数亿年之久，大约在这个时候，还诞生了最早的恒星。恒星将周围的气体电离，并在核心进行核聚变。核聚变持续将氢转换成氦以及其他更重的元素，但并不会影响到氢在宇宙中所占的比例——依旧在 75% 左右。

Q218 我知道元素是在恒星中产生的，而在超新星爆炸中，比较重的元素会迅速产生。但是，这么多种元素是如何在宇宙中广泛散布开来，形成我们在地球上看到的混合物的呢？

鲁弗斯 · 西格，伍斯特郡（Rufus Segar, Worcestershire）

宇宙中的元素最初并非如预期般广泛散布。我们的地球上的确有着丰富的元素种类，这其实是由于地球所处的位置非常特殊。总的来说，宇宙的成分在大爆炸后并没有太大的改变，当时宇宙中 75% 的物质（我们只说一般物质，不管暗物质）是氢，25% 是氦，以及很少量零碎的锂。恒星一形成，核心就会开始发生核聚变，将氢转换成氦及其他重元素。宇宙中大部分碳、氮和氧都是来源于此，其他如硅、镁、钙、铁等中等质量元素也是如此。而铅、金、铀等这类更重的元素，则是在大质量恒星死亡时，在超新星爆炸中产生的。

我们必须要认识到，恒星的组成物质占宇宙中物质总和的不到 10%，剩下的物质由大爆炸后出现的中性氢和氦气组成。这主要是因为恒星的形成相对来说是一个比较低效的过程。在浓密的气体云里，大约 90% 的物质最后都不会出现在恒星里，而是会被推回到太空中，因为恒星产生的光压会将大部分极轻的原子推开。

恒星在形成的过程中，不会对气体云没有任何影响，而在它们生命的大部分时间里，会产生吹过太空的星际风。更热更亮的恒星，产生的星际风也会更强，强大到足以在太空中吹出巨大的泡泡。这种泡泡的例子之一，就是位于猎户座中央的巴纳德环，宽度达到 600 光年。但这些星际风只是开始。当恒星接近生命终点时，它们会膨胀到原来的数百倍大小，并开始将外层拨落。恒星的外层主要由氢和氦构成，也含有微量的较重元素。这些外层会肿大，形成所谓的行星状星云，实际上那只是濒死的恒星抛射出来的外层。在最后一刻，大质量恒星会发生猛烈的爆炸，形成超新星。这些爆炸非常强烈，会产生巨大的冲击波，穿越整个太空，将丰富的化学物质散布到周围区域。冲击波相遇时会导致气体密度增加，并开始新一阶段恒星的形成。

这个过程会重复许多次。我们的太阳已经 50 亿岁了，比宇宙年龄的 1/3 稍大，相对来说，很多巨大的恒星存活的时间都比太阳短很多。有些质量为太阳 20 倍的恒星，如参宿四，大约只能存活 1000 万年，更大的恒星存活的时间则更短。在宇宙存在的过去 130 亿年里，有足够的时间让数百代恒星形成又死亡，使环境中的化学物质变得丰富，并且将这些产物散布到周围。

我们的太阳在 50 亿年前形成时，银河内的气体云便含有丰富的化学物质，拥有少量的碳、氧、硅、钙以及铁等元素。太阳的成分由 75% 的氢、24% 的氦、1% 的氧以及极少量的其他元素构成。这些较重的元素在恒星中可能非常稀有，在整个宇宙中可能也是如此，但是在行星中较为常见。一开始，在太空的冰冷真空中，这些元素会互相反应，形成如水（氢和氧）和一氧化碳（碳和氧）等分子。另外还有星际尘埃这些细微的颗粒，它们主要由碳、氧、硅和铁构成。

由于这些尘埃颗粒以及较重的元素太重，无法被太阳这类恒星的光推开，最终在周围形成了尘埃盘。与星际气体云相比，这些物质盘内的重元素数量非常丰富，而行星就是从这些物质盘中形成的。整个过程的最终结果是，像地球这样的行星拥有了非常多样的化学元素。概略地说，地球大约由 30% 的铁、30% 的氧、15% 的镁、15% 的硅以及 2% 的钙构成。剩下的则由其他各种各样的元素构成，而氢只占了不到 0.3% 的地球质量。

然而，请记住，恒星大约只占了宇宙中所有物质的 10%，行星占的比例就更小了。尽管我们地球的化学组成非常丰富，但整个宇宙基本上还是和刚开始的时候一样。

一切的结束

Q219 宇宙会终结吗？关于宇宙末日的最佳理论是什么呢？

布鲁斯·古德曼，埃塞克斯郡，科尔切斯特；詹姆斯·帕丁顿，西班牙；大卫·贝特，格洛斯特郡，切尔滕纳姆

（Bruce Goodman, Colchester, Essex; James Partington, Spain and David Bate, Cheltenham, Gloucestershire）

如果“我们来自哪里”是最大的问题，那么“一切都会在哪里结束”应该算得上是第二大的问题了。这两个问题密不可分，因为宇宙过去的演化暗示了它的命运。然而，我们只能用现有的理论去推断，也就是根据现有的物理学基础去猜测。

在大约 50 亿年后，太阳将会死亡，变成一颗黯淡的白矮星并结束它的生命。地球可能还在这里，但首先会由于太阳成为红巨星而被烧成焦土，接着由于光都消失了，地球将会成为一颗冰冻的星球。不过也会有更多恒星继续诞生，这一过程可能会持续数万亿年。在那之后，银河系可能会消耗掉所有的气体与尘埃，里面全部都是白矮星、中子星以及褐矮星。这些天体都无法发出太多的光，所以银河系将会变得比现在黯淡许多。

同时，银河系将会与仙女座星系相撞，形成一个更大的星系，但即使是这个星系也不会永远保持不变。再过 10 亿年，恒星不是飞到星系间的太空里，就是失去公转的能力，向中心坠落。很多落到星系中心的恒星都会掉到黑洞里，使其质量会增加到原本的数千倍。在星系团里的星系也会经历相同的过程，大部分可能会飞到星系间的太空里，其他则会向星系团的中心坠落，形成超大质量星系。

在更大的尺度上，宇宙的命运更加不确定。我们目前的模型认为，宇宙在以

不断增长的速度膨胀，膨胀除了会将星系团向外推，还会降低宇宙的温度。就目前的观测而言，大爆炸后剩余的辐射几乎一直保持在绝对零度以上 3 ℃的温度，但会因为膨胀继续下降。我们看到的遥远星系的光的波长，由于宇宙的膨胀而被拉长，这一过程也会继续保持下去。最终，宇宙将几乎完全漆黑。

不过这还不是结束。充满了黑洞和恒星残余物的暗黑宇宙听起来已经令人绝望了，但接下来的情况还有可能更糟。著名天体物理学家斯蒂芬 · 霍金（Stephen Hawking）指出，黑洞会通过发出辐射能量而逐渐减小质量，所以就连黑洞都可能会衰退。即使是最简单的物质形式也不安全，因为我们认为即使是质子也会衰变成更轻的粒子。这表示褐矮星、白矮星和中子星都会渐渐消融，只不过需要 10^{36} 年甚至更久。因为质子的衰变非常缓慢，要测量这个过程非常困难，而这个过程的时间有较大的不确定性，所以实际数字会非常难估计。

这种悲惨的未来看起来只有一种可能性，也是我们以观测可见的一小部分宇宙为基础做出的最佳猜测。可能我们所在的宇宙与其他部分并不相同，这样一来，所谓的最终末日可能也会不一样。宇宙的其他部分可能密度更高，所以一切都会在“大挤压”（Big Crunch，大爆炸的反义词）中坍缩。我们只是不知道，而且可能永远也无法知道，但这并不会阻止一些宇宙学家寻找答案。你永远不会知道他们什么时候成功，我们也终将会更确定地知道宇宙的命运。现在我们能做的就是等待了——不过可能会等很长一段时间！

多重宇宙与额外维度

Q220 大爆炸有没有可能在不同的地方发生过？

罗伊·艾布拉姆斯，利物浦（Roy Abrams, Liverpool）

一些科学家认为，大爆炸在其他地方发生过的可能性很高。一些怀疑论者认为，以大爆炸的本质来看，它应该发生过很多次，甚至可能是无数次。许多宇宙的概念被称为“多重宇宙”，其他的宇宙可能与我们的宇宙大不相同，有着不同的物理法则。也许我们的宇宙是唯一一个满足原子形成条件的宇宙，更不必说形成恒星、行星和生命了。

想象一个二维平面的宇宙，就像一张纸那样。此时，如果有另外一个平行的二维宇宙存在于它的上方或下方的位置，那么第一张纸上的人可能永远都不会知道第二张纸的存在。在真实的三维宇宙里，另外一个宇宙不会存在于传统观念中的“上面”，而可能存在于第四个空间维度上的某段距离之外。即使我们的宇宙一直在三维空间中膨胀，它也永远不会碰到另外一个宇宙，就像两张纸可以一直伸长变大，但永远也不会碰到彼此。

Q221 如果真的有另外一个宇宙，那么当其他宇宙与我们的宇宙“碰撞”时，我们对宇宙末日的预测会如何变化呢？

吉尔，达勒姆郡，彼得里（Gil, Peterlee, County Durham）

这取决于碰撞的性质。如果其他宇宙与我们居住的宇宙一样，都在三维空间中膨胀，那么两者可能会以“传统”的方式碰撞。通过观测我们所看到的最遥远物体，很可能会看到如此接近我们的宇宙带来的影响，尽管目前还没有看到这样的迹象。这意味着宇宙整体的性质，可能与我们能见到的宇宙的性质不同，而这些性质会影响宇宙的最终命运。

另外，碰撞可能发生在第四维的空间中，这可能难以想象。这就相当于两张平行摊开的纸，只是两者间的距离很小。霍金在高维空间理论中提到，三维宇宙是“膜”[branes，我认为是从薄膜（membrane）一词来的]。有一种理论认为，是这些“膜”之间的碰撞导致了大爆炸，不过目前我们还没有办法证明或推翻这一理论。

Q222 在量子宇宙学的多重宇宙解释中，有多少宇宙会是偶像明星麦莉·赛勒斯担任美国总统？

莫德·阿贡巴，威尔特郡，索尔兹伯里（Maude Agombar, Salisbury, Wiltshire）

在关于宇宙的解释中，有一种可能认为我们生活的宇宙只是众多宇宙之一。事实上，的确可能存在数不清的宇宙。在数不清的宇宙中，事情的每一种可能都会发生。也许在某些宇宙中，莎士比亚的所有作品是猴子在打字机上随便打字完成的；也许在其他宇宙中，麦莉真的就是美国总统。这些事发生的可能性高低，会影响它们发生次数的多少，但它们仍然可能发生过无数次——即使是无数次的一小部分，那也是无数次了！这种想法是不是很可怕？

Q223 你觉得除了大爆炸之外，还有其他关于宇宙起源的科学解释吗？

安德鲁·希德玛芝，萨里（Andrew Hindmarch, Surrey）

我（诺斯）认为大爆炸理论有非常稳固的科学证据基础，并不会被推翻。然而，我们的宇宙学模型在其他方面的基础还没有那么稳固。例如，暗物质还没有真的被找到（本书这样写未免有些大胆，因为在准备出版的这段时间里，关于暗物质的寻找研究似乎要出现结果了）。因为没有观测结果能证明它的存在，所以也很难认为这一理论可以被证实，不过与其他相关的理论相比，证明暗物质存在的证据还是比较多的。暗能量很可能成为科学进步中的牺牲品。我之所以会这样评估，主要是由于我们只能说，我们认为某种东西产生了影响，但我们并不知道那是什么。

更重要的一点是，科学界不会躲进角落里，并对其他可能视而不见。在过去的数百年中，一些科学进展上的重大延误，都是由于人们拒绝接受新想法。就像商业界一样，竞争会带来很多好处。一些科学家用不同的方式来解释研究结果，因此，支持相反理论的科学家通常也会支持新的实验。最重要的是，我们不能被个人感受影响。仅仅因为你更喜欢这个理论，或者这样想可以让事情更简单，你就相信它是真的，这并不是从事科学研究应有的态度。

其他的世界

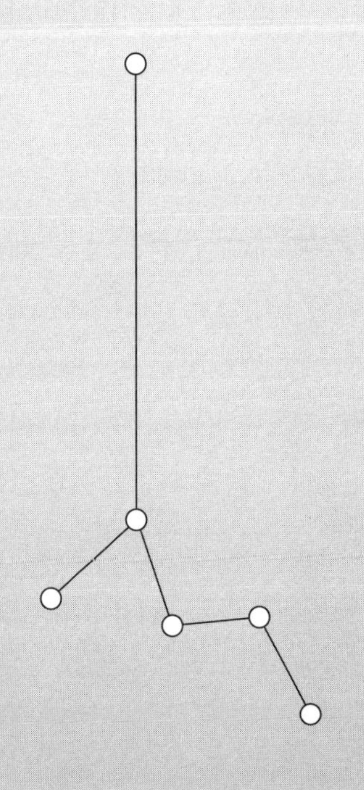

其他行星

Q224 我们能够建造一座足够大的望远镜来直接观测外太阳系的行星吗?

大卫 · 科凯恩，伯明翰
（David Cockayne, Birmingham）

这个问题很容易回答——我们已经有了！ 2008 年，使用位于夏威夷的双子望远镜和凯克望远镜的研究小组宣布，他们已经观测到 3 颗行星在围绕 128 光年处的一颗恒星公转，这颗恒星位于飞马座（Pegasus）。这两座望远镜是地球上最大的几座光学望远镜之二，凯克望远镜的主镜直径达到 10 米。尽管如此，想看得更仔细一些，就必须考虑大气的影响，只有使用最新的科技才可能观测成功。

在这些观测影像公布后不久，天文学家通过深入分析哈勃太空望远镜获得的数据后发现，一颗行星正围绕双鱼座（Pisces）的北落师门（Fomalhaut，南鱼座 α 星，恒星）公转。这颗行星和木星并无不同，但它的公转轨道与其母星的距离更远，并嵌在一个尘埃盘中。

虽然我们现在可以直接拍到这些行星的图像，但还不能看到行星上的细节，这就需要更大的、具有更高分辨率的望远镜。目前正在设计的望远镜的口径达 20~40 米，这些超大望远镜仍然需要克服大气的影响，但原则上可以看到更多的细节。这意味着需要过一段时间，我们才能看到其他行星上的海洋与陆地了！

Q225 科学家怎么知道一颗行星的重力?

玛丽莲娜，塞浦路斯（Marilena, Cyprus）

行星表面的重力取决于它的质量和大小。较大的行星通常质量更大，表面的重力也会更大。例如，虽然木星的质量是地球的300倍，但因为它体积更大（直径是地球的10倍），所以它的表面重力就只有地球的2.5倍。在太阳系中，我们非常了解每个行星的质量，因为我们只需研究它们与其他天体（如它们的卫星）的相互作用就可以知道了。

在其他恒星系中的行星质量就比较难确定了。这些太阳系外的行星，很多是在我们研究它们对恒星的影响时被发现的。从理论上来说，行星并不是围绕恒星公转，而是恒星和行星都围绕着系统的质量中心（即“重力中心”，barycentre）旋转。由于恒星比行星的质量大很多，所以恒星受到的影响会更小，但还是会有一些轻微摇摆的倾向。如果仔细观测就会发现这种轻微的摇摆，天文学家由此可以知道恒星和行星的质量。不过有时情况复杂些，因为正常来说其他恒星系会相对于地球有未知的倾斜角度，而这样的倾斜会影响恒星摇摆的幅度。

行星表面的重力还取决于它的大小，而这是我们无法通过上面的方法得知的。一般来说，只有这颗行星恰好直接经过我们和那颗恒星中间，并且行星的公转轨道与我们视线方向对齐时，我们才能使用上述方法。在如此遥远的距离上，我们只能看到这颗恒星的光变暗了一点点，因为这颗行星会挡住这颗恒星的光线，但我们可以从被阻挡的恒星光的多少来判断这颗行星有多大。如果我们知道一点，并且探测到了这个行星使恒星摇摆的幅度，那么就能算出这颗恒星的表面重力。例如，一颗叫作CoRoT-3b的行星，它围绕着天鹰座（Auila）中一颗距离地球2000光年的恒星公转，这颗行星的表面重力是木星的20多倍。不过，我们可能并不想去那颗行星，因为它围绕那颗恒星公转的距离大约只是地球与太阳距离的一小部分，每4天多就会完成一圈公转。

Q226 开普勒太空望远镜现在只能探测天空的一小部分，目前也只记录了 1000 多颗潜在行星。开普勒现在正在观测天空的哪个区域呢？

理查德 · 克威尔，加拿大（Richard Coville, Canada）

2009 年发射的开普勒太空望远镜正在探测天鹅星座中的一小块天空。之所以会选择这个区域，是因为这里的恒星很多，而且从任何角度都不会被太阳挡住。开普勒的视场约为 10°，大约相当于手臂伸长后到拳头的尺寸，但这只是整个天空的 1/400 左右。尽管如此，开普勒仍然可以观测到大量恒星，它监测的恒星数量大约是 15 万颗。大部分被选中的恒星都与太阳相似，但并不是每颗恒星周围都有行星围绕。

当一颗行星经过母星前面时，开普勒会探测到亮度的微小变化，看起来有说服力的那一点亮度变化就会被贴上行星候选体的标签，这样的候选体的数量目前有好几千颗，而且数量仍在快速增加。想探测到底是不是真的有行星，我们就必须观测到 3 个等距的亮度变化。对于像地球这样的行星来说，大概需要 3 年才能找到，所以确认行星的存在是需要花点时间的。

Q227 随着开普勒探测项目的结果越来越令人激动，我们还需要多久可以找到第二个地球？

马丁 · 希克斯，利兹（Martin Hickes, Leeds）

目前，我们通过望远镜搜寻与实验发现的行星，有各种不同的质量、大小和公转方式，主要是由于我们寻找这些行星的方法导致的。这些方法比较容易找到那些体积更大、质量更高以及离恒星公转距离更近的行星。开普勒太空望远镜的目标是找到一颗与地球相似的行星，也就是大小、质量和相对母星的公转位置都与地球相似的行星。为了实现这一目标，开普勒的探测器都极端敏锐，这样才能在行星经过恒星前面时探测到最细微的亮度变化。

我们正不断朝着发现类地行星的目标接近，结果出现的速度可能快得超乎想象。在写这本书的同时，人们已经在其他恒星的宜居带中发现了行星，宜居带就是岩质行星的表面能存在液态水的区域。不过目前据我们所知，这些行星并不是岩质行星。开普勒太空望远镜已经发现了与地球大小相近的行星，但它们的公转轨道都距其母星较近。[1]

Q228 探测到系外行星有卫星的概率大吗？你认为围绕一颗像地球这样的行星的大型卫星是生命进化的必要条件吗？

布莱恩·厄普菲尔德，伦敦（Bryan Upfield, London）

在我们的太阳系中，几乎所有行星都有卫星，巨大的行星甚至有几十颗卫星，所以其他恒星系的行星不太可能没有卫星。地球的月球是相对较大的卫星，是独一无二的，而其他大部分卫星相对于自己的母行星来说都比较小。

我们认为月球形成于大约 40 亿年前，一个体积与火星一样大的天体撞击地球，大量物质被抛射出去，一段时间后形成了月球。我们很难计算出这种撞击发生的可能性有多大。既然我们还没有发现太阳系以外的卫星，那么仅有的一个例子很难让我们进行统计分析。对早期太阳系各种条件的模拟显示，这样的撞击并非绝对不可能发生，但也并不是普遍的。最近的估计是，像地球这样大小的行星有 1/4~1/45 之间的概率会有一颗像月球这样的卫星，不过这些研究中包含了很多假设。

月球对生命演化的影响很难评估。我们知道月球对地球有影响，但并不知道会不会对生命产生重大影响。例如，有一颗巨大卫星的存在会使行星的轴更稳定，而地球的轴相对于公转太阳的轨道倾斜了 23° 左右，但这种轴倾斜变化不大。相较之下，火星有两颗小小的卫星，直径分别只有 12 千米和 20 千米，而火星在太阳系的演化历史中，轴倾斜角度就曾出现过剧烈的变化。

如果早期地球曾经历过如此巨大的偏离，那么生命是否会受到影响呢？这很难说，不过地球的气候一定经历过巨大的改变。原始的生命对温度变化的容忍程

1 2015 年 7 月 24 日，美国国家航空航天局宣称在天鹅座发现了迄今为止最像地球的系外行星 Kepler-452b。这颗系外行星位于天鹅座，与地球的相似指数达到 0.98——可能是岩质行星，直径是地球的 1.6 倍，可能拥有大气层和流动水，且轨道半径约 1.046 个天文单位，公转周期为 385 天。——编者注

度相当大，更高级的生命可能已经能够适应不同的条件，只要这些条件的变化速度够慢。

月球对地球的另一个主要影响是它引起的潮汐。月球形成的时候比现在更靠近地球，所以当时潮汐会更高。我曾经听说，潮汐可能有助于生命离开最初形成的海洋，进入陆地。潮汐现象可能会将海岸线推高，可以让海洋生物有更长的时间脱离海水，以帮助它们慢慢适应比较干燥的环境。这是可以想象的，但在这么遥远的过去，化石记录还不够完整。因此，到底缺少潮汐会不会推迟甚至阻止生命进入陆地？目前我们还不清楚答案。

别处的生命

Q229 有没有人提出过一个公认的公式，算出太阳系或宇宙其他地方有生命存在的概率？

马克 · 布拉德，伦敦（Mark Bullard, London）

在这个问题上被广泛引用的一个方程，或者说是公式，是天文学家弗兰克 · 德雷克（Frank Drake）于 20 世纪 60 年代提出的。正如德雷克所说，这个公式里的物理量描述的是其他地方存在生命的可能性的相关因素，而不是给出一个确切的答案。在原始的形式中，德雷克的公式是用来计算能与我们进行沟通的文明的数量的估计值，用字母 N 来表示，公式通常如下：

$$N = R \times F_P \times N_E \times F_L \times F_I \times F_C \times L$$

数字 N 是将各种数量和概率乘在一起后得出的。第一个 R，指的是适合生命生存的恒星的形成速度。在我们的银河系中，大约每年都会有一颗新的恒星诞生，我们相信大部分恒星原则上都可能存在生命。所以，我们假定 R 等于 1。

第二个符号 F_P，表示周围有行星存在的恒星的比例，这也是可以估算的值。我们认为，大部分恒星的形成方式类似，都是从大量的气体与尘埃云中诞生。一旦恒星形成，剩下的物质会在周围形成物质盘，行星便会从物质盘中诞生。我们看过很多恒星有物质盘的例子，以及很多恒星周围有行星围绕，包括双星的情况。所以我们乐观一点，假设每颗恒星周围都有行星，即 F_P 也等于 1。

N_E 表示在每个其他恒星系中类地行星的数量，也可以解释为宜居带内的行星数量，也就是宜居带——恒星周围温度适宜液态水存在的范围——内的行星数量。这个数字我们还不知道，但这正是开普勒太空望远镜希望能找到的答案。我们当然知道，在很多系统内都有大质量气态巨行星处在接近恒星的地方。这些行星可能先在更遥远的地方形成，之后才向内移动，这可能会阻止类地行星的形成。可惜这些巨大的、接近中央的行星比类地行星更容易被探测到，因此，这类在我们目前的行星名单占主导。不过，我们还是知道一些岩质行星的存在，而且这些行星和它们的恒星保持着合理的距离。事实上，有些行星的位置非常接近宜居带。虽然这只是猜测，但我们认为一半的行星系统中有位于宜居带内的行星。所以我们认为 N_E 等于 0.5，不过这只是一个猜测。几年后，当开普勒带着调查结果回来时，我们应该会更确定这个数字。[1]

第四个符号 F_L，表示宜居带中有生命形式的行星所占的比例，关于这个数字的猜测就开始有争议了。既然地球上的生命存在于范围非常广泛的环境中，我们自然而然会假定生命可以出现在任何地方。但是生命最大的长处就是适应力很强，所以最早的生命形式，可能在地球初期完美又舒适的条件（温暖又潮湿）中诞生，接着在数亿年中适应了严苛的生存条件。如果是这样，那么生命出现的概率可能就是十亿分之一，甚至更低！但也有可能我们根本只是侥幸出现，生命出现的概率本来就微乎其微，这就有点令人沮丧了。因此，人们对这个数字有很多不同的想法，也没有确实证据证明哪种想法是对的。这个数字只是代表最基础的生命形式形成，目前我比较乐观，假设生命会在任何可能的地方出现，F_L 就等于 1。

如果我们先在这里停下来，把目前算出的所有数字乘在一起，那么就能得出新生命在我们的银河系中形成的速度。我们会得到：

$$N = R \times F_P \times N_E \times F_L$$

根据我们估算的数字，每两年就会有生命在新的行星上形成。银河系已经存在了很长一段时间了，至少有 100 亿年，这意味着生命已经演化了数十亿次了。但是要记得，这个公式中的好几个数字都只是猜测。如果类地行星并不像我们猜的那么多，或者生命并不会像我们假设的那么容易形成，那么两者都会让算出的

1 目前已经有多个项目在开展系外宜居行星探测的任务，根据波多黎各大学整合的数据来看（http://phl.upr.edu/projects/habitable-exoplanets-catalog），截至 2020 年 2 月，我们一共发现了 55 个可能的宜居行星。数据来源 Rodríguez et al. (2020) 和 Feng et al. (2020)。——编者注

数值大幅下滑。举例来说，如果 10 颗恒星中，只有 1 颗恒星周围有类地行星，那么生命在上面出现的概率就是一百亿分之一，算出来的数值就会从好几百亿下降到 1 左右。如果是这样，那么地球可能就是整个银河系中唯一一个存在生命的行星。

在德雷克的公式中，剩下的物理项是关于生命如何进化的部分。F_I 指的是可以进化出智慧生命的行星比例。这种事显然曾经在地球上发生过，但这会不会只是运气好呢？如果人类不存在，黑猩猩或海豚会不会取代我们，进化成地球上的主宰物种呢？谁知道呢？

F_C 表示拥有将信号传递到外层空间的科技能力的文明所占的比例。同样，谁也无法断言电力和无线电通信的发展是必然的。

最后一个项表示文明继续传递信号的时间长度。信号停止传递可能会有很多原因：这个文明可能会被自然灾害摧毁，或者在核战争中自我毁灭，或者他们本身可能决定停止传递信号。例如，随着我们的技术水平越来越高，辐射到外层空间的能量越来越少，从地球发出的信号也会越来越弱。

我们可以根据已有的知识对这些数字进行猜测，但也仅此而已。在 20 世纪 60 年代，只有第一项是已知的，也就是恒星形成的速度，但现在我们对行星的形成已经有了更好的了解。尽管如此，只要改变假设，对银河系中存在的生命形式的估计值从 1（只有我们）到数十亿都会出现。

Q230　为什么生命对宇宙如此重要？

| 凯文·萨默维尔，纽约（Kevin Sommerville, New York）

这一问题有两种问法。你可以问：“宇宙在乎生命是否存在吗？”当然，只要我们认为宇宙本身并不会思考，就知道这个答案最多只有哲学上的意义。作为生命形式的我们，实际上并不会对行星之外的任何东西产生影响，只能发射一些在太空中飞行的太空探测器，而且即便是最遥远的探测器目前也还没能飞出太阳系的边缘。

另外一种问法是：“生命是否存在，对于我们来说重要吗？”那这就可以说是一个社会学问题了。从个人与科学的角度来看，很多人都很想知道到底其他地方有没有生命存在，而这有助于让我们找到自己的定位。如果其他地方有生命存在，会不会降低我们人类作为一个物种的特殊性呢？如果那个文明和我们一样有智慧又会怎么样呢？这可能会影响一些有宗教或精神信仰的人，我（诺斯）没有资格在此讨论这件事。

在科幻小说中，发现其他地方的生命通常会被描述成进入世界和平的新阶段，所有的战争都会终结，但这可能是乌托邦式的想法。在其他的作品中，世界团结通常是由于主宰地位受到威胁，或敌对的外星种族大举入侵所致。

关于发现地外生命的讨论，到了最后常常变成讨论其所代表的隐含意义，所以我的结论可能是：生命的存在对我们来说很重要，但对宇宙本身就不一定了。

Q231 类似地球上的生命，有没有可能在几百万甚至几十亿年前，就曾在宇宙的其他地方形成过？

加里·帕廷，西班牙（Gary Partington, Spain）

当然有可能，不过可能性有多高就很难说了。地球大约形成于 45 亿年前，就在太阳刚形成后不久。地球刚形成时是一颗熔融的岩石球，不断被早期太阳系中仍然存在的碎片撞击。火山使地球表面一片荒芜，并向大气喷发有毒气体。大约过了 5 亿年，地球的环境条件才变得适合生命生存，这些生命大约在距今几十亿年前开始在此扎根。从早期开始至今，生命已经有了相当大的进化；这段时间内出现的物种，有些灭绝了（恐龙），有些繁荣发展填补了空缺（灵长类）。人们一般认为，只要生存条件允许，就会立刻诞生生命。经过进化和自然选择，生命会快速进化成为更高级的物种。不过，谁又能肯定在地球历史刚开始的几十亿年里，不曾发生过很多次“错误的开始”，只是由于小行星的撞击而迅速毁灭了呢？如果那些生命形式足够原始，他们可能就不会留下任何化石记录。

太阳大约存在了 50 亿年，还算不上是宇宙中最老的恒星，在宇宙 130 亿年历史中，出现过数十亿颗和太阳一样的恒星。早期宇宙是一个很原始的地方，像碳、氧、硅、铁等重元素的浓度低很多。行星主要是由这些重元素构成的，我们所知道的生命如果缺少这些元素也无法存在。生命（至少是我们所熟悉的这些形式）也许并不可能存在于宇宙刚形成的阶段，原因很简单，因为那时候的化学元素相对有限，无法形成生命。宇宙早期的化学演化速度要快很多，所以很有可能在短短几十亿年里，就出现了适合生命存在的化学成分。这意味着，可能在太阳存在的几十亿年之前，就已经有恒星形成了，而任何在这里形成的生命形式，原则上都比在地球上的生命形式早几十亿年。

至于那种生命现在是否还存在，就是另外一回事了。在接下来的几十亿年里，太阳的亮度会渐渐增加，造成地球上的温度升高，虽然在人类寿命这种时间尺度上，这样的温度变化显得很微小，但再过 10 亿年左右，海洋可能就会沸腾并干涸。到那时，微生物也许还可以生存，但动物界的大部分生命大概都已经灭亡了。再过几十亿年，地球会因为太阳变成红巨星而被烧成一块炭渣，甚至可能会在这个巨大恒星的外层里被摧毁。再过几百万年，太阳会萎缩成黯淡的白矮星，使得任何需要阳光的生命形式都无法在整个太阳系内生存。同样的情况可能也适用于其他恒星系，由于缺乏星际旅行能力，其他生命也可能就此死去。当然，10 亿年后的科技可能会有显著的进步，也许我们就能发现这些远古的文明其实已经存在于恒星之间了。

Q232 我曾经读过，无机化学物质创造出生命的概率，是宇宙中所有恒星数量的两倍多。如果这是真的，如此低的概率已经被打破过一次了，有可能被打破第二次吗？

卡伦·卡普曼，肯特（Karen Cappleman, Kent）

所有生命都依赖于组成蛋白质与 DNA 的复杂分子，这些分子对组成它们的原子排列非常敏感。人类的 DNA 链主要由氢、氧、碳、氮与磷组成，但此外还有几十亿的分子，改变分子的顺序就会改变 DNA，大部分的组合都不适合生命生存。这种特定的原子与分子排列自然出现的概率微乎其微，就算考虑到生命进化的这漫长时间，概率仍然非常低，低到连生命在整个可见宇宙中“只”出现一次的概率都几乎不存在。虽然我们知道这曾经发生过一次（就是我们！），但这些假设也暗示了再发生一次的概率非常小。

也许有某种力量可以驱使生命诞生的组合更稳定，或更容易出现。这是一个很有意思的想法，但这涉及一些未知的化学层面。或者有一种更简单的、原始的、我们还未知的生命形式。

不过我们也知道，上述假设并非完全正确。我们不断地在宇宙深处寻找越来越复杂的化学物质，甚至在坠落地球的陨石上发现了蛋白质的基石——氨基酸。这意味着生命不一定是偶然出现的，而是由生命基础单元拼接组合而成。不过，生命发生的概率还是很低。生物学家正在试图了解生命是如何形成的，但试图在实验室里创造出生命的研究，目前仍旧毫无进展。

Q233　最近发现的系外行星格利泽 581g（Gliese 581g）上有生命存在的概率是多少？

卡尔，斯托克，特伦特河畔（Karl, Stoke on Trent）

格利泽 581g 是一颗备受争议的行星。它的母星是格利泽 581（Gliese 581），目前我们已知这颗恒星周围有 4 颗行星，分别是格利泽 581b、c、d 以及 e（格利泽 581 这颗恒星的标准名称应该是“格利泽 581a”）。后来在 2010 年，一个使用凯克望远镜的研究团队宣布发现了两颗更远的行星（格利泽 581f 和格利泽 581g），但是另外一个科研团队，在他们使用欧洲南方天文台“高精度径向速度行星搜索器”（HARP）的 3.6 米望远镜获得数据中，却无法找到这两颗行星。两边的结果之所以不一致，是因为用来证实这两颗额外的行星的证据比较不显著，这可能是其他行星（特别是格利泽 581d）对观测数据造成了污染。

这颗行星究竟是否存在，还需要更多的观测才能确认，这个争议可能很快就会有结果。[1] 不过与此同时，我们还是可以进行一些推测。如果这颗行星真的存在，那么格利泽 581g 的质量可能只比地球大几倍，公转周期大约是 36 天。它很接近它的母星，但既然这颗恒星是黯淡的红矮星，那么这颗行星可能仍然位于“宜居

1　继两个研究团队完全相左的研究结果之后，2014 年，以宾尼法尼亚州立大学博士后保罗 · 罗伯森为首的研究团队提出恒星活动（太阳黑子）会被误认为是行星信号，他们修正了太阳活动之后，发现就连格利泽 581d 都无法从观测数据中辨认，更遑论需要依靠格利泽 581d 确定公转轨道的格利泽 581g 了。而 2015 年，伦敦大学的吉列姆研究团队在《科学》杂志上发表了对保罗 · 罗伯森团队研究结果的评论，他认为保罗团队使用的数据统计的分析方法并不适用于辨认格利泽 581d 行星，他们认为应该使用更精确的模型对观测数据重新进行分析。所以，格利泽 581g 是否存在，还需要更有力的观测证据和更可靠的研究结果来证明。——编者注

带”内，也就是恒星周围温度适合液态水存在的区域。

我们很难确定这颗行星上是否存在生命。因为它的“太阳”是一颗又冷又红的恒星，所以那里如果有生命，也一定会和我们熟悉的一切完全不同。想知道答案，我们必须更仔细地观测这颗行星，以确定其大气层的化学成分——如果它有大气层的话。

Q234 我们能否在太阳系外发现的气态巨行星的卫星上寻找潜在的生命迹象？

保罗·福斯特，伦敦（Paul Foster, London）

以我们目前的技术，是无法在其他恒星系中发现行星的卫星的，因为它们太小了，无法用我们通常寻找行星的方法去寻找它们。不过，来自我们自己的太阳系的证据显示，巨行星有卫星是很常见的，所以我们很确定其他恒星系的卫星一定存在。

像月球这么大的卫星，对自己的行星会产生可能可测量到的小影响。卫星公转的时候，会对自己的行星产生轻微的引力，使行星略有摇摆。这种行星的摇摆会改变行星围绕恒星运动的确切时间，这可能会被开普勒太空望远镜等探测到。[1]

1 2017 年 7 月，Alex Teachey 等人发表论文表明从开普勒太空望远镜的观测数据中找到了 Kepler-1625b 存在卫星的证据，用 HST 对 Kepler-1625b 进行更为仔细的观测后，Alex Teachey 等人认为，系统光度变化是由系外卫星造成的。然而，Laura Kreidberg 等人对 HST 的观测数据进行了独立的数据处理后，认为不需要考虑系外卫星的贡献仍然可以拟合观测数据，他们认为 Alex Teachey 等人认为的“卫星信号”可能是数据处理过程中产生的虚假信号。关于系外卫星探测，科学家们众说纷纭，仍然存在巨大的争议。（参考文献：Alex Teachey et al. 2017; Alex Teachey et al. 2018; Laura Kreidberg et al. 2019）——编者注

呼叫所有生命形式……

Q235 我们从地球发出的信号已经超过 50 年了，如果在接收端的另一头有其他文明，会不会探测到这些信号呢？[1]

德里克 · A · 爱德华兹，莱斯特（Derrick A Edwards, Leicester）

我们的无线电信号传播到太空中已经大约 60 年了，最早传播出去的无线电波已经前进了 60 光年。不过，信号传播得越远就会越分散，从而更加难以被探测到。大部分信号还受限在很窄的无线电波频率范围内，所以它们会区别于大部分自然天体信号。

当我们寻找外星文明的信号时，我们的目标是找到与我们相似类型的信号传输，因为那也是我们发射出去的东西，但谁又能确定外星文明与我们使用的技术是相同的呢？也许他们使用 X 射线交流，而且一直都在向太空发射 X 射线。如果他们和我们的想法一样，也一直在寻找从其他行星放射出的 X 射线，可是我们根本不会大量放射出这种射线。

Q236 在地球无线电信号发射的范围内，有没有任何一个星系出现“宜居带”内存在行星的迹象呢？

巴里 · 霍德兰，圣海伦斯（Barry Holland, St Helens）

我们假设地球已经发射无线电波 60 年了，这当中有奇怪的、特意发出的信号，也有来自地面的电视与无线电传输时无意间“泄漏”出去的信号。最早的无

1　1974 年，人类向球状星团 M13 的方向发出了第一个无线电信号。——编者注

线电波以光速前进，已经到达60光年的地方了，在这个范围内我们知道约有100颗行星。其中大部分都是气态巨行星，而且公转轨道与它们的母星都非常接近，不过还是有几颗距离母星比较遥远。

"宜居带"通常被认为是恒星周边液态水能够存在的区域。相对于比较大、比较亮的恒星，比较小、比较暗的恒星的宜居带会更接近母星。而液态水是否存在也取决于行星的大气层，大气层通常会略微提高行星表面的温度。

值得一提的是一个被称为巨蟹座55（55 Cancri）的星系，我们已知这个星系中有5颗行星。这颗恒星本身比太阳略小，名义上的宜居带也会更靠近恒星。在这5颗已知的行星中，有3颗行星的公转位置很接近恒星，第4颗则太远。从宜居带的角度来看是很可惜的，因为其中一颗比较靠内的行星被称为"超级地球"，是地球质量的8倍多，直径大约是地球的两倍。可惜巨蟹座55e这颗行星的公转轨道距离母星只有200万千米，公转一圈不到18小时，所以可能会被烧成炭渣。不过，还有一颗更大的行星，其公转轨道和母星的距离与金星和太阳之间的距离大致相同。虽然恒星的温度更冷，这颗行星就位于宜居带附近，但这颗行星却是气态巨行星，质量大约在海王星与土星之间。如果它有比较大的卫星，而且大气层够厚，那么这颗行星也许是个可以居住的地方。可惜我们还不能探测到外太阳系行星的卫星是否存在，所以想得出进一步的推测必须要等一等了。

第二个很有意思的例子是围绕恒星HD 85512公转的行星，距离我们大约35光年。这颗恒星比太阳略冷一些，但这颗行星公转的位置比较近，大约比水星围绕太阳公转的位置更近一点。这颗行星的质量是地球的几倍，所以可能也是岩质行星。行星表面的温度可能取决于覆盖其上的云层量，不过我们可以大致推测一下。利用一系列假设，例如，假定这里的大气层和我们的大气层组成成分不会相差太大，我们可以计算出这颗行星的表面温度确实可能适合液态水存在。不过，这些都只是很概略的计算，只有当我们能直接研究来自这颗行星大气中的光时才能够确定。

我们对于这一领域的研究进展快得惊人，所以很有可能当你读到这里时，我们已经在邻近的恒星宜居带内发现了一颗像地球的行星。在2011年10月播出的《仰望夜空》中，我们邀请了任职于欧洲航天局以及伦敦大学学院的乔万娜·蒂内蒂博士（Dr Giovanna Tinetti），猜猜看我们需要多久才会发现这种行星，她打赌在一年之内，人类就会发现一颗类似地球的行星！

Q237 有没有什么科学研究来解决“如果外星生物联络我们，我们应不应该响应？”这个问题呢？

马丁·奥弗莱厄蒂，利物浦（Martin O’Flaherty, Liverpool）

关于这个问题的讨论，通常围绕着“一开始到底为什么要联络？”，也许外星生物想分享它们的知识，让大家可以更透彻地了解宇宙，这样展开真诚与坦白的对话，对双方来说都有益处。但也有可能外星种族是在寻找征服的目标，也许是为了开采地球的资源，或者只是想将人类装进自己的午餐盒里。如果是这样的话，我们可能最好不要回应，但等到我们了解这一点可能为时已晚。如果这种沟通看起来是专门针对地球的，那么外星生物可能已经发现了我们的存在，甚至可能已经在路上了！

很多人都提出意见，认为我们不应该与外星人联络，因为它们很可能是来毁灭我们的。但也有人认为，如果它们成功实现了星际通信，并且来到这里，那么它们可能不仅仅是为了毁灭与战争而来。但如果它们的科技比我们先进呢？那么我们眼中的它们，可能就像牛羊眼中的我们，它们会不会穿着人类的毛皮，用香草和香料搭配我们的肉食用呢？

如果我们真的接到来自其他地方的信息，那么一个更急迫的问题是：谁来代表我们发言？国际已经有了这样的讨论，例如，联合国就讨论过在这种情况下要怎么做，包括要不要回应，以及我们该说什么，等等。这样的决定有时候可以当作科幻的桥段一笑置之，但如果外星生物的通信交流真的来了，到那时再来想这些可能就太迟了。与此同时，人们的共识是，既然我们无法隐藏自己的存在，那么在还未决定收到信息该怎么做时，我们就不应该大肆宣扬自己。

Q238 利用 LOFAR 低频阵进行“地外文明探索”（SETI）是否合理与值得呢？

艾伦·图赫，马里，埃尔金（Alan Tough, Elgin, Moray）

LOFAR 低频阵是建造在欧洲各地的一个巨大的射电望远镜阵列，其中一架望远镜建造在英国汉普郡的奇尔伯顿。不过，这个望远镜阵列并不是由我们熟悉的射电望远镜组成的，而是一个由无线电天线组成的网络。它们的原理与电视和收音机的天线类似，可以同步收集来自广阔天空的信号。LOFAR 低频阵的强大之处在于可以同时收集来自大量天线的信号，使天文学家可以详尽地观测任何特定的位置。由于信号的组合是由计算机分析进行的，所以 LOFAR 低频阵原则上可以同时研究各个方向的信号。

听上去 LOFAR 低频阵似乎是地外文明探索非常理想的工具，但这个望远镜实际上还需要符合很多其他目的的需求。当然，没有什么可以阻止人们从 LOFAR 低频阵中获得数据，并从中筛选出人造的信号。

家园附近

Q239 我们有可能在太阳系中的其他地方发现任何生命形式吗？

温迪·路易斯，梅德斯通
（Wendy Lewis, Maidstone）

如果我们在太阳系的其他地方发现了生命，那可能也是很简单的生命形式。但我们认为在一些热门的地点很有可能存在微生物。人们寻找的第一个地方是火星，不过现在看起来，火星上不太可能有任何生命存在，除非这种生命存在于地表下的深处。基于此，大部分实验都在火星上寻找生命曾经存在的迹象，而非现在存在生命的证据。我们知道，火星在几亿年前比现在更加温暖潮湿，部分原因是那里曾经有过厚重的大气层。我们已经在火星上面发现黏土的沉积物，这绝对是在热带环境中才会形成的东西——不过，早期的火星上面看来并没有任何雨林存在。

在二十世纪七八十年代，旅行者号探测器飞掠了巨大的木星和土星。这两颗行星都是气态巨行星，几乎完全由厚重的气态大气层构成，我们并不认为这些行星上适合生命存在。但是天文生物学家感兴趣的并不是这些行星本身，而是它们的一些卫星。木卫二是被冰封的世界，但这里密集的山脉与裂缝构成的密集网络，暗示了表面上的这块冰漂浮在有液态水的湖泊上。这里的水被木星的强烈潮汐力加热，所以能保持温暖。如果地表下的海洋连接到岩石内陆，那么生命很可能存在于黑暗的深处。这样的生命并不是我们熟悉的生命形式，因为它们需要从太阳以外的地方获得能量。我们知道，地球上的微生物生存依赖于岩石的地热能，或者依靠海床上的“黑烟囱”产生的热量。不过，这些生命形式，可能都是从地表上的微生物进化而来的。已经有人提议融化或钻开木卫二表面的冰，但覆盖这颗星球的冰层厚度大约是 100 千米，我们可能还需要几十年才能做到。

21 世纪初，围绕土星的卡西尼号也曾观测到类似现象。在土星的土卫二这颗小卫星上，在南极附近的裂纹里有一道可以喷出咸水的间歇泉。观测结果显示，土卫二有一片类似木卫二的次表面海洋，但我们知道这片海洋是咸水的海洋，因此，它确实与岩石海床相连接。这片海洋与“土卫二喷泉”到底是不是永久存在的，现在我们还不得而知，因为它们可能只存在了相对较短的时间。

另外一个可能会发现生命存在的地方是土星最大的卫星，也就是土卫六。在火星之后，土卫六是太阳系中最像地球的天体了，不过两者还是有些关键的差异。土卫六足够大，所以可以保持一片浓厚的呈薄雾状的大气层。惠更斯号（Huygens）探测器曾在 2004 年到 2005 年穿过这片大气层降落到土卫六上，让我们看到了卫星表面的云、湖泊、河流以及季节性降雨的影响——湖泊被填满，河流被排空。但土卫六与太阳的距离超过 16 亿千米，过于寒冷导致液态水无法存在，更不必说水蒸发形成的云了。相反，在这里进行蒸发和下降循环的液体是甲烷和乙烷，它们是由碳和氢组成的碳氢化合物。不过，在这些条件下也可能存在生命。

Q240 在寻找太阳系中的生命方面，未来我们应该把注意力放在何处？

保罗·福斯特，伦敦，克拉珀姆
（Paul Foster, Clapham, London）

就寻找生命而言，我觉得木卫二是最有趣的卫星。如果那里的海面以下存在生命，那么我们就会知道它们一定是在与地球完全不同的条件下演化而来的，也就表示在其他恒星系中有生命存在的可能性会更高。当然，火星离我们更近，去往火星也会更简单（还更便宜）。寻找生命的尝试非常精细，所以直到有载人航天任务成功拜访火星，并挖开那里的土地之前，我们也许都无法确定火星上到底有没有生命。

Q241 虽然航天器是在非常干净的实验室条件中建造的，但我们如何确定我们没有用地球物质污染其他天体的大气层与天体表面呢？而且我们离开时一定会留下碎石或岩屑。

雪莉·摩根，梅登黑德（Shirley Morgan, Maidenhead）

针对地球物质对外星世界的污染，其实有不可思议的严格规定。规定的严格程度会按照我们讨论的是哪颗天体而定，主要的考虑是那里是否可能有生命存在。例如，月球和水星是完全不会有生命存在的，所以相对于登陆可能有生命存在的火星或其他外行星的规定来说，这里的规定没有那么严格。航天器一定都在非常干净的实验室中建造，主要是由于如果有尘埃或其他污染物，可能会导致航天器本身出现问题，更别说影响任何潜在外星微生物了。

另外，我们也采取了一个更进一步的预防措施，那就是在航天器可能污染其他世界之前毁掉它。尽管航天器在前往可能有生命存在的行星或卫星时，不会被刻意放在会发生撞击的路线上，但如果只让它们靠自己的装置运行，那么它们可能最终会被卫星的引力捕捉而坠落。在2017年卡西尼号探测器任务结束的时候，它会刻意飞到土星的大气层里。这样除了可以获得云层的测试数据外，还能确保探测器不会撞到土卫六、土卫二或土星的其他卫星。

Q242 我们难道不应该仔细看看彗星，寻找外星人留下的迹象吗？

桑迪，苏格兰（Sandy, Scotland）

有一种理论认为，生命原本就是在彗星上演化，并在一次彗星撞击中来到地球。人们普遍认为，地球上有一定比例的水——也可能是全部——是由彗星带来地球的。我们也曾在坠落在地球的陨石上检测到氨基酸，这是组成蛋白质与DNA单元的复杂分子，但还没有发现任何生命本身存在的迹象。

当然，这并不能确定生命绝对不存在。彗星接近太阳的时候温度会大幅升高，但一旦远离太阳，彗星又会陷入深深的冰冻之中。彗星表面也没有液态水，只有固态的冰。太阳使彗星表面的冰升华，直接变成水蒸气，并直接从彗星上喷射出去。如果生命曾经在彗星上进化，那么一定存在于冰封的内部深处，在彗星穿越太阳系的漫长旅途过程中陷入冬眠。

大部分人都不相信彗星上存在生命，我（摩尔）也觉得不太可能。但这并不意味着我们不需要寻找了。最好的做法是去拜访一颗彗星，探测它的表面，或带一些样本回到地球。多亏了星尘号（Stardust）探测器，我们现在获得了来自彗尾的样本，但仍没有来自表面的样本。虽然我对此还抱持怀疑态度，但我永远愿意被证明自己的看法是错误的！

Q243 最近发现的外太阳系行星公转周期短得惊人，我们如何确定我们不是观测到了建造了一部分或片段的戴森球（Dyson sphere）呢?

史蒂文·福特，海登桥（Steven Ford, Haydon Bridge）

这是一个非常有意思的问题。戴森球是一个理论上的概念，源自美国科学家弗里曼·戴森（Freeman Dyson）。他提出了一个理论，认为足够进步的文明可以建造出一个完全包围其恒星的球体。使用的物料必须从行星、卫星与小行星上开采，所需要的技术远超我们目前的想象。这种球体的好处是，内部表面原则上是可以居住的，且相当庞大，而且恒星的所有能源几乎都可以被利用。这个概念的另一种表现形式是“环形世界”，也就是建造出一个环，而非一个球体。

当然，这样的结构目前还停留在科幻领域，完全没有任何观测到的证据。有很多原因可以解释，为什么我们观测到的行星不是这种球体的一部分。首先，大部分测量结果都基于观测到恒星的摇摆现象，这是行星的引力导致的。如果这颗行星被一个物质球体取代，那么相对部分的引力就会消失，从而导致摇摆程度变小。其次，我们现在可以研究一些行星的大气层，并探测到一些分子的存在。

当然，最后认定它们不是球体的原因应该是“如无必要，勿增实体”的“奥卡姆剃刀原理”（Occam’s Razor）。下面哪件事的可能性更高呢？是一颗行星存在于恒星附近，还是一个先进的文明建造了一个巨大的球体，恰好就让它看起来像一颗经过恒星前面的行星呢？虽然这种奇异又迷人的概念真的很有吸引力，但我并不认为我们有观测到这种球体的可能性。

人类的太空探索

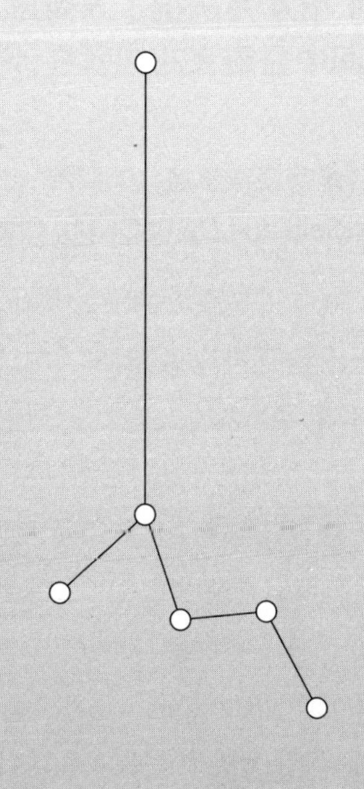

目前的进展

Q244 我们在 2011 年 4 月庆祝了人类进入太空探索 50 周年。你认为这段时间中最重大的成就是什么？你希望未来 50 年有什么进展呢？

大卫 · 尼克松，哈德斯菲尔德；卡罗尔 · 欧文，兰开夏郡，乔利（David Nixon, Huddersfield and Carol Owen, Chorley, Lancashire）

在太空旅行的最初 50 年里最重大的成就是什么呢？我（摩尔）必须要说，这 50 年证明了“人类上太空是可以做到的”。在 1961 年，尤里 · 加加林（Yuri Gagarin）上太空之前，有很多著名的天文学家，包括英国皇家天文学家，都觉得人类上太空是无稽之谈。但事实证明他们大错特错，而且大家已经看到，人类可以在太空中生活和工作，这就是前半个世纪最重大的成就。

在未来 50 年里，我们可以期待什么呢？如果我们一起努力，能做的还有很多。我认为一切都取决于两件事：政治与经济。太空旅行必须是国际性的，而这有赖于世界各国领袖的素质。

如果一切顺利，我们将会有更多的载人航天计划，我希望在月球表面建造一个基地。以目前的太空旅行而言，我不认为我们还能做得更多，因为要到火星去，不但需要在太空中待好几个星期，还会完全暴露于太阳辐射下。在我们克服辐射问题之前，火星是遥不可及的。我确定我们能做到，但并不能确定可以在未来 50 年里做到——我们只能往最好的方向想。

Q245 哪位航天员在职业生涯里，在太空中飞得最远？

凯文·泰勒，格洛斯特
（Kevin Taylor, Gloucester）

据我们所知，目前的纪录保持者是俄罗斯航天员谢尔盖·克里卡列夫（Sergei Krikalev），迄今为止，他在太空中待了803天9小时39分钟。1988年，他第一次进行太空飞行，前往俄罗斯“和平号”空间站。1991年，他第二次进行太空飞行，并持续了超过10个月的时间。这次太空旅行时间这么长，仅仅是因为在将替换的飞行引擎送到轨道上时出了问题，克里卡列夫必须在太空中连续值两次班，但与此同时，苏联解体了。所以，他有时也被称为苏联的最后一位公民。

但和平号空间站并不是克里卡列夫离家后唯一的家。从20世纪90年代到21世纪初，他搭乘航天飞机飞行，并在国际空间站服役。不过，克里卡列夫的纪录很快就会被打破。在他的带领之下，另外一位俄罗斯航天员卡莱里·尤里耶维奇（Kaleri Yurievich）目前已经在太空中待了770天。一般情况下，航天员在空间站的滞留时间最长为6个月左右，所以尤里耶维奇在下一次太空飞行时就会创下时间最长的纪录。

在太空中待800天，相当于绕地球轨道运转万余次，如果用里程来计算，可以达到惊人的1400亿千米！这个距离比阿波罗任务的距离还要长，往返月球的旅程大约只有80万千米。不过，阿波罗号的航天员当然是从地球向外前进得最远的航天员了，他们离开地球的距离大约是40万千米，而空间站所处的近地轨道距离地球才几百千米而已。目前，飞得最遥远的人类是阿波罗13号的航天员，他们的航天器出了意外，发生了引擎燃烧，并将他们送到了月球背向地球的一面，但之后又安全返回了地球（此事还改编成了电影，电影非常忠于事实）。这个由吉姆·洛厄尔（Jim Lovell）、弗雷德·海斯（Fred Haise）和约翰·史威格特（John Swigert）于1970年创下的纪录，近期是不太可能被打破了。

Q246 在你遇到的所有美国与俄罗斯航天员中，你觉得谁最有趣呢？为什么？

安德鲁·格林学士，英国星际航行协会、皇家天文学会会员，剑桥
[Andrew R Green BSc, (Hons) FBIS, FRAS, Cambridge]

这是一个很难回答的问题。直到2000年，我（摩尔）认识了很多航天员朋友，有些后来和我很熟。我只说一件事：他们都是非常与众不同的人。例如，最早登上月球的两位：尼尔·阿姆斯特朗（Neil Armstrong）和巴兹·奥尔德林（Buzz Aldrin）。尼尔·阿姆斯特朗不喜欢出名，非常低调；巴兹·奥尔德林却很会公关，而且做得很好。我觉得美国和俄罗斯的航天员尽管有很多不同，但也都有一两项共通的特质——他们都有超乎寻常的勇气、能力以及常识。

我很难选出一位最有趣的，不过第一个进入太空的人是加加林。在他因寻常空难意外早逝之前，我曾在数个场合中碰到过他。我喜欢加加林，因为他当时前往的是完全未知的地方。有人说，所有经历太空旅行的人都会患上恐怖的“晕太空”，也就是晕眩感，但事实并非如此，而且加加林也证明了他们是错的。当他回来的时候，大部分大家熟悉的“恐怖经验”都被推翻了。紧跟加加林脚步的人们，至少都对进入太空后会发生的事有了一些了解——但他出发的时候却是一片空白。

从太空看到的景象

Q247 为什么航天员从月球表面拍到的图像，或从遥远的地方看地球的影像中都没有其他星星，周围只有一片漆黑呢？

斯蒂芬·米勒西普，斯托克波特

（Stephen Millership, Stockport）

这只是一个简单的对比问题。和最接近地球的恒星相比，太阳看起来亮了10亿倍，只是因为它更接近我们。地球和月球反射了相当一部分太阳照射到它们的光，所以它们的表面比其他恒星要亮得多。如果你试着拿相机拍下夜空中的星星，会发现需要合理的曝光时长，可能只能曝光几秒钟，才能拍出一张像样的照片。再试试拍摄月球，你就会发现，即使曝光时间短，月球仍然非常亮。除非在月食时拍摄，否则你看到的所有同时有月球表面和背景星星的照片，几乎都是由不同曝光时间长度的数张照片合成的。

Q248 有没有航天员真的从太空看到过万里长城？

卡梅利娅·加尔文，利物浦

（Camelia Galvin, Liverpool）

长久以来，一直有人说从月球上可以看到中国的万里长城。这当然是不可能的！万里长城并不完整，而且想从那么高的高度看到它非常困难。在国际空间站拍摄的一些照片里，可以找出万里长城的一部分，当然并不是很明显，因为长城太窄了。

Q249 为什么太空任务总是让我们看到地球，但从来看不到其他星星呢？有没有可能从空间站认出猎户座之类的星座呢？

约翰 · 亨尼西，谢菲尔德；J · 胡珀，汉普郡，毕肖普斯托克
（John Hennessey, Sheffield and J Hooper, Bishopstoke, Hampshire）

总是让我们看到地球的主要原因之一是，他们大部分时候都看错边了。国际空间站里有一个朝向地球的观测室，被称为“圆顶”（cupola），但是另一边却没有这种观测室。

当国际空间站在地球白天的一边时，行星的亮度和空间站本身会完全压倒背景恒星的亮度，原因我们刚刚说过了。如果航天员在晚上从空间站的另外一边看，也就是空间站本身和地球都在黑暗中的时候，那么他们就会面对几个问题：首先，天空的移动速度相对会快很多，因为空间站绕地球运转的速度很快。这表示，除非可以精准地追踪天空位置，否则很难拍摄长时间曝光的照片；其次，这时候可以看到的星星太多了。如果你去过天空非常黑暗的地方，你就会知道在这种条件下观测天空，其实会非常令人困惑。那些平常看不到的、比较暗的天体，这时候可以很容易地分辨出来，所以我们很难挑出组成星座的那些最亮的星星，那些我们熟悉的星星组成的图形——如猎户座或仙后座——会变得很难辨认。

Q250 我们都很熟悉航天员拍到的地球和月球照片，但是从轨道上看到的太阳是什么样子的呢？

克里斯托弗 · 哈珀，布里斯托尔，内尔西
（Christopher Harper, Nailsea, Bristol）

我们都没有去过太空，而且这方面的照片确实很少，所以我们必须依托看到过这些景象的航天员的描述。英国出生的航天员皮尔斯 · 塞勒斯（Piers Sellers）曾经上过《仰望夜空》节目，他说太阳是漆黑背景前一颗亮到不可思议的白色球体，而且看起来移动的速度非常快，因为国际空间站大约每一个半小时就会绕地球一圈。日出和日落是几秒钟内的事，整个地平线会被短暂地染上古铜色与金黄色的光芒，然后太阳会突然带着明亮的光辉出现。因为空间站会反射阳光，所以也会经历类似的色彩变化。你只能想象，如果能亲眼看见，这会是多么美妙的画面。

Q251 从太空中看到的地球有多大呢?

菲利克斯·佩林，8 岁，威尔士，新港
(Felix Pelling, age 8, Newport, Wales)

大部分航天员其实都没有到离地球太远的地方。例如，国际空间站大约在地球表面上方 300 千米的地方，哈勃太空望远镜则在大约 2 倍远的距离上。在这种情况下，如果地球缩小成一颗足球大小，那么空间站和哈勃太空望远镜就会处于地表上方不到 1 厘米的位置。

如此一来，从地球轨道上看，地球表面非常大，会覆盖半个天空，因此，大部分从太空拍摄的地球照片都只能拍摄到地球的一小部分。不过，如果你到月球上，情况就不一样了。阿波罗 8 号的航天员是最早从这么远的距离看地球的人，景象一定很震撼。事实上，人们常说世界上被复制最多的地球照片，就是阿波罗 17 号航天员在前往月球的途中拍摄的。我们很难判断这个说法是否正确，尤其是在如今这个数字时代，但它听起来确实可信。

1972 年，阿波罗 17 号航天员从太空中拍摄的地球照片。

当然，有些飞得更远的探测器，以及各种各样的航天任务，特别是卡西尼号探测器与旅行者1号探测器，它们都拍到过地球是一个小蓝点的照片，这会让我们感到自身的渺小！

Q252　太空看起来是什么样子的呢？

马修·曼彻斯，8岁，威尔士，新港
（Matthew Manship, age 8, Newport, Wales）

嗯，人不能直接看到太空本身，因为太空的定义就是什么都没有，不过从太空看到的景象一定非常棒！其中一个最大的差别是，由于没有大气层来散射光线，即使太阳升起，天空仍然非常黑暗。塞勒斯生动地描述了当时的色彩，地球上的海洋会是你看到过最蓝的颜色。

另外，一个有人去过的地方就是月球，通常我们会想象那是一个灰蒙蒙的地方。但是去过那里航天员说并非如此，月球表面上其实有一些彩色斑点。

Q253　航天员在太空中过得好吗？

阿马·博阿滕，7岁，威尔士，新港
（Ama Boateng, age 7, Newport, Wales）

就像前面的几个问题一样，我们需要找在这方面经验丰富的人来回答。塞勒斯告诉《仰望夜空》节目，他在太空中过得很开心，并且向大家推荐了太空飞行。看到整个世界呼啸而过的感觉一定很棒，而且一定是一次超过一切的、最刺激的经历。我相信描述这一过程究竟多有趣是很困难的，所以塞勒斯提议大家都跟他一起去——可惜这并不是他能决定的。如果你真的有机会自己去一趟，一定要告诉我们那里有多美！

Q254 是不是任何人都可能成为航天员？如果是，我该怎么准备？要向谁申请呢？

山姆，北英格兰（Sam, North England）

想成为航天员，需要经过很长时间的训练，而且通常必须先受过良好健全的教育。通常你必须是科学家、工程师、医学博士或飞行员，不过也有少数学校老师曾经上过太空。这主要取决于航天员在太空中必须扮演的角色，以及需要完成的工作。当然有负责驾驶航天器的飞行员，不过在任务中，还是需要科学家和工程师来完成科学实验和一些技术性工作。

另外，航天员还必须通过很多严格的生理测试，因为到太空中旅行会给身体造成很多负担。我们希望你一切成功，不过你可能要向欧洲航天局或美国国家航空航天局咨询相关细节。

Q255 我今年 9 岁（快满 10 岁了）。你觉得当我成为天体物理学家时，我有没有可能成为第一个登陆火星的女孩？到了那时候，人类有可能去往火星吗？

苏西拉，德文（Sushila, Devon）

没有理由说你不行。当然，你必须先通过所有训练，并获得所有资格。到达火星面临的最大问题是辐射，这是我们至今还没有解决的。等到你长大的时候，也许我们已经解决了这个问题。

如果你到了火星，而那时我们的节目也还在，别忘了给我们发一封电子邮件！

国际空间站

Q256 国际空间站有多大？里面是什么样子呢？

艾琳，8 岁，威尔士，新港（Erin, age 8, Newport, Wales）

国际空间站非常大，可居住空间大约相当于两架喷气式客机的机舱大小，并且内部看起来也和机舱差不多。这些主要空间会排成一个长管状，不过两侧还有一些相连的空间。美国、俄罗斯和欧洲等国分别占据不同的区域，每个区域都有各自的风格。在《仰望夜空》节目中，塞勒斯描述俄罗斯区很像法国小说家儒勒 · 凡尔纳（Jules Verne）在作品中描绘的旧世界栖息地，而美国区比较有未来感。

除了可居住区域外，空间站还有很多其他的结构。一个主构架装有太阳能板和散热器，还有一些机械手臂和对接口装在不同的地方。

Q257 欧洲航天局的自动运载飞船（Automated Transfer Vehicle，缩写为 ATV）是一个令人惊叹的装置。有没有让人员搭乘 ATV 到国际空间站的计划呢？在任务完成后将它烧毁，难道不会浪费这个珍贵且仍可运作的飞船吗？

理查德 · 瓦德，东萨塞克斯郡，伊斯特本
（Richard Walder, Eastbourne, East Sussex）

自动运载飞船虽然可以转型成人工驾驶的飞行器，但是也需要大量的基础建设配合才行。首先，负责发射 ATV 的阿丽亚娜 5 号火箭（Ariane 5）原本就不是设计用来发射载人太空舱的，所以在发射时的震动可能会危害飞船内航天员的生

以地球为背景拍摄的国际空间站。

命。其次，载人任务在返回舱回到地球时，需要额外的地面或海面支持。虽然美国会部署海军去回收阿波罗号返回舱，但欧洲并没有类似的机制，所以需要数个国家共同投入海军资源，才能达到相同的目的。

ATV 目前有 3 种主要作用。首先，它会运载包括食物和水在内的数吨关键物资到达空间站。其次，它会提供推动力，帮助空间站上升到稍微高一些的轨道，这一点也同样关键——可以保存空间站内的燃料，等到空间站需要进行移动以避免碰撞等情况时再使用。最后，它还是一辆垃圾车。虽然所有物品的包装都已经精简到最低，但空间站内还是会产生相当数量的废弃物。如果只是将这些垃圾从气闸中丢弃未免太草率，因为这样只会增加太空中的垃圾，所以 ATV 会用来储存这些旧设备与其他废弃物。

ATV 不可能永远停留在空间站，因为对接口需要用来实施未来的任务，所以，一旦它完成了这些任务，就有 3 种可能的处理方法。第一种是将它移走，但这可能会让它撞上其他太空碎片。虽然它围绕地球公转的轨道会逐渐变小，并最终在大气层中烧毁，但一些零件还是有可能落到地面上。第二种方法是将它移到更高的轨道上，这样它就会远离轨道上的大多数垃圾，也不致发生严重的轨道衰减。然而，由于它里面会装满垃圾，我们难以确定未来是否还会使用它。第三种方法是让它回到地球大气层，以我们可预测的方式燃烧殆尽。只要合理控制，任何到达地球表面的东西都可以被引导到海中，而不会掉落到人口稠密的地方。

当然，如果 ATV 真的变成载人太空舱，那么里面的航天员一定不会喜欢这些处理方法，所以在控制之下重回地球就成了唯一的可能。

Q258　我曾经在头顶正上方的天空中看到一颗非常亮又突然一闪而过的星星。那会不会是空间站的太阳能板移动时的反射呢？我们可以追踪空间站的位置吗？

罗查德 · 托巴特，法国，兰瓦莱茨

（Rochard Tolbart, Lanvallec, France）

这是很有可能的。国际空间站看起来可能非常亮，在太阳能板处于一个适当位置的时候，甚至会超过金星的亮度。在可见范围内，空间站在天空中的移动速度相对来说很快，通常由西到东，大约只需几分钟。由于它距离地表只有几百千米高，所以在日落之后的几小时内，它依旧在太阳光可照到的范围内。它并不会突然地移动，而是会随着时间略微改变方位，可能还会进入地球的阴影而消失。你可以在线追踪这些最亮的人造卫星的位置，www.heavens-above.com 就是一个很棒的网站。

太空旅行的危险

Q259 与地球相比，到达月球表面的辐射有多少？宇航服如何抵挡辐射，它可以保护航天员避免辐射吗？

约翰·雷斯提克，艾尔郡，尔湾（John Restick, Irvine, Ayrshire）

在近地轨道受到的辐射不太危险，相当于一天照射两到三次的胸透。听起来好像辐射量很高，但和我们一生中受到的辐射相比，这样的量其实并不高。在月球上的情况就不同了，那里的辐射更危险。事实上，在太阳耀斑发生时，任何在月球表面的航天员都有可能丧命。

宇航服的设计能保护航天员们免受一些辐射，但不能抵挡所有辐射。至于在科学技术交叉应用方面，其实和问题中提到的恰好相反：用核能产业中使用的技术来保护航天员，所以宇航服其实本来就是用来避免地球上的辐射的。目前我们在核反应堆方面的经验远多于太空飞行，但也许未来会有改变，太空飞行的相关科学技术也能应用到地球上。

可预见的未来

Q260 既然航天飞机已经功成身退，未来载人太空旅行又有什么前景呢？

史蒂文，爱丁堡（Steven, Edinburgh）

目前，我们依靠的是俄罗斯以及他们的联盟号太空舱（Soyuz），不过中国、日本和印度在可预见的未来可能都会研发载人飞船[1]。由美国太空探索技术公司（SpaceX）设计的龙飞船（Dragon）就是一种可能[2]，而他们也有一些竞争对手。这些私人公司的产品可能可以和俄罗斯的飞行器一起搭载航天员到空间站。我们也应该记得，欧洲可能也会以目前运送物资的 ATV 为基础，研发载人太空舱，不过这还需要一些时间。

NASA 正在研发多功能载人飞船，用来搭载航天员到各个地点，如绕地轨道、附近的小行星、需要修缮的卫星，甚至是火星。载人飞船需要搭载新的发射火箭，但它的第一次定期飞行最快也要到 2020 年才会实现。

---

1 中国 1992 年启动载人航天工程，1999 年中国第一艘无人试验飞船神舟一号成功起飞和着陆，2003 年发射中国首个载人航天飞船神舟五号，2008 年神舟七号航天员翟志刚成功实施中国首次空间出舱活动。2011 年，天宫一号目标飞行器和神舟八号飞船先后完成了两次空间交会对接试验。2016 年 9 月 15 日，天宫二号空间实验室发射入轨，这是中国第一个真正意义上的空间实验室。按计划，中国空间站将于 2022 年前后建成。——编者注

2 第一代货运龙飞船于 2010 年试飞成功。2019 年 3 月，载人龙飞船已成功升空，但本次太空任务并无航天员参与。——编者注

Q261 所谓的“太空观光”未来是否会不限于富人，而是对一般大众开放？

加里·福尔摩斯，德比郡，斯瓦德林科特
（Gary Holmes, Swadlincote, Derbyshire）

我（诺斯）认为没有理由不会。毕竟太空观光对我们来说，就像维多利亚时代的人心目中搭乘飞机旅行那样。虽然目前太空飞行的费用非常高，但是搭乘飞机旅行刚开始时也同样昂贵。发展的关键将在于利用低高度太空飞行从一处前往另外一处的成本，什么时候才会变得既经济又可负担——至少在燃料消耗殆尽之前。

Q262 当美国决定抢在苏联前登陆月球时，他们放弃了优雅的X–15航天飞机计划，而采用更方便的土星5号巨型火箭发射系统。为什么现在的太空计划在载人航天飞行方面，不采取同样的态度呢？

格温·罗伯茨，诺森伯兰郡，格林顿
（Gwyn Roberts, Cramlington, Northumberland）

现在有很多这方面的计划正在筹备中，英国也有一项被称为“云霄塔空天飞机”（Skylon）的计划[1]，不过它们目前都还在相对初期的阶段。例如，Skylon计划目前就只是专注于如何证明这个概念是正确的。航天飞机最明显的一个好处就是可以重复使用，尽管从来没有完全达成过。接下来的重要步骤，是研发一种能像空中的喷气式发动机那样运作，实际上却是在太空中运作的火箭引擎。两者都使用氢和氧的混合物作为燃料，但是在低层大气中，喷气式发动机可以直接从空气中抽取氧，但在太空中则做不到这一点。主要的挑战是研发出在低速和高速下都能运作的发动机，并且还要让一切都保持合适的冷却程度。

---

1 “云霄塔空天飞机”独创出混合动力发动机，可在普通机场起飞，利用喷气式发动机爬升到28000米的高度，之后转而使用火箭发动机继续加速进入太空，在完成任务后利用火箭返回大气层，重启喷气发动机在大气层飞行并降落在普通机场。因启动火箭发动机时是在重力极小的高空，所以比火箭垂直起飞更加节约燃料和金钱。——编者注

像 Skylon 这种航天飞机可能至少需要 10 年才会出现（除非军方突然公布他们一直都在秘密进行的神奇新设计！），目前为止，我们还是只能使用旧式火箭。

Q263 我还记得人类进行太空任务以及第一次登陆月球时全世界的那种兴奋感，那时候是 20 世纪 60 年代，我还只是个小孩。当时就有人预测在世纪末时，我们就可以登陆火星了，甚至还会有人类登陆木星的任务。但是在可预见的未来里，人类似乎不太可能脱离绕地轨道进行探索，对此你是否感到失望呢？我绝对是失望透了！

乔治 · 琼斯，利物浦（George Jones, Liverpool）

我（摩尔）的确觉得失望，但我想我应该早就料到了。因为让世界各国的领导人一团和气、齐心协力，是我们至今从未达成过的事。除非我们做到这一点，否则不会有任何进展，而且这也不会是我们应得的进展。就像我一再重复说过的，主要的问题在于辐射。我们必须找到办法解决这个问题，才能出发前往火星。

Q264 现在有没有载人前往外太阳系的计划？

凯西 · 福勒，柴郡，斯托克波特（Kathy Fowler, Stockport, Cheshire）

现在就开始考虑外太阳系还为时过早。我们必须先确定我们可以安全地前往月球以及火星。想进行如此长距离的太空旅行，我们需要克服很多后勤方面的挑战，其中最重要的就是携带足够多的食物！

Q265 既然机器人前往行星的任务非常成功，从阿波罗任务至今的计算机能力也有了长足的进步，那么除了在近地轨道上进行的生物实验之外，载人太空飞行是不是到此为止了？

布兰登·亚历山大，爱尔兰，多尼哥郡；丹·唐纳利，汉普郡，南安普顿；保罗·斯科特，德文，普利茅斯

（Brendan Alexander, Co Donegal, Ireland; Dan Donnelly, Southampton, Hampshire and Paul Scott, Plymouth, Devon）

我认为不会。不论你怎么说，有些事还是只有人类能做，机器人是做不到的。有些事只有具有智慧、面对事件有灵活反应的人类才能做到，目前的机器人和人类大脑的思考能力仍存在很大的差距。我很难想象人类的使命不是探索太阳系，并在冰冷坚硬的太空真空里舒服地工作。最后，我希望载人太空探索成为一种常态，就像我们现在去近地轨道，或者在南极洲冬季做实验一样。

Q266 你认为英国应该更积极地参与载人太空探索吗？

本·斯莱特，沃里克郡，克拉弗顿

（Ben Slater, Claverdon, Warwickshire）

英国在载人太空探索方面的参与程度是相对较低的，因为我们的研究主要针对机器人研发任务。载人太空任务有其目的，通常是因为人类的灵活性和适应性会主导任务成功与否。例如，大部分在国际空间站进行的研究都是由人类进行的实验。

但载人航天任务也是激励人们学习科学的强烈动力。很多人都由于看到人类在月球漫步受到启发，这件事对物理学和天文学的影响恐怕大到难以估计。尽管在过去 50 年里，很多主要的科学发现都是由非人类进行的任务带来的，但在航天飞机时代，身为小孩的我（诺斯）在成长过程中都知道太空飞行即使不是例行性的，也是一种常态。

这些非载人卫星并没有受到太空望远镜的欢迎，它们很多都与远程通信以及地球观测有关。欧洲环境卫星（Envisat）就是一例，这是一个观测地球的人造卫星，一直在监测我们的行星表面，在全球各地发生自然灾害后提供关键信息。一

些英国公司在生产卫星方面处于世界领先地位；此外，在天文学与太空科学的领域，英国也扮演着举足轻重的角色。举例来说，英国主导了赫歇尔空间天文台上的光谱和亮度影像接收机（SPIRE）的设计，也领导建造了接任哈勃太空望远镜的韦布空间望远镜（James Webb Space Telescope）的中红外线谱仪（MIRI），并负责操作MIRI。英国目前正在发展微型卫星领域的专业技术、功能齐全的小型卫星，建造与发射的成本会相对便宜。等我们不需要现在的大型卫星时，这些微型卫星的效率会高很多，而且很多产业可能都会朝这个方向发展。

自从“黑箭计划”于20世纪70年代被取消后，英国一直都没有其他火箭计划，所以想发射这些卫星，就必须使用国外的发射系统。通常是使用欧洲航天局的阿利亚娜火箭，不过未来有可能，也有些人说是“极有”可能，私人设计与建造的火箭将成为发射卫星和仪器的主要方法。

在我看来，载人任务需要为支持飞船上的航天员而花费的额外费用与精力找到正当的理由。世界各地有很多这方面的专业知识，主要都来自美国和俄罗斯，但最近像中国等其他国家也有。建立我们自己在这个领域中的专业知识成本高昂，我认为我们最好专注于自己已经很在行的研究成果，也就是非载人航天任务。

不过，我们也不是不能参加未来的载人任务。举例来说，人们对未来搭载人类到火星的任务已经有了很多期待。我的看法是（当然，欧洲航天局和NASA并没有问过我），这种任务是需要为搭载人类的可行性进行评估和证明的。即使不是光鲜亮丽地站在红地毯上，英国还是可以利用我们在行星科学方面的专业知识，在任务中占有一席之地。

月球基地

Q267 到底如何才能让美国、欧洲、俄罗斯等国一起合作，在未来30年，在月球上建立一个像南极那样有人类的科学基地呢？

P · 赖斯韦尔，诺维奇（P Raiswell, Norwich）

这将需要所有国家都选出明智的领导人，为全人类谋福利，而不是只求一己之私。可惜这一点可能还是遥不可及，在我写下这些的时候，还没有任何实现的迹象。除非我们可以学会一起合作，否则是不会有多大的进步的——解决的方法就在我们的手中。[就我（摩尔）个人而言，我想把现在所有国家的领导人都放到一个航天器上，让他们进行前往半人马座阿尔法星的单程旅行！]

当然，有很多其他国家都对太空研究表现出兴趣，中国、印度和日本只是其中3个。如果再出现一次太空竞赛，我想西方与中国会成为竞争对手。但同时，我希望不会再有一次太空竞赛，因为那样又会让真正的团结合作延后许多年。

Q268 我们知道月球是一个多变又迷人的地方。如果突然又有下一次登陆月球的任务，你觉得哪里是最棒的着陆地点？为什么？[1]

朱莉娅 · 威尔金森，兰开夏郡，洛奇代尔
（Julia Wilkinson, Rochdale, Lancashire）

我（摩尔）认为美国在第17次登陆月球之后取消这个任务是正确的决定。

1　20世纪70年代是登陆月球的黄金期，美国和苏联先后多次将探测器送上月球。到目前为止，只有美国实现了载人登月。21世纪以来，中国登月技术发展迅速。2009年中国发射嫦娥一号首次登陆月球；2019年1月，嫦娥四号首次月背软着陆，首次实现了月背与地球的中继通信。——编者注

如果真的继续下去，我们会了解月球的不同区域，但可能不会得到什么根本性的知识，反而迟早会出错，酿成悲剧性后果。如果让我现在选择下次任务的地点，我一定会去阿里斯塔克坑，那是整个月球最明亮的陨石坑，有着不寻常的表面，曾经出现过多次月球暂现现象。因此，我的选择是阿里斯塔克坑。其他人可能会有不同的想法。

我（诺斯）会去月球的南极，因为那里有一些永远都会受到太阳照射的山峰。最接近南极的陨石坑叫作沙克尔顿坑，以著名的南极探险家沙克尔顿的名字命名。这里是为太阳能板提供能源的最佳地点，并且前往地球看不见的月球部分也相对容易。也有人曾提出巡回基地的构想。虽然这样可以移动到各个地点，更仔细地研究月球，但月球任务的主要目标应该还是证明我们可以在另外一个天体上建立基地。就这一点来说，我认为静态的基地更合适。

Q269 等我们在月球上建立基地以后，我们会最先进行什么实验呢？

詹姆斯·韦斯特，凯尼尔沃思（James West, Kenilworth）

我（摩尔）认为是医学研究，以及建造一个物理实验室和天文台。一间月球医院现在听起来可能遥不可及，但很快就可以变成现实。很多医学研究都可以在月球上进行，而在地球上却无法进行。

我们可能还会进一步研究在月球的土壤中种植植物的可能性。另外一件事听起来也遥不可及，那就是我们也许会培育出可以在月球茁壮成长的物种。当然，在很多年内，月球上还不会有丰盛的作物，所以月球居民可能要靠地衣、苔藓以及蒲公英生活。

Q270 通过国际合作，我们是应该进一步登陆月球，还是应该直接将目光对准火星呢？

安德鲁·迪安，拉特兰，奥克汉姆（Andrew Dean, Oakham, Rutland）

我（摩尔）认为必须先征服月球。我相信第一次去火星的旅程根本不是到达火星本身，而是到达它的小卫星火卫二（Deimos），并且在那里建造一个国际基地。

美国政府已经提议前往近地小行星，这与登陆月球或火星的挑战截然不同，会让我们证明人类可以在远离行星或卫星引力的太空深处生活与工作。如果我们想将探测器送到距离地球很遥远的地方，那么这种经验就至关重要。

Q271 我们会不会有一天在月球上建立自动化工业来发展科技、发电以及开采风化层？

保罗·梅特卡夫，萨福克郡（Paul Metcalf, Suffolk）

我（摩尔）觉得没什么不可能，也没有理由不这样做。有些人认为这样会破坏月球原始表面，但月球上从来没有任何生命对此提出抱怨。自动化工业在地球上已经发展得很好，月球正是一个理想的部署地点。人类前往宇宙的任务，应该由那些有智慧的、具有适应能力的人去做，那些一成不变的工作就留给机器人吧。

居住在火星

Q272 人类会在我们的有生之年登陆火星吗？

迪·帕克，埃塞克斯；尼克·豪斯，威尔特郡，切希尔；威廉·阿林兹，伦敦，金斯顿；特弗雷·埃里，肯特郡，布洛姆韦尔

（Dee Parker, Essex; Nick Howes, Cherhill, Wiltshire; William Arinze, Kingston, London and Trevor Erry, Bromwell, Kent）

如果我们解决了辐射问题，那么答案就是可以；如果没有，那就不会。我们已经掌握了将探测器送到火星的技术，并正在研发探测器返回地球的技术，但我们在如何处理太阳辐射方面仍然一筹莫展。对火星探索队来说，太阳辐射始终是一个致命问题。

Q273 如果将人类送到火星执行任务，所需要的后勤支持有哪些？来回旅程，以及在火星上停留的时间，总共需要多久呢？

安德森，新罕布什尔州，南海

（N.J. Anderson, Southsea, Hampshire）

我（摩尔）认为在登陆火星之前，我们会先在火卫二上建立一个基地。登陆火卫二会更简单——其实这更像一种对接操作，而不是登陆。从火卫二到火星会更简单，来回旅程大约需要几年时间。前往火星大约需要 6 个月，返回也差不多，可能每两年就有一次机会。所以我们可以花 6 个月到达火星，在火星表面待一年，接着再花 6 个月返回火卫二。

当然，离开火星比离开月球更难，因为火星的引力更强，需要更多燃料。获取燃料最简单的方式就是从火星本身提取关键成分，也可以从次表面冰层下的水中提取。前往火星的探索队成员必定需要食物和水，所以在火星上获得粮食和饮水也是关键需求。国际空间站中的水已经是回收使用的，但生产粮食就困难多了。火星的土壤其实也有养分，但想培育出坚强到可以在那里生长的植物，仍是一大挑战。

Q274 考虑到需要花费的时间以及航天员会暴露在辐射中的情况，前往火星的任务真的可行吗？

杰夫·布朗，肯特郡，惠斯特布尔（Jeff Brown, Whitstable, Kent）

目前，我们还没有完全掌握前往火星需要的所有技术，不过已经在研发其中的很多技术了。例如，我们知道我们已经可以在火星上着陆探测器，并且正在研发探测器返回技术。因此，来回旅程其实涉及科技工程，而不是基础科学。还有一些技术，例如，在火星上生产燃料，我们知道这些技术需要的程序，但无法在足够大的规模上证明这些技术可以成功。研发这些技术需要时间，很可能在我们尝试将人送上火星之前，就已经将很多非载人探测器送上火星并成功返回了。

Q275 你支持送志愿者到火星进行单程任务吗？

保罗·康纳利，曼彻斯特（Paul Connelly, Manchester）

很少有人愿意为科学牺牲自己的生命，即使有，也不会是众所周知的例子。目前还不清楚这样的冒险是不是真的能让我们获益良多，我认为大众对此的抗议声浪一定会非常激烈。此外，志愿者的人数可能寥寥无几，首先我们两个就绝对不会去！

在火星建立一个永久的殖民地还有很长的一段路要走，不过我（摩尔）相信，这件事总会有实现的一天。等到我们建立起这样的设施，就可以将人送到火星生活。我确定到那时，志愿者一定会更多。

Q276 如果美国国家航空航天局同意，你愿意用 700 集节目交换到火星的单程旅行吗？

格雷厄姆·霍尔，威尔士，巴里（Graham Hall, Barry, Wales）

答案很简单：不用，谢了！

Q277 我出生于太空竞赛与登陆月球之后，我觉得我们这个时代已经放弃了载人太空探索。在我有生之年，对火星的探索会再度激发起新一波太空竞赛吗？

奈杰尔·萨默维尔，北爱尔兰，科尔雷恩（Nigel Somerville, Coleraine, Northern Ireland）

我（摩尔）希望这不是一场太空竞赛，而是一次更蓬勃的合作。如果有好的领导人，这一切一定指日可待。只要选对领导人，让他们的政策能延续并超过任期——到目前为止，我们总是做不到这一点！

Q278 我听说火星没有磁场，所以无法保护大气层免受太阳风侵袭。如果是这样，我们如何在它抓不住大气层的情况下，将火星改造成地球呢？

彼得·安斯沃思，曼彻斯特（Peter Ainsworth, Manchester）

如果我们决定将火星改造成地球，就必须补充那里的大气层，但这样的技术在未来（非常久以后的未来）才有可能做到。更厚的大气层可以抵御更高能量的粒子，足以保护火星探索队或殖民开拓者。火星表面其实也有小型磁场，应该是由某些岩石成分构成的，只是和地球的磁场相比很弱，但仍可以稍微抵御太阳辐射。

不同的世界

Q279 你认为我们可能住在另外一颗行星上吗？需要多久才能实现呢？

罗伯特 · 高恩，伦敦，伊灵；迈克 · 海伍德，肯特郡，西汀伯恩（Robert Gaughan, Ealing, London and Mike Haywood, Sittingbourne, Kent）

我相信有一天将会实现，人类一定可以住在另外一颗行星上，甚至在那里繁衍后代。在我们的太阳系中，火星仿佛是唯一可能的地点，而前往火星的载人任务需要几十年才可能实现。至于大规模殖民，我想至少还要等一个世纪。不过，也存在质疑的声音，认为这些根本不可能实现。问题在于我们能否克服技术上的挑战。

Q280 有没有简单的方法可以将一颗行星改造成地球？还需要多久才能出现行星工程呢？

特伦斯 · 吉本斯，达勒姆（Terence Gibbons, Durham）

将行星改造成地球是工程学上的壮举，如今我们离这一目标还太过遥远。这项工程的规模极为庞大，行星大气层复杂得难以想象，并且需要在许多因素间保持谨慎的平衡。将行星改造成地球涉及如何在氧气和二氧化碳中维持平衡——在地球上，这是由植物控制的——以及如何重现海洋吸收碳的功能，等等。最大的一个问题是，需要在另外一颗行星上重建地球的大气层，但我们根本不知道该怎么做，我们肯定会遗漏一些关键点。地球上一些最大规模的物种灭绝，都被怀疑与气候变迁有关，也可能是由火山爆发或海洋突然释放甲烷导致的。毕竟，如果我们将一颗行星改造成地球，并在上面居住，结果发生了大灭绝事件，那我们就太过愚蠢了。

目前来看，将行星改造成地球还只存在于科幻作品中。不过我要提醒你，其实在几百年前，电视也只是科幻作品中才有的东西！

遥远的未来

Q281 如果可以去太阳系的任何地方，你们想去哪里？为什么？

科林·阿什利，伯克郡，沃金厄姆；安德鲁·哈尔福德，伦敦；史蒂夫·阿特伍德，伯明翰（Colin Ashley, Wokingham, Berkshire; Andrew Halford, London and Steve Attwood, Birmingham）

这又是一个我（摩尔）觉得很难回答的问题。有很多地方我都想去，前提是一定要有回程票。讲了这么多，我最想去的地方应该还是火星。毕竟与其他行星相比，火星和地球的差异并没有那么大；虽然没有火星人或小绿人，但还是有可能在火星上发现很原始的生命形式。

我想我（诺斯）会想去土星最大的卫星——土卫六。这是太阳系里另外一个我们知道有湖泊和河流的地方，不过它们的成分不是水，而是甲烷和乙烷这种碳氢化合物。那里完全就是一个截然不同的世界，有着令人惊异的景色。当然，那里的天空不会太清澈，因为大气层太厚了，不过我希望在路上可以看到土星以及壮观的土星环！

Q282 如果你们现在可以立刻去宇宙的任何地方并且活着回来，你们想去哪里？

保罗·库伯，格洛斯特（Paul Coomber, Gloucester）

我（摩尔）觉得，如果我更了解宇宙，那这个问题会更好回答。我们必须记住，一旦我们离开了自己小小的太阳系，我们的知识就非常有限了。我当然想去一个不会让生命难以生存的地方，但我现在无法说出是哪个行星。我想，诺斯，这比较像你在行的了……

我（诺斯）会借这个机会去看看大自然中的一些奇景。我想离开了银河系后，应该会有一个理想的地点，可以看到我们在宇宙中所在的这个区域，同时远观银河系和仙女座星系。这样我就能从远处看到银河系，这是前所未见的景色，可以让我对宇宙的尺度有全新的认识，这是在地球上绝对无法得到的。我也想带一架不错的望远镜，这样我就能从这么遥远的地方拍一张家乡的照片——至少拍到太阳。

Q283 你们认为我们有可能前往另外一个星系吗?

本·斯莱特，沃里克郡，克拉弗顿；布莱恩·罗斯威尔，曼彻斯特；尼尔·拉托德，埃塞克斯；保罗·福斯特，伦敦，克拉彭；蒂姆·拉雷厄姆，萨里郡，泰晤士河畔金斯顿；菲利普·G，坎特伯类
（Ben Slater, Claverdon, Warwickshire; Brian Rothwell, Manchester; Neil Rathod, Essex; Paul Foster, Clapham, London; Tim Graham, Kingston-upon-Thames, Surrey and Philip G, Canterbury）

我（摩尔）不会说这不可能，因为没有什么事是真的不可能的。不过我会说，如果我们采用目前可以想象的推进式方法，那这件事就永远做不到。我们一定要有一些根本上的突破才行，但我还不知道会是什么样子。时间旅行、远程传送（teleportation）、曲率旅行（warp travel）……这些目前都只存在于科幻作品中。但我们必须记住，电视在一个世纪以前也只是科幻作品里的东西。当然，其他比我们更先进的种族可能已经做到了这件事，并且掌握了星际旅行的秘密。这意味着，如果他们愿意，他们可以来拜访我们，飞碟和不明飞行物体也不是绝对不可能的。我只能说，我希望能看到其中一架飞行器降落。如果真的降落了，一个小绿人从中走出来，那我会说什么呢？我会说：“晚上好，你想喝茶还是咖啡呢？”

Q284 电视影片是经过拆解、传送和重新组合，让我们能实时看见影像。在未来，等到接收设备完成后，我们可以用同样的过程将人传送到遥远的行星吗？

阿瑟·摩尔，利兹（Arthur Moore, Leeds）

这就是远程传送，目前还只是科幻作品中的概念。在电视里，组成影像的粒子和原本的粒子已经完全不一样了，它们并不是实时传送。电视信号通过无线电波传送，是在以光速传送。在地球上，这样的时间差并不重要，但是如果想通过这种方式将影像从地球传送出去，就算是到达最近的恒星也需要 4 年多的时间。

从原则上讲，似乎可以记录每个原子在人体里的状态（位置与速度），并传送这个信息，再让所有原子回到原本的状态。但是这样会带来传送过程中的挑战，因为人体中有数十亿的粒子，而在这一过程中，还有一个最根本的问题，就是“海森伯测不准原理”（Heisenberg Uncertainty Principle）。这一原理认为，我们不可能完全精准地知道任何东西的位置与速度；换句话说，记录下人体所有原子的准确状态是不可能的，想在另一端精准地重现这些状态也是不可能的。

太空任务

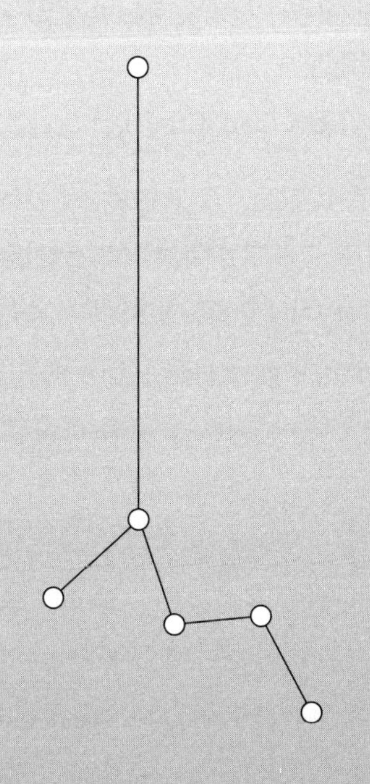

太空航行

Q285 我们现在还和多少探测器保持联系？我们怎么知道它们的位置和旅程呢？

卡尔·柯比，伦敦（Carl Kirby, London）

在太空时代发展60多年后，出于各种不同目的，已经发射出去很多卫星和探测器。在数千次发射中，大部分探测器都不会离开地球的轨道，它们是主要用于军事或环境监测的地球观测卫星，也有些是通信卫星。之所以数量会这么多，是因为世界上有50多个国家都在制造卫星。而在发射出去的卫星中，除了一些轨道太高的卫星以外，大约一半卫星都会在轨道衰减后，在地球的大气层中燃烧殆尽。

少数围绕地球公转的卫星以研究为目的，最出名的两个应该是国际空间站和哈勃太空望远镜。在这些研究型卫星中，有一些专门用于天文学研究，还有大约40座运行中的轨道天文台，分别在不同的波长上工作；另外还有将近50座还在轨道上的天文台已经不再运行，但仍受到地面雷达与望远镜的追踪。

再远一些，还有20多个运行中的探测器分散在我们的太阳系中，有的围绕其他行星或月球公转，有的停留在行星或月球表面，也有的会在太阳系中前进。至于那些仍在太空某处游荡，但已经不再工作的人造探测器，数量大约是这个数字的3倍。通常我们不会主动追踪这些探测器，不过通过预测它们的公转轨道与飞行轨道，仍可以准确预测它们的位置。

在目前运行中的卫星里，最遥远的是旅行者1号，现在和地球的距离已经达到了惊人的170亿千米。那么，我们如何追踪这么遥远的物体呢？

多亏了由世界各地的无线电天线网络组成的“深空探测网”（Deep Space

Network)。这 3 个设施分布在世界上 3 个彼此距离差不多的地点（美国加利福尼亚州、西班牙和澳大利亚），可以为整个太阳系中的探测器提供 24 小时的通信服务。这个网络包含了世界上最大的几架射电望远镜，最大的直径约 70 米，可以非常准确地测量出探测器的位置与速度。不过，这需要精确知道它们的位置，因为这些大型射电望远镜一次只能观测天空的一小部分，手动搜寻则需要很长时间。此外，探测器也必须能正常运作，这样它们才能一直朝地球方向发射无线电波，否则我们会很容易“失去”探测器的踪影——1993 年的火星观测号（Mars Observer）就是这样消失的！

一旦无线电天线锁定了探测器的位置，就可以用传输信号的“多普勒频移”计算出它的速度，而探测器的方向是朝向地球还是远离地球，都会稍微改变无线电波的确切频率。在太空时代刚开始的时候，如阿波罗号时代，那时需要靠操作员勤劳地手动调整望远镜，不过现在已经有了自动化计算机处理器，使得追踪探测器的过程更快更有效。

在望远镜调整好传输信号之后，就可以开始通信了。在大部分任务中，通常都是将数据送回地球，让探测器将信号传回给我们。探测器上的天线比地球上的朴素得多，传输速度也出乎意料地慢。例如，如果以旅行者号探测器传送信息回地球的正常速度，在地球上传一条短信，大约只需要 10 秒的时间。而且，通信不一定都是单向的，有时候任务操作员必须在同期将新的指示传送出去。操作员几乎不会“实时”地和他们的任务对话，而是会预先排好所有指示的传送顺序。

Q286 可以请你们解释让探测器能神奇地和行星、彗星等天体会合的太空航行基本原理吗？

罗伯·比顿，牛津郡，泰晤士河上的亨利

（Rob Beeton, nr. Henley-on-Thames, Oxfordshire）

移动一个探测器与在地面或空气中移动一个交通工具不同，主要的原因有两个。首先，太空中没有空气阻力，所以如果你用火箭或推进器推动物体时，它永远不会减速，除非你朝反方向施加另外的推力。这就是为什么有些探测器会从行星或小行星旁呼啸而过，却不会停下来。唯一让它们减速进入公转轨道的方法，就是让它携带大量燃料。

其次，一切物体都在移动，所有的速度都必须相对于其他物体才能测量。我们习惯用每小时几千米来表示汽车或飞机的速度，而这通常是交通工具相对于地面的移动速度。这在地球上非常合理，毕竟地面不会向任何地方移动！但是在太空中就不同了，因为地球会移动，地球围绕太阳公转的速度是每秒移动 30 千米，时速就接近惊人的 100 800 千米！

但如果我们想将探测器送到火星，那么这个速度就很有用了。因为我们要移动得更快，才能克服太阳的引力，我们脱离地球并到达火星公转轨道的距离，大约比地球到太阳的距离还远 7500 万千米。只需一点数学计算，再加上对引力的了解，你就会知道需要多少燃料就可以去驱动一枚足够大的火箭。事实上，我们需要的方程就是牛顿在 1687 年算出来的那些。

不过，那只是问题的一部分而已，因为当你的探测器向火星的公转轨道航行时，你还需要确认火星是否依旧在原来的位置，否则这趟旅程就没有意义了。其实这只是时机的问题，也是火星任务大约每两年才发射一次的原因：因为这是地球和火星在各自的轨道中达到最佳相对位置的时间。

探测器将在飞行几个月后到达火星附近，此时这个探测器相对于火星的速度快得惊人，如果我们不加以控制，它就会直接掠过火星。它的速度必须降低得足够多，才能进入火星外围轨道，这就需要更多燃料用以减速——尽管有些探测器飞过火星稀薄的最外层大气层时，可以利用摩擦力减速。至于与小行星或彗星这种较小的天体相遇时，探测器通常都会直接掠过去。但日本的隼鸟号探测器（Hayabusa）是个例外，它降落在了丝川小行星（Itokawa）上，取样并返回地球（不过这趟旅程的返回阶段意外频发，这个探测器可以说是厄运不断）。

如果你还想去更远的地方，正常的火箭就做不到了，我们目前还无法建造出大到可以将探测器送出太阳系的火箭。不过，所有探测器都可以使用引力弹弓技术来提高速度。只要以正确的方式飞过行星或它们的卫星，探测器就可以加速或减速。这是旅行者号探测器在二十世纪七八十年代广泛使用的技术，也让旅行者 2 号在 12 年的行星任务中飞过了木星、土星、天王星以及海王星。

这项技术中用到的公式可能在 400 多年前就已经出现了，不过，对于研究移动的行星，以及随着消耗燃料而改变质量的探测器时，计算的过程就会变得非常复杂。计算机运算能力的进步带来了很大的帮助，让科学家们可以进行详细的模拟，考虑所有可能发生的情况。然而，有时候还是可能由于人为失误或设备失灵，造成遗憾。1999 年，火星气候探测者号探测器（Mars Climate Orbiter）就由于计算时混淆了公制单位和英制单位，而被送入了错误的轨道，导致进入火星大气层过多，并最终以全毁收场。2010 年，日本发射的金星探测器拂晓号（Akatsuki）也由于火箭问题没能成功进入轨道。不过拂晓号的任务还没有完全失败，因为等到 2015 年它再度经过金星时成功进入了金星轨道。[1]

Q287 让地球上的公共交通工具准时已经很困难了，科学家到底是如何让进入太阳系的探测器可以准时抵达另外一个世界并着陆的呢？

伊恩·德里格，汉普郡，朴次茅斯（Ian Drain, Portsmouth, Hampshire）

探测器任务的几乎所有方面都已经事先经过事无巨细的规划。发射时间会经过仔细计算，确保旅程尽可能简单明了，推进器的点火时机也都是事先设定好的。每次演练后都会谨慎地检查探测器的位置与速度，必要时还会进行后续的操作。

不过，事情不一定会按计划进行。最常见的问题是设备失灵，通常和推进器或运动部件有关，所以探测器的设计都会尽量简单，一般都会使用可靠的零件，如使用爆炸螺栓而不是电动机等。这类零件在发射过程中，不容易因为探测器经历强烈震动时发生损坏。

但太空飞行仍然是一件很复杂的事，而且各种任务都会有一定比例的失败案例。早期通常是由于火箭的问题，可能是火箭在发射时爆炸了，或无法将探测器送达轨道。如今这种情况比较少，不过仍然有些零星的意外。1996 年，第一枚亚

1 拂晓号探测器是日本于 2010 年 5 月 21 日发射的金星探测器，经过 5 个半月的飞行，最终没能进入金星轨道。其原因在于一个错误的推进器控制，导致错过了进入金星轨道的机会。2015 年 12 月 7 日，拂晓号最终成功进入金星轨道。——编者注

利安5型火箭（Ariane 5 rocket）就由于软件错误，在发射后不到1分钟自爆了。2009年和2011年，连续两枚金牛座火箭（Taurus）都由于保护有效载荷的整流罩未能分离，使火箭质量过重，导致发射失败。当然，最严重的发射意外发生在1986年1月28日，挑战者号航天飞机在发射后不到2分钟内解体，造成7名航天员全部遇难。

前往其他行星的任务通常也没有大家想象中那么成功。从20世纪60年代开始的38次火星任务，其中只有一半成功了。大多数失败都发生在二十世纪六七十年代，其中大部分来自苏联，美国国家航空航天局在20世纪90年代也遭遇了一连串厄运，6次火星任务就失败了3次。

虽然任务失败的教训是悲惨的，但我们必须记住，还有非常多成功的任务，它们的表现远远胜过原先的设计。旅行者号探测器在太空中待了40年仍然身强体壮，火星探测车勇气号（Spirit）和机遇号（Opportunity）履行任务的时间都比它们原本计划的90天更长。勇气号运行了6年，才由于受困沙坑而失灵；机遇号则在火星这颗红色行星的地表旅行了30多千米的距离。从土卫六的甲烷湖到土卫二的喷泉，卡西尼号至今仍在持续探索土星与其众多卫星的壮丽奇景及美好而意外的秘密。对土星这个行星系统的探索，需要非常大量的人工操作，不过只要任务操作员尽量利用来自土星众多卫星的引力弹弓，来调整卡西尼号的路线，就可以节省更多珍贵的燃料，留到真正需要时再使用。

经过50多年的太空时代，人类将探测器送到太阳系各处的能力有增无减，也诞生了越来越多让我们引以为傲的任务。

Q288　太空中可能存在无法观测到的岩石和其他碎片，并会随机闯入探测器的既定路径中。探测器会如何避免与它们相撞呢？

伊恩·札纳德利，伦敦（Ian Zanardelli, London）

太空并不是全然空旷的，我们的太阳系中就有数十亿小小的尘埃粒子以及更大的岩石、小行星和行星。不过，太空也很大，发生撞击的概率非常低。问题是，当这种情况真的发生时，高速移动的物体会造成非常大的撞击损害。我们对撞击几乎无能为力，因为大部分粒子都太小了，我们几乎看不到，更别说追踪它们了。至于在前往目的地的路径中失踪的探测器，很有可能就是由于与太空中的碎片发生了撞击，不过我们目前还无法确定。

为了避免出现这种撞击，大部分探测器前方的表面都有防护层，并且上面都会有许多由于细小微型陨石的撞击而形成的坑洼。不过最大的问题并不是来自尘埃或岩石的粒子，而是来自宇宙射线。宇宙射线是能量非常高的粒子，通常是质子和电子，移动的速度接近光速，会破坏电路。由于它们的能量太强，只要撞上一块计算机内存，就会改变里面储存的数据，计算机通常设有避免这种状况发生的保护方法，这偶尔会让探测器进入“安全模式”。

不过，有时候还是会造成严重的问题，我们怀疑赫歇尔空间天文台上的仪器在 2009 年年底失灵，就是宇宙射线所造成的。这次的失灵导致一个关键设备完全损坏，无法修复，幸好备用系统救了这架望远镜。这次事件后，为了确保同样的问题不再发生，望远镜进行了软件更新。值得庆幸的是，这种问题非常少见。

Q289　我知道地球与小行星相撞非常危险，我也很高兴人类现在已经在研究这些小行星了。可是太空垃圾呢？我觉得很多太空垃圾是不会造成损害的小碎片，但如果它们聚集成一大块呢？它们对探测器或地球是否会造成危险？有没有收集这些碎片的方法呢？

杰西卡 · 艾伦，萨福克郡，伊普斯维奇；珍妮特 · 茱布，德比郡，格罗索普（Jessica Allen, Ipswich, Suffolk and Janet Jubb, Glossop, Derbyshire）

对太空轨道内的宇宙飞船来说，太空垃圾的确是一个严重的问题，并且太空中的这些垃圾有上百万。大部分太空垃圾都很小，有时候只是结冻的没有使用的燃料，或飞船外层涂料碎片。这些小碎片通常不会击穿探测器，但还是会造成一些损坏。大部分探测器都装备了某种形式的防护罩，以保护它们的关键部件，尤其是那些载人的航天器。任何从太空轨道返回地球的物体，如航天飞机，表面都会被详细检查，以借此收集关于这些微小碎片的信息。有时候这些微小的冲击会给航天飞机窗户表面留下伤痕，但不会对航天器本身或航天员的安全造成威胁。

2006 年，亚特兰蒂斯号航天飞机的一个有效载荷舱门上，人们发现有一个直径不到 3 毫米，但深度达到 1 厘米的小洞。如果造成这个小洞的物体撞上了正在太空漫步的航天员，就会给航天员造成严重的伤害。据估计，如果进行 6 小时的太空漫步，那么航天员在这段时间内被一小块太空碎片撞上的概率是 1/31 000。

虽然这些碎片都很小，但它们撞到东西的冲击力却很强，因为地球轨道上的物体基本上都是以每小时 2.7 万千米的速度前进。这样的撞击通常不会是迎面而来，但平均的相撞速度仍会达到每小时 3.6 万千米。

只要一粒比弹珠更大的东西，从地面用雷达或光学追踪望远镜就能看得到。尽管这些东西不能总被追踪到，但它们还是对探测器有相当大的威胁，并且已经大到无法靠结构挡板来防御。举例来说，一个直径 1 厘米的铝制球体，大约只有标准弹珠的大小，但造成的撞击能量相当于一颗以时速 2600 千米前进的板球（大约 155 克重），或者是一辆时速 96 千米的汽车。

如果是比板球更大的物体，我们就会对其主动进行监测与追踪，卫星（至少那些有推进器的卫星）通常就可以在可能发生撞击之前改变方向。另外，太空中还有更大的东西，可能是剩余的火箭节，也可能是废弃的卫星。1996 年，一枚法国军事侦察卫星就被多年前爆炸的一枚火箭的碎片撞上。这块碎片大约只有公文包大小，但撞击却导致了卫星主天线折断。1985 年，美国用反卫星导弹击毁一颗在 500 多千米高轨道上的军用实验卫星，产生成千上万的碎片，引起了争议。2009 年也发生过一起无法避免的意外：一枚已经无法运行的俄罗斯卫星撞上了美国的铱卫星，进一步增加了太空中的碎片总数。

大部分碎片的公转速度都会减慢，在几天或几年后坠落，并在大气层中烧毁。事实上，有些物体是我们故意让它在地球大气层中烧毁的。不过，为了以防万一，它们掉落的地点也都对准了海洋，从而避免掉落在人口稠密的地方。尽管很少有碎片可以回到地面上，但还是有例外。美国第一个空间站"天空实验室"（Skylab）于 1979 年返回地球大气层，其中一部分碎片就坠落在澳大利亚西部。迄今为止，在重回地球的人造物体中，最大的是重 135 吨的俄罗斯和平号空间站——在工作了长达 15 年后，于 2001 年有计划地掉落在太平洋。

随着太空变得越来越拥挤，大家也开始努力减少太空垃圾。对于已经在太空中的垃圾，我们几乎无能为力，各国如今都在尽力减少未来任务会制造出的残骸。目前已经有了不少提案，不过以目前的技术来说，还没有一项可行的方法能减少太空垃圾。

Q290 火星公转到离地球最近的地点时，可以接收到地球在 3 分钟前传出的电子信号。因此，发送到火星探测车上的命令信号会在 3 分钟后到达，结果也会在 3 分钟后反馈。如果与此同时，火星探测车出了意外，却没有人知道。科学家会如何处理这个实时性的问题呢？

布莱恩 · 克兰，诺福克，诺维奇（Brian Crane, Norwich, Norfolk）

火星与太阳的距离略大于地球与太阳的距离，它所在的轨道离太阳大约 2.25 亿千米，地球则距离太阳 1.5 亿千米。虽然这在天文规模上算是小小的差距，但还是值得注意，就算无线电传输以光速前进，达到每秒 30 万千米，也不能忽视这个差异。当火星在天空中转到太阳的正对面时（天文学家称为“冲”opposition），就是它最靠近地球的位置，与地球相距约 7500 万千米。但即使这样，光仍需要 3 分钟才能通过这段距离到达地球。而当火星在距离地球最远的位置时，也就是在太阳的另一边，光走完这段距离需要 15 分钟左右。

所以布莱恩说得没错：从地球发送的信号至少 3 分钟后才会到达火星，也至少需要再过 3 分钟才会回到地球。那么，勇气号和机遇号要如何避免撞上东西呢？首先，就像大部分太空任务一样，这些探测车并不是“实时”驾驶——也就是说，并没有人在拉动操纵杆驾驶它们（虽然这样一定很有趣）。所有驾驶动作都是预先规划好的。其次，这些探测车的移动速度非常慢，6 分钟根本走不了多远。当然，如果它们接近悬崖边缘，如机遇号曾经开到了维多利亚陨石坑的边缘，那么这“走不了多远”还是会让它们摔下去，因此，驾驶者必须非常小心。

但勇气号和机遇号也有自己的绝招。除了发送出“向前 2 米”“检查那块岩石”之类的指示外，任务操作员还会发送软件更新。这两辆火星探测车都有自动化软件，可以在前进时利用“避险摄像头”监控周围环境，如果发现可能的问题，就会停车不动。可惜这样还是没能阻止勇气号陷入一个隐藏的沙坑，并最终失去功能；不过，机遇号现在仍然很强健。它前进的速度与距离已经超越过去，如今已经达到惊人的12千米，来到了奋斗撞击坑（Endeavour Crater）的边缘。

当然，还有比火星更远的探测器。我们现在还能联系到的最远的探测器，是1977年发射的旅行者1号，如今它已经飞到距离地球170多亿千米远的地方。光需要走16小时才能到达这样的距离，信号一次来回就要将近一天半的时间。幸好我们不需要和它进行什么重要的对话！

火箭与推进系统

Q291 将阿波罗任务航天员发射出去需要一个巨大的火箭引擎，但是为什么登月舱上的火箭却那么小呢？月球比较小，引力也更小，但是这好像不足以解释两者间的差距吧？

尼克·斯通，多塞特，伯恩茅斯（Nick Stone, Bournemouth, Dorset）

尼克说得没错，月球比较小，所以表面的引力也更低，大约是地球表面的1/6。但引力并不是唯一的差异。我们简单比较一下这两种情况：将阿波罗任务的航天员送离地球的土星5号火箭（Saturn V）有三段，三段之间的推进力是让登月舱离开月球的小型火箭推进力的500倍左右。但是它们要推动的，也是非常不一样的东西。土星5号的高度超过111米，发射时的重量约3000吨，但大部分重量来自燃料与火箭段，燃料用尽后，重量就会减少。

事实上，土星5号的设计是只需要将45吨的重量送往月球，其中约2/3是指挥舱与服务舱，两者都会停留在月球轨道上，只有一个15吨重的登月舱会降落到月球上。而从月球起飞的时候，登月舱下降级会留在月面，只有重约5吨的登月舱上升级会返回月球轨道。

因此，质量上的差别才是火箭大小相差这么多的主要原因：一种火箭是将3000吨的东西送离地球表面，另外一种火箭只需将5吨重的东西送离月球。原则上，我们可以将任意质量的东西送到月球，只要它加速得够快，就可以脱离地球轨道。但是质量越大，需要的推进力就越大。这就是为什么土星5号火箭会分段建造，既然火箭箭体在燃料耗尽时会掉落，火箭的质量就会逐渐减少，那么后面的箭体就不需要如此强大的引擎了。

现在大部分的探测器和卫星都是发射到低轨道，距离地表只有几百千米。只

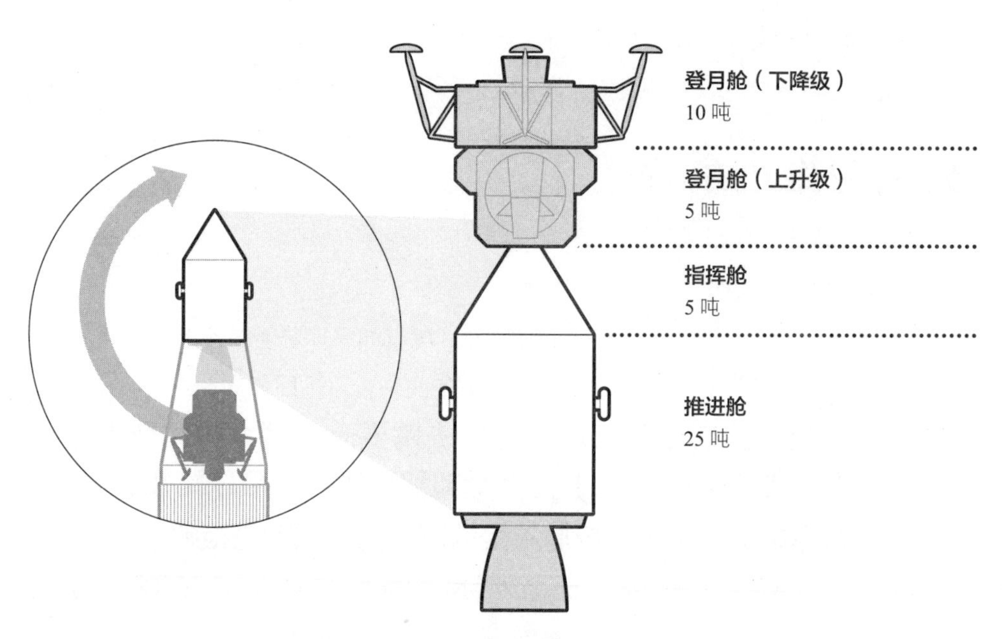

登陆月球的整个登月舱都藏在指挥舱和推进舱后面，仅重15吨，而只有重约5吨的上升段会从月球升空。最后，只有5吨重的指挥舱会返回地球。

有相对数量较少的探测器和卫星会进入同步轨道（距离地表约3.6万千米）甚至更高的地方，这时候才需要额外的火箭段。因此，土星5号仍是有史以来最强大的运载火箭。1973年，土星5号将美国空间站“天空实验室”以及一个阿波罗式的指挥和推进舱，总计约90吨的重量发射到轨道中。伟大的土星5号完成了这项任务，并且没有用到第三级火箭段，到现在为止，还没有任何火箭能与之匹敌。

Q292　1光年有多长？以目前最快探测器的速度，飞越1光年需要多长时间？

大卫，什罗普郡，奥斯罗斯特里（David, Oswestry, Shropshire）

光前进的速度很快，每秒约30万千米，相当于每十亿分之一秒前进30厘米。在20世纪初，爱因斯坦就意识到这个速度已经是宇宙的最高速度了，据我们所知，没有比光更快的东西了。此外，因为光速（在真空中）是维持不变的，所以我们可以通过光穿越空间的时间，测量出极大的天文距离。

30万千米虽然很长，但与天文距离相比还不算太远。事实上，这只不过是我们到月球距离的3/4而已。所以传送给阿波罗号航天员的电波需要1秒多钟才会到达，他们的回答也要再过1秒多钟才会回来。太阳在地球的1.5亿千米外，以光速来算大约是8分钟，所以我们从地球看到的是8分钟以前的太阳。我们可以将这段距离称为8光分。

举例来说，冥王星大约在6光小时以外。所以如果你曾经在晚上从望远镜中观测过冥王星，那你要记得，你看到的是下午的它！不过即便如此，6光小时也只是1光年中的一点点而已。光每秒前进30万千米，经过一年的时间，光跨越的距离大约是10兆千米，是从地球到太阳距离的6万倍，也是从太阳到最遥远的行星——海王星距离的2000倍。

但就算是这么遥远的距离，也只是在我们的附近。比邻星是距离我们最近的恒星，大约在4光年以外。离开太阳系最远的人造物体——旅行者1号探测器，它利用土星和木星周围的引力弹弓获得前进的速度，现在距离我们16光小时——还不到1光年的5%。虽然太阳的引力会持续减慢旅行者1号的速度，但它的速度其实是快到停不下来的。以目前每秒17千米的速度来看，旅行者1号需要1.7万年才能前进1光年。以我们如今的科技，星际旅行还需要更多的耐心。

Q293 人类想去太阳系以外的地方，需要拥有超越现在的推进系统，你可以想到哪种能量形式可以推动未来的载人太空探索吗？爱因斯坦说，光速是无法超越的，但他会不会错了呢？

杰米·史密斯，西约克郡，帕德西（Jamie Smith, Pudsey, West Yorkshire）

我们现在用来发射航天器的火箭都以化学反应为基础，通常是氢和氧的化学反应。在二十世纪六七十年代，土星5号火箭就是这样将执行阿波罗任务的航天员送上月球的。火箭飞行的原理其实很简单，基本依据动量守恒。一个物体的动量是它的质量乘以它的速度，在没有外界力量干预的情况下，物体的总动量一定会保持不变。一小部分的燃料被点燃后，会将物质从火箭末端高速喷出。为了使火箭和喷出物质组成的系统保持总动量守恒，火箭会加速向前（在火箭的例子

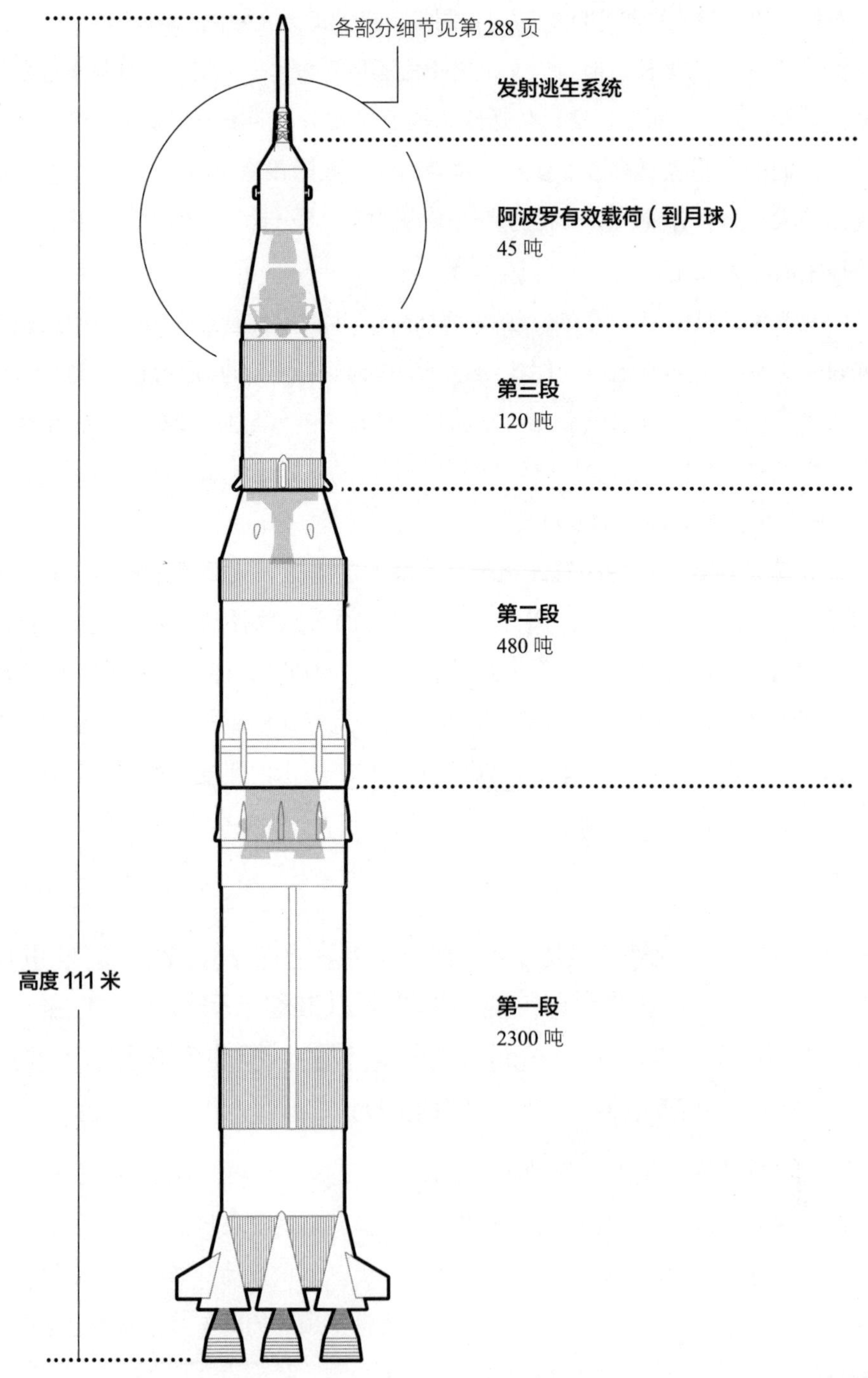

土星5号是有史以来制造的最强大的火箭，重达3000吨，高111米，其设计目标是将45吨重的航天器发射至月球。

中，向前通常就是相对于地球向上），但是由于与末端排出的燃料相比，火箭实在是太巨大了，所以前进的加速度很慢，因此就需要耗费大量燃料，火箭才能上升，所以土星 5 号的高度达 111 米，重量达 3000 吨，却只是为了将 45 吨重的阿波罗号送上月球。如同前面所讨论过的，土星 5 号的重量主要来自火箭，以及让这个巨大物体脱离地表所需的燃料。

我们可以利用相同的原理，以不同的机制将燃料从火箭末端高速喷出。大约在二十世纪四五十年代，火箭刚开始发展的时候，美国科学家就考虑使用核爆替代化学反应。但由于在地面发射可能会产生很多核微粒（在环保与政治立场上都是不可行的！），所以这种燃料似乎只能在太空中使用。尽管核能火箭提供的推进力可能并不比现在的化学火箭多，但它的燃料使用效率更高，只需要相对较少的燃料就能达到相同的推进力。

这个被称为“猎户座计划”的项目一直备受争议，最终由于国际禁止在太空中进行核爆测试而终止。即使没有政治问题，这种燃料仍然面临几项重大的技术挑战。例如，火箭必须能够承受后方的核弹爆炸威力，并且核爆发生的频率大约是每秒一次。有人提议可以在行星或星际间的旅行中使用这项技术。理论上来说，这样可以达到光速的 1/10 左右，将前往半人马座阿尔法星的时间从几千年缩短为几十年。但是这种航天器的构造可能比我们现在能在太空中建造的还要大很多。甚至有人提议用反物质爆炸来取代核爆炸，不过反物质会消灭所有与它们接触到的一般物质，所以要创造并且储存足够分量的反物质，也远超我们目前掌握的技术。

目前航天器使用的技术是离子引擎。这种引擎的运作原理与化学反应原理相同，会将少量燃料以高速从末端排出，但使用的燃料是带电粒子，也就是离子。离子被电场加速，所以不会产生爆炸。尽管由此产生的推进力很低，并不适合用于火箭发射，但是这种引擎本身的效率极高。这种推进系统是长途旅程的理想选择，并且已经用于隼鸟号前往丝川小行星的任务中。此外，曙光号（Dawn）前往小行星灶神星与矮行星谷神星的任务也用到了这项技术。虽然离子引擎能为曙光号提供持续且平稳的推进力，但它的推力并不足以发射火箭，所以在火箭推进系统方面，我们仍需要借助我们原本惯用的化学反应。

不过，有些方法不需要把燃料带上火箭。举例来说，太阳光帆就是利用太阳光照射到一个表面上产生的非常轻微的压力，来推动航天器前进。这个力小到难以置信，而光帆则是用极薄材料、铺在极大的区域上制作的。日本的伊卡洛斯号（IKAROS，即太阳光帆行星际飞船）就使用了一片厚度不到 0.01 毫米、宽度大约 20 米的光帆。这片光帆还装有太阳能板，为通信器材与科学仪器提供需要的电力，光帆的反射能力也可以调整，以提供飞船转向力。伊卡洛斯号到了金星，成功地实践了这项技术；此外，美国国家航空航天局的小型“纳米帆 –D”（Nanosail-D）也在地球轨道上进行了多项测试。日本航天局（JAXA）的下一步计划就是发射更大的太阳光帆，并结合离子引擎，前往木星。

这些技术都以我们目前的科技能力为基础，但在科幻作品的世界里，却有远超当今能力的各种技术呈现。例如，“超光速推进装置”和翘曲引擎等推进方法，基本上都以弯曲空间或在另一个维度旅行的概念为基础。其他作品则采取利用或创造出一个虫洞的概念，在太空中撕开一个裂口，与遥远光年之外的另一个空间相连接。虽然在数学上，虫洞在某些情况中是可能出现的，但是我们认为那并不稳定，并且我们并没有证据证明它们真的存在。更不幸的是，进入虫洞的体验可能就与进入黑洞一样，我们并不知道该采取什么方法才能活着出来。

所以，忘记那些关于超空间天马行空的幻想吧。我们可能发展或发现一种比离子引擎更高效的推进技术，或许比我们的化学火箭更强大。如果 20 世纪 60 年代的美国物理学家罗伯特 · 巴萨德（Robert Bussard）是对的，我们也许能够利用电场从星际空间中收集氢，为核聚变引擎提供动力。这种推进力虽然很弱，但是经过一个世纪左右，航天器就能达到光速的一定比例，但也可能永远无法打破这个速度限制。星际旅行时间可能会缩短到几个世纪，不过，等到抵达目的地时，航天器上的航天员可能已经是原成员的后代子孙了。

我们不知道用什么方法可以让东西加速到超越光速。这样的限制也是爱因斯坦相对论的必要条件之一，目前还没有任何证据证明相对论是错的。

看起来，光速至少在一段时间内仍是终极的速度限制。不过我（诺斯）并不能预知后代子孙的科技成就。如果你是在 100 万年后读到这部分的人，我希望你是在一个伊甸园般的行星上，沐浴在两个太阳的光辉中，一边对当地居民说着外星话，一边躺在海边看着这本书。不过我想，这样的场景应该只会出现在我的梦里吧。

探索太阳系

Q294 可以将一个人送到金星上，在金星地表巨大的压力和高温下停留 20~30 分钟，收集岩石样本后离开吗？

保罗 · 梅特卡夫，萨福克郡（Paul Metcalf, Suffolk）

第一架降落在金星上的探测器，是 1970 年苏联的金星 7 号（Venera 7），它从金星传回了 23 分钟的数据。其实，苏联在金星任务方面取得了不少成就，一共有 9 架苏联探测器曾经降落在金星表面，并成功传回资料。工作时间最长的纪录保持者是金星 13 号（Venera 13），共传回了超过两小时的数据资料。

正如提问者梅特卡夫所说，在金星停留的最大问题就是温度和压力。金星表面的温度高达 450 ℃，而且地表压力是地球压力的将近 100 倍。在这些条件下，想让人活着站在金星地表可能是一项极大的挑战。如果航天员只收集岩石样本就够了，那我觉得根本不必派他们上去，只需派一台机器人登陆就可以了。那样更加便宜，而且过去也曾成功过，即使失败，后果也不严重！

目前还没有获得成功的就是让探测器返回地球。考虑到回程火箭的合理大小，只返回一个装有岩石的小座舱会更加明智。不过火箭和燃料也必须受到保护，以免被温度和压力破坏。虽然火箭会产生高热、爆炸性反应，但氢和氧燃料通常都以液态方式储存，需要非常低的温度。对于一个地表温度超过铅的熔点（327 ℃）的行星来说，这可不是个好兆头。

金星表面：这张金星地表图由苏联的金星 13 号探测器拍摄。这个探测器在极高的温度和压力下仅着陆两个多小时便解体了。

Q295 考虑到木卫二可能存在外星生命，你认为木卫二是太阳系内最适合发射机器人进行探索的地方吗？

本 · 斯莱特，沃里克郡，克拉弗顿
（Ben Slater, Claverdon, Warwickshire）

我（诺斯）认为木卫二——这颗冰冻的木星卫星——具有重大探索价值，不过我并不认为这是一件易事。目前我们认为，木卫二厚重的冰层下可能存在液态海洋，如果木卫二上有生命，也应该生活在冰层之下。这里的冰层厚度目前仍然未知，有些地方的厚度应该高达数百千米，所以很难穿透。

雪上加霜的是，木卫二的表面布满岩缝，所以可能会随着时间有所改变。此外，寻找降落地点也很困难，因为木卫二没有大气层帮助降落伞发挥减速作用，所以探测器还需要一套非常成熟的降落系统。而且，木星强烈的磁场会使木星系统内的探测器受到极高辐射的侵害，从而大幅缩短它们的寿命。因此，尽管我很希望有一天可以去探索木卫二，但这并不是一件简单的事，可能还需几十年才能取得显著进展。

Q296 你认为类似卡西尼号探测器的任务可能去天王星实施吗？我们可以期待它会发现或解释什么科学问题吗？

加雷思·威尔克斯，牛津（Gareth Wilkes, Oxford）

前往行星实施的任务挑战性都很强，而且成本非常高，需要几十年的发展才能开花结果。以前往土星的卡西尼号任务为例，这项计划是在 20 世纪 80 年代提出的，因为在 20 世纪 80 年代初期，旅行者号系列成功地飞过土星，为接下来的任务奠定了基础；不过直到 1997 年，卡西尼号任务才真正发射。这些任务有一系列需要探索的问题，以土星来说，问题可不少，包括大气云层与其内部大气的关系，以及在行星的磁场环中的变化。

土星也有庞大的卫星家族在旁边增辉，人们尤其在意土卫六，它是太阳系中最大的卫星之一，周围是一层富含甲烷的大气层。为了了解这颗大小相当于一颗行星的卫星，卡西尼号搭载了惠更斯号着陆器，它穿过土卫六厚重的大气层，拍摄到了许多令人吃惊的地表照片。

但卡西尼号最了不起的成果，并不是直接为我们的问题提供了答案，而是发现了新的现象。例如，我们本来以为又小又冰冷的土卫二地表下可能有液态海洋，但出乎意料的是，在土卫二接近南极的地方，我们发现了一个会喷发出咸水的岩石裂缝。就这样，我们不仅确认了次表面有海洋存在，还揭开了更多这种液体的成分细节。

相比之下，天王星就非常不同。天王星有环状系统，但并不像土星环，在天王星的卫星家族里，也没有土卫六或土卫二这样有意思的例子。天王星本身很小，是一颗“冰巨星”，而不是气态巨行星，它的外表有一层很厚的大气层，覆盖着相对较大的固态核心，研究这片大气层一定能发现更多有意思的结果。

但天王星最有意思的应该是它的过去。这颗行星的侧面可能在很久以前经历过撞击。当旅行者 2 号于 1986 年到访天王星时，天王星的北极是直接对着太阳的；20 年后，天王星大约运行了轨道的 1/4，恰好刚经过它的分点；再过 20 年，天王星的南极就会经历永昼，北半球则是永夜。这种公转导致的季节变化与我们在地球两极看到的情况相类似，但是更极端一些。造成天王星这种特殊自转轴方向的原因，至今没有定论。

我们还认为，天王星在太阳系形成过程中移动了非常大的距离，甚至可能还和最遥远的海王星互换过位置。这种行星运动是计算机模拟的太阳系形成过程时预测出来的，并且在其他我们看到的行星系统中是一种很常见的情况。研究天王星能为我们研究太阳系的历史提供很多重大的线索。除此之外，质量接近天王星和海王星的行星在银河系中最为常见，如果我们能够更了解天王星和海王星，对于了解其他恒星系也很有帮助。

与卡西尼号的土星研究一样，最有趣的发现经常都来自意外，而非我们的预测或刻意寻找。可惜，目前科学界对天王星的兴趣并没有像对土星那么浓厚。尽管有人提议发射前往天王星的探测器，但欧洲航天局却认为不值得进一步发展。探测天王星应该会很吸引人，但我（诺斯）认为，在可预见的未来里，我们不太可能实施这样的任务。下一次大规模的行星探索任务应该是针对木星或土星，我确定那里还有很多惊喜等着我们。

Q297 我们在冥王星的新视野号上投入了这么多的努力和时间，为什么它抵达冥王星时只有这么短的运作时间呢？它会接近另外一颗柯伊伯带内的天体，如阋神星（Eris）、赛德娜（Sedna）或鸟神星（Makemake）吗？

凯文·库珀，苏格兰，法夫（Kevin Cooper, Fife, Scotland）

新视野号是所有探测器中速度最快的，每小时将近 6 万千米，这表明它的速度快到足以脱离太阳的引力，离开我们的太阳系。之前的探测器，如旅行者 1 号和 2 号，在飞过木星和土星这些巨大的行星时，就利用了它们的引力来达到这个脱离速度。新视野号也飞过木星，并获得了足够的额外速度，使它的飞行时间缩短了 3 年。

等到新视野号于 2015 年抵达冥王星时，[1] 它的速度会由于太阳的引力而稍有

1 新视野号已于北京时间 2015 年 7 月 14 日 19 时 49 分飞掠冥王星。2015 年 7 月 14 日，新视野号传回一批清晰的冥王星照片，不仅发现一个名为“鲸鱼”（The Whale）的阴影区，更拍摄到冥王星表面一个心形区域，横跨约 2000 千米，并将其命名为汤博区，这是一片由液化氮冷冻组成的冰原。此外，科学家还从照片中发现，冥王星两极非常明亮，或许有氮冰覆盖。——编者注

减缓，不过还是会以每小时 5 万千米的速度前进。这样的速度太快了，如果想让它进入冥王星轨道，只需这个速度的几分之一即可，但它的燃料并不足以让它减速。

新视野号在从木星到冥王星的 8 年里，大部分时间都在“沉睡”，只会在到达冥王星前不到一年时才会“醒来”。它会经过距离冥王星大约 1 万千米以内的地方，还会到达与冥王星最大的卫星——冥卫一——距离 2.7 万千米以内的地方。它会在距离最近的任一侧进行数周的测量，但是，由于无线电信号太微弱，探测器采集到的所有信息需要 9 个月才能传回地球。

冥王星位于柯伊伯带，这是太阳系内距离太阳 50 亿千米的区域，类似于更近的小行星带，里面有很多结冰的天体，从冥王星这种矮行星到只比碎石大一些的天体都有。冥王星的直径超过 2000 千米，它是柯伊伯带中数一数二的巨大天体，不过这个区域内应该有数千颗直径超过 100 千米的天体。既然冥王星距离太阳如此遥远，中间又有非常多的空间，那么这些天体的分布就会很稀疏，而任务策划者希望可以将新视野号引导到其中一个或多个天体上。可惜我们知道的其他大型天体，包括阋神星、赛德娜以及鸟神星，都在太阳系的另外一端。这些天体围绕太阳公转的速度很慢，大约数百或数千年才能完成一次公转，所以新视野号无法等到它们。

目前，我们已经在努力寻找新视野号航线上的其他天体。天文学家盯着一块一块的天空，试着寻找任何移动的天体。这个工作比平常更困难，因为冥王星以及新视野号的航线都位于银心方向，所以我们在观测的时候很容易把这些天体和背景内的数千颗其他星星混淆。

即使没有碰到其他行星，新视野号也会进入从未探索过的领域。两个旅行者号探测器会继续向远处飞去，并且前往的方向都远离太阳系的主行星盘；相比之下，新视野号前进的方向却是行星盘，所以它会是第一个探索柯伊伯带的探测器。在地球上，我们很难观测到这个区域，所以前往柯伊伯带的探测器可以揭开更多关于太阳系的秘密，可能还会得到太阳系形成的线索。

Q298 为什么深度撞击号（Deep Impact）探测器的撞击器是用铜做的？

菲利普·科尼耶，比利时（Philip Corneille, Belgium）

深度撞击号的任务是造访坦普尔1号彗星（Temple 1），并且释放撞击器，在这颗彗星的核上创造出一个人造的陨石坑。这个撞击器的大小和洗衣机差不多，重量达300千克，以约3.2万千米的时速撞上彗星表面，形成一个足球场大小的陨石坑，并向太空中抛出大量物质。临近的探测器会仔细观察抛出物，并特别留意其中的化学成分。

这个撞击器是铜制的，因为这样才能将它与彗星本身的化学反应降到最低，[1]确保近天体探测器检验到的物质尽可能纯净。

Q299 人类目前太空旅行的最远距离是多少？

伯恩，哈立德，伦敦（Khalid Bourne, London）

有很多方法可以衡量这一点。在载人航天飞行方面，从地球出发飞得最远的人类仅超过月球一点点，大约离地球40万千米。这与太空的规模，甚至是被机器人探索过的太空的规模相比，根本是九牛一毛。如果算上机器人的太空旅行距离，那么旅行者号就是这一纪录的保持者了，并且至今还没有任何任务超过它。旅行者1号于1977年发射，现在距离地球175亿千米，是地球与太阳距离的110倍。这样的探测器并不是直线前进的，旅行者1号在离开太阳系的时候飞掠了木星和土星，所以前进距离要更远。[2]

1 因为彗星上没有铜，所以不会与彗星上的物质混淆。

2 截至2020年1月，旅行者1号与地球直线距离达到222亿千米，旅行者2号距离地球约184亿千米。——编者注

Q300 摩尔爵士，你认为太空任务中最惊人的发现是什么？

亚历克斯·蒂姆，柴郡（Alex Tym, Cheshire）

我觉得最大的惊喜是在土星的小卫星土卫二上发现会喷水的间歇泉，这意味着地下一定有一片海洋。但是土卫二太小了，不应该存在这样的东西，因此，我们必须承认，我们对此毫无头绪。也许必须等到我们发射载人航天器到那里，才能得到更多线索，这可能是很久之后的事情了。

卡西尼号探测器飞过了喷出的水雾，并研究了它们的成分。这些喷泉看起来是来自地面上被我们称为“虎斑”的标记处，但现在我们知道，这些地方其实是一些深度最多只有几百米的谷地。土卫二深处是否存在液态水的海洋？这完全是个谜！

Q301 哪项太空探索任务对人类生存的“真实世界”的帮助最大？

厄尔·罗宾逊，赫里福德，莱德伯里

（Earl Robinson, Ledbury, Herefordshire）

太空探索任务有两大好处：首先，我们对自身太阳系和大部分宇宙的科学知识有所进展；其次，太空任务所带来的科技发展与经济影响。我们的日常生活中就有太空探索带来的科技发展，从无线工具到烟雾探测器，从医用温度计到高尔夫球的空气动力学，都是这方面的例子。

如果说没有太空计划，就没有这些科技进步也不正确，毕竟美国国家航空航天局也不是第一个想到给电钻装电池的机构！但关键的影响在于，由于美国国家航空航天局需要这些技术，所以就必须开发这些技术，也就刺激了相关产业的发展。

也许最有益的任务是斯普特尼克1号（Sputnik 1），这是苏联于1957年发射的第一颗卫星，这颗卫星证明了太空旅行的可能性，并激励了后续几十年的快速发展。今天，卫星对我们生活的很多方面都至关重要，从导航系统到大规模自然灾害的大范围监测，都由卫星完成。

在太空探索任务方面，我（诺斯）认为最大的亮点是太阳天文台，它们深入研究太阳对地球的影响。太阳在很长一段时间内对我们的气候会有重要的影响，事实上，地球相对于太阳的运动与方向是数千年来气候的主要影响因素。在较短的时间内，太阳对气候的影响比较小，不过目前正在进行密集的研究。我们获得的知识将告诉我们，随着时间的推移，除了我们对地球的影响之外，太阳会给地球带来好的还是坏的变化。

除了气候外，太阳耀斑与物质喷发也可能威胁到我们日常生活依赖的卫星系统。太阳活动都伴随着高能粒子的喷发，会破坏轨道内的卫星以及地球上的电子与通信系统。太阳耀斑与物质喷发会对太空中的航天员造成严重威胁，这是目前太空探索面临的最大问题。随着我们对太空研究的深入，我们会越来越容易受到所谓“太空气候”的影响，因此，这方面的研究对未来也至关重要。

异闻与未解之谜

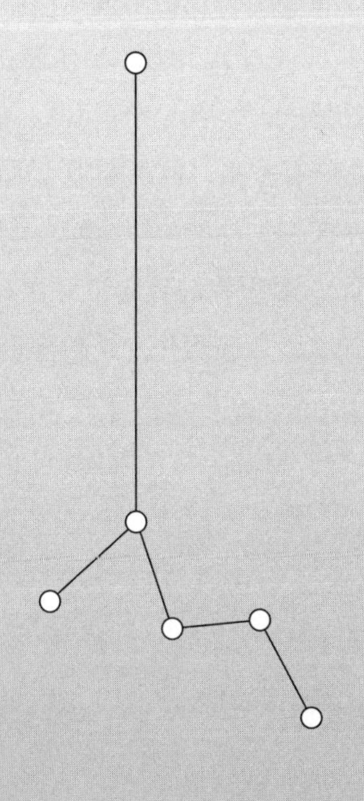

Q302 如果用百分比来表示我们对宇宙的了解，目前的理论与事实各占了多少呢？

大卫·杜利，北爱尔兰，安特里姆
（David Duly, Co Antrim, Northern Ireland）

关于这个问题，有很多种方法解决，不过最好的方法，应该是想一想我们对宇宙了解多少。目前的宇宙学模型包括暗能量与暗物质，这些在前面已经详细讨论过了。暗物质是我们只能通过其引力影响才能探测到的物质。我们最多知道，暗物质大约是“正常”物质——也就是组成我们看到、听到、摸到的物质——的 5 倍。虽然我们知道暗物质有多少，但不知道它的成分到底是什么，所以目前认为，暗物质只是理论上存在。

暗能量就更是理论了，因为我们只知道好像有东西造成了宇宙的膨胀加速，但并不知道那个东西是什么，就连当初发现暗能量显著影响力的科学家之一——萨尔·波尔马特（Saul Perlmutter）都说过，“暗能量”只是暂时代称某个我们还不知道的东西。真正令人惊讶的是，暗能量似乎占据了整个宇宙能量密度的 73%，将近 3/4。

宇宙中剩下的 27% 是正常物质与暗物质，又可以分成 22% 的暗物质与 5% 的正常物质。所以宇宙里只有 1/20 的“东西”，是我们认为已经了解得很透彻的正常物质。更糟糕的是，其中大约只有 1/10 是恒星，剩下的都是恒星之间的气体和尘埃。

听起来我们好像什么都不知道，不过别忘了，天文学中几乎所有发现都来源于观测，而不是理论。哈勃在 20 世纪 20 年代测量到宇宙的膨胀；兹威基在 20 世纪 30 年代推断出“暗物质”的存在；研究超新星的天文学家在 20 世纪 90 年代发现，宇宙的膨胀似乎在加速。我们的知识一直都在增加。暗能量理论只不过发展了 10 多年，在这之前，我们只了解宇宙的 1/4。大约 60 年前，我们对暗物质的存在还一无所知，那时候我们只了解宇宙的 1/20。在射电天文学出现之前，我们并不知道宇宙中有多少气体，只知道恒星——这样一来，我们只了解宇宙不到 1% 的内容。直到 20 世纪 20 年代，我们才发现了银河系之外还有其他星系存在的证据；既然我们相信在可见宇宙里大约有 1000 亿个星系，那么目前的观测也不过九牛一毛。

即使是已知的事实也存在着争议，但其中有些事实还是比其他事实更可信。大爆炸理论与宇宙膨胀论都已被广为接受，不过仍有一小部分科学家试着找到其他可信的、符合观测结果的理论，然而目前都没有成功。暗物质的存在并没有完全被接受，有些天文学家（真的很少）正在研究当爱因斯坦的引力理论应用到大尺度的宇宙中时，是不是需要修改。暗能量是其中最具争议性的，一方面是由于这个理论还很新（15 年对于基础科学发现根本算不了什么！）；另一方面则是由于我们不了解暗能量可能是什么，这让所有科学家都感到不安。暗能量只是一个套在观测结果上的名字。

相对论与光速

Q303 我们如何测量光速，并且如何知道它是不变的呢？

罗伯 · 霍桑，《仰望夜空》摄影师；迈克 · 普尔，埃塞克斯郡，曼宁特里（Rob Hawthorne, Sky at Night cameraman and Mike Poole, Manningtree, Essex）

我们最早测量到的光速是利用木星卫星的运动，观测它们经过木星阴影或在木星的云层顶端形成阴影的过程得出的。1676 年，奥勒 · 罗默（Ole Rømer）发现，当木星接近我们时，木星卫星相互掩食比预计的更早发生；如果木星距我们较远，掩食的发生就更晚。原因是掩食其实还是在预测的时间发生，但是因为木星比较远的时候，光也走得久一点，所以我们观测到的凌日也晚了一点。罗默接着计算出，光跨越地球绕太阳轨道大约需要 22 分钟。

18 世纪 20 年代，英国天文学家詹姆斯 · 布拉德利（James Bradley）观察到，如果相对于恒星移动，那么它们位置就会发生改变。这和汽车在下雨天前进时，前挡风玻璃会比后挡风玻璃湿的原因类似，只不过天文上的速度又比这快很多！地球在一年当中的移动就是如此，布拉德利通过观测天棓四（Gamma Draconis，天龙座 γ 星），计算出光的传播速度是地球绕行轨道速度的 10 210 倍，因此，地球的公转轨道直径大约是 14 光分钟。

关于光速，最精准的测量就是正确计算出一道光束的频率与波长，这两个数字相乘就是光速。我们现在定义的光速是每秒 299 792 458 米。事实上，这就是光速的值，因为 1983 年的国际度量衡确定："1 米等于光在真空下前进 1/299 792 458 秒的距离。"

因此，如果光速改变了，就会改变 1 米的长度定义。这个定义也与爱因斯坦使用的一致，他对空间和时间一视同仁，并利用光速将空间单位转换成了时间单位。

如果光速在经过很长的时间后发生改变，那么我们就需要重新想一想了。因为光速会出现在一些非常基础的物理法则中，如果它改变了，那么原子的行为也会改变。我们对宇宙初期的测量结果显示，原子从来没有改变过它们的行为；换句话说，要么是光速一直保持不变，要么是光速改变时其他基础“常数”的值也随之改变，从而抵消了光速的改变。

Q304 为什么没有东西能快过光速？如果我们能超越光速，会有什么好处？

阿瑟·霍登，伍德斯托克；史蒂芬·哈雷，萨默塞特郡，布里奇沃特
（Arthur Holden, Woodstock and Steven Halley, Bridgwater, Somerset）

首先，如果我们超过了光速，就会违背爱因斯坦的所有理论。其次，如果你能快过光速，那么你的质量就会变得无穷大，时间就会静止不动，前者应该是个缺点，后者则是个优点。我们可以利用粒子加速器将粒子加速到光速的 99.999%，但由于我们无法得到巨大的能量，所以无法再快了。

据位于日内瓦的欧洲核子研究中心的中微子振荡实验（Oscillation Project with Emulsion-tRracking Apparatus，缩写为 OPERA）报告称，他们观测到中微子这种次原子粒子曾比光速略快。这项实验可以精确测量中微子从源头抵达 700 千米外的探测器所花的时间。当时观测到，中微子到达终点的时间，似乎比以光速前进的预计时间快 $1/6 \times 10^9$ 秒，稍微打破了基本速度限制。当然，进行测量是非常困难的，不仅需要精准计时，还需要非常准确地测量出中微子通过的距离。

关于可能造成这种现象成因的研究有很多，不过大部分物理学家（包括当时进行测量的研究人员）都认为他们可能忽略了额外的异常影响，也许问题出在距离或时间的测量值上。同时，世界各地也在进行不同的实验，试图重现这种测量结果，但目前都没有成功。当然，等你读到这里的时候，也许情况早已改变（这就是讨论近代发现的风险！），不过我（诺斯）觉得爱因斯坦被证明是错误的可能性很小。[1]

---

1 OPERA 实验被证明有误，中微子的速度在经过修正之后，并没有超过光速。——编者注

Q305 如果一艘宇宙飞船以光速前进，并发出“车头灯”的光束，这道光束会不会以光速的两倍前进？

阿德里安·阿莱姆森，马恩岛，道格拉斯
（Adrian Alemson, Douglas, Isle of Man）

宇宙飞船不可能以光速前进，不如我们想象一下以光速的3/4速度前进。爱因斯坦告诉我们的一件事是，光速是不变的，在所有观测者眼中都是一样的，不会受观测者的前进速度影响。所以宇宙飞船可以测量以光速远离的光束，而所有迎面而来的交通工具都会看到光束以光速接近它们。这听起来似乎很矛盾，但这只是极高速度运动状态下的众多奇异现象中的一种。

对于一个静止的观测者来说，宇宙飞船会以极快的速度接近，所以光也会出现极大的“蓝移”，频率会以极大的倍数增大。在3/4的光速下，这个倍数大约是50%，所以车头灯的波长会比宇宙飞船静止不动时的波长少50%。如果宇宙飞船的车头灯是红色的，那么在宇宙飞船接近的人的眼中就会变成蓝色。同样，如果宇宙飞船飞向红灯，飞船中的人也会将红灯看成蓝灯，这可能会导致出现星际高速公路上蓄意违反交通规则的行为！[1]

Q306 如果光速是无法超越的，那么当两个物体以超过光速一半的速度朝不同方向前进时，两者间的相对分离速度是多少？

菲尔·克拉克，东萨塞克斯郡，黑斯廷斯（Phil Clarke, Hastings, East Sussex）

爱因斯坦的相对论有一些奇异的特征，其中一项就是以极高的速度前进时，距离与时间的长度相对于静止的观测者发生了变化。如果两艘宇宙飞船离开地球，以光速的一半朝相反方向前进，那么它们就会认为对方以大约光速的4/5的速度离开自己。如果它们把速度增加到光速的4/5，那么看对方离开的速度就会

1 光的多普勒效应与声音的多普勒效应相似，在日常生活中，当汽车高速向我们驶来时，我们能感觉到汽车的鸣笛声变得尖锐，也就是说鸣笛声频率变高，即波长更短。光也是一样，当光源向我们接近，光的频率变高，波长变短。又因为可见光的颜色由光的波长决定，所以我们就会看到向我们驶来的宇宙飞船的红光是蓝色的。我们坐在飞船里驶向静止的红灯，就如同我们坐在公交车里看窗外路边的树是在往后退一样，我们会认为自己是静止的，而红灯在以飞船的速度向我们运动，这样我们看到的红灯的颜色就是蓝色的。——编者注

变成光速的 97%。不论它们的速度有多快，永远不会观测到对方以超过光速的速度前进。

Q307 如果一个光子以光速前进，它应该不会经历时间的流逝。那么，光子是永生的吗？

莫德·阿贡巴，威尔特郡，索尔兹伯里；彼得·贝尔彻，西萨塞克斯郡，奇切斯特（Maude Agombar, Salisbury, Wiltshire and Peter Belcher, Chichester, West Sussex）

物体移动的速度越快，相对于不移动的物体经历的时间就越短。既然一个光子以光速前进，那它就不会感受到时间的流逝。因此，虽然我们认为光子花了 8 分钟从太阳来到地球，但从它的角度来看，这趟旅程根本没有花费任何时间。光子并不是真的永生，它只是感觉不到时间的存在。

Q308 如果光速是每秒 30 万千米，那么“力”的速度有多快呢？如果太阳突然“消失”，地球的公转需要多久才会受到影响？

安德鲁·蒂姆斯，萨塞克斯；科林·安德鲁·普莱斯，柴郡，诺斯维奇（Andrew Timms, Sussex and Colin Andrew Price, Northwich, Cheshire）

引力的速度就是光速，所以我们会在太阳消失的 8 分钟后感觉到我们失去太阳。当然，地球上的人都会在太阳的引力作用消失的同时看到太阳消失，所以从我们的角度来看，这两件事会同步发生。

Q309 光子有质量吗？

保罗，多塞特郡，韦茅斯；肯·斯蒂芬森，坎伯里亚郡，科克茅斯（Paul, Weymouth, Dorset and Ken Stephenson, Cockermouth, Cumbria）

光子完全没有质量。虽然光子的确有动量，但这与光子的能量有关，与质量无关——光子的动量就是它的能量除以光速。这就是“辐射压”（radiation pressure）现象的由来，光子的动量可以被转移到吸收或反射光子的物体上，太阳光帆就是以这个原理运作的。

Q310 如果知道地球在宇宙中与其他天体的相对位置，你能预测未来的它会在哪里并提前向那个地方发出无线电波信号吗?

马尔科姆·杜威，西萨塞克斯郡，博格诺里吉斯
（Malcolm Dewey, Bognor Regis, West Sussex）

我们可以相当精准地预测出未来地球在宇宙中相对于其他天体的位置——至少是在人类的时间尺度内。以更长的时间来看，如几百万年，来自太阳系小天体的微小影响叠加起来，也会让地球未来的位置产生巨大的不确定性。太阳系里其他较大的天体，如各大行星，情况也是如此。至于小行星和彗星这些比较小的天体，则更容易受到这些微小效应影响，有时候我们会观测到它们的位置和预期的有所不同，所以即使是在几年或几十年后，小行星和彗星的位置也都难以预测。

无线电波以光速传播，虽然速度有限，但也很快了。光速相当于每十亿分之一秒前进 30 厘米。这意味着，我们发出的每个信号都是在与未来沟通，我们收到的每个信号也都来自过去。在天文学中，我们通常会使用光速来测量遥远的距离，1 光年——也就是光前进 1 年的距离——大约是 10 兆千米。还有一些用来表示较短距离的单位。例如，月球大约在 1 光秒（光前进 1 秒的距离）之外，所以阿波罗任务的航天员在传递信息时会有 1 秒的时间差，地面控制中心在事情发生约 1 秒后才能听见。（在 1 秒时间里，月球大约在轨道上移动了 1 千米，不过这个距离实在太小了，不需要通信设备额外弥补。）太阳大约在 8 光分钟之外，所以来自太阳的无线电波是告诉我们 8 分钟前太阳发生了什么事。最遥远的行星是海王星，大约在 4 光小时之外。

然而，光的速度实在太快了，所以要把有用的信息送给未来的自己根本是不可能的。我们想想：地球绕着太阳转，所以 6 个月后，地球就会到达太阳的另一边。但是，如果我们现在向这个方向发送无线电信号，大约只需 16 分钟就到了，信号会继续向前穿过太阳系。6 个月后，我们发送出去的信号已经在前往这个方向上距太阳系最近恒星的路上了。

当然，如果你在一艘半光年以外的宇宙飞船上，你的无线电信号需要 6 个月才会到达地球，那么当信号到达太阳系时，地球就已经移动到太阳的另一侧了。这种情况有些复杂，因为你从地球接收到的信号是 6 个月前发出来的，所以你测量到的位置也是 6 个月前的。不过，目前这还不是问题，因为我们发射出去的太空探测器目前都还在以光小时为单位的距离。即使是距离地球最遥远的探测器旅行者 1 号，也只是在 17 光小时之外，与大部分天文距离相比，这个距离显得微不足道。

Q311 为什么我们说光是以波的形式，而不是以直线传播的呢？

大卫·盖伊，赫尔（David Gay, Hull）

正确的说法是，一般所谓的“光”是一种“电磁波”，它是电场和磁场以波动的形式上下振荡的组合。在连续的振荡里，光传播方向上震动相位相同的两个点间的距离被称为“波长”，会决定我们看到的光的颜色。

波的确在以直线传播。想象一下两个人紧拉着一条线，然后这条线被抖了一下，形成一道波。这条线会上下振荡并形成一道波，但是这道波会沿着这条线以直线传播。

当然，光的路径是可以弯曲的，例如，光会被镜子反射或通过镜头折射（或者任何其他折射率不同的材料），也可能会衍射。很多其他的波也是如此，例如，海里的波浪会以直线传播，但是在传播路径上每滴水的移动都只是轻微的摆动而已。这就是为什么一艘在海上的船不会被波浪推着走，而是会上下沉浮。水波就某个方面来说也是“折射的”，因为接近海滩的浅水会弯曲路径，使它们直接向岸上移动。

Q312　既然我们观测到最遥远的星系在加速，那它们的时钟会跑得更慢吗？对于在最遥远的星系的观测者来说，宇宙的年龄也是 137 亿岁吗？

艾伦·琼斯，伦敦，芬奇利（Alan Jones, Finchley, London）

遥远星系的显著加速是由于宇宙的膨胀，而不是因为它们真的以一般常识中的物理上速度在远离我们。因此，一般的时间膨胀规则并不适用。当然，我们看到最遥远的星系时，宇宙还很年轻，因为光需要很长时间才能穿过宇宙空间来到我们这里。如果我们可以接收到从最遥远的星系用宇宙时钟发出的信号，上面显示的时间可能还不到 10 亿年。

任何住在最遥远星系的人的情况都是相同的，他们看到的银河是几十亿年前的银河，不过他们测量出来的宇宙年龄，应该与我们测量的一样，也是 137 亿年。

Q313　由于引力影响，太阳附近的时间会比地球上的时间慢多少？

保罗·福斯特，伦敦，克拉彭（Paul Foster, Clapham, London）

太阳表面的引力时间膨胀是地球表面的几百万倍，不过时钟看起来似乎只慢了一点点。这种差异会让太阳表面的时间每过 10 天就多 1 秒左右。

另外一个较小的影响，是地球轨道与地球表面经历的时间差。目前的测量显示，这两个地方的时间差大约是十兆分之几。虽然这听起来微不足道，但这意味着全球定位系统（GPS）的卫星每天会比地面时间快约 45 毫秒，由于 GPS 卫星移动得很快，使得卫星时钟一天会慢 7 毫秒左右。因为 GPS 是以计时为基础的系统，所以抵销这些时间差很重要，如果不加以调整，可能就会产生一天几十千米的误差！

引力

Q314 如果光子没有质量，那么引力如何弯曲它们的路径或者阻止它们离开黑洞呢？

彼得·伯吉斯，格洛斯特（Peter Burgess, Gloucester）

引力的动作可以解释为扭曲空间（与时间）。意思是，任何通过这个区域的物体——包括光子——都将沿着弯曲的路径运动。事实上，通过空间的物体的质量根本不重要。

有一个经常被讨论的物理想象实验：在用枪水平发射一颗子弹的同时，将另一颗子弹自由下落，两颗子弹应该会同时碰到地面，因为在引力作用下它们的加速度相同，只不过枪发射出来的子弹在水平方向上前进的距离更长。

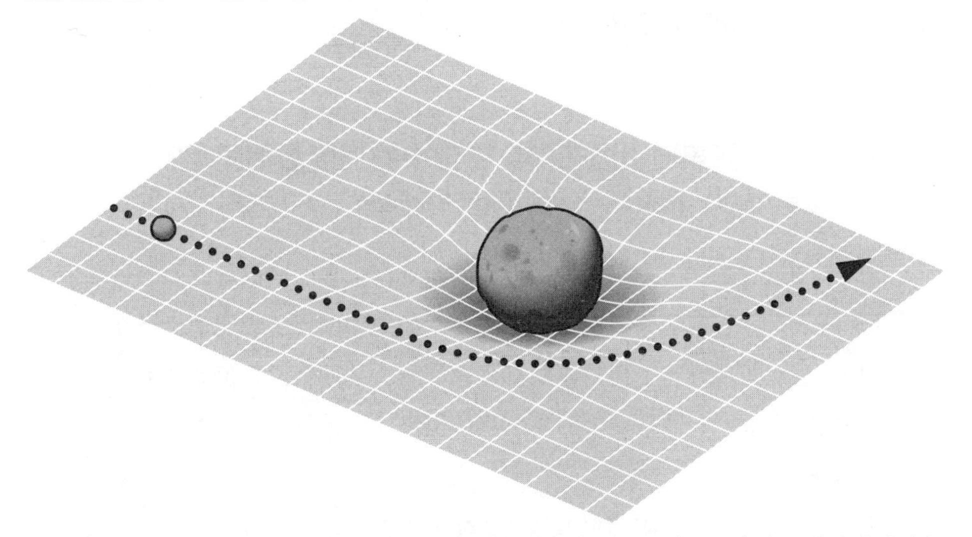

引力造成的时空扭曲与石头重量造成的橡胶片扭曲相类似。所有粒子都会沿着弯曲的路径运动，就像这颗滚过橡胶片的石头一样。

由于引力的作用，光子会经历相同的加速度，因此一束水平发射的光束基本上也会和子弹一样，同时碰到地面。问题是，光子移动的速度太快了，所以它会极快地移动。如果地面的范围足够广，那光子就会像前面说的那样，与子弹同时碰到地面。地面范围不足，限制了这个实验只能是“想象实验”，因为实际上无法进行这一实验。

Q315 引力真的是一种力吗？或者只是我们对物质扭曲空间的理解？

罗伊·沃格霍姆，埃塞克斯郡，滨海利
（Roy Waghome, Leigh-on-Sea, Essex）

不论怎么看，在我们的日常生活中，引力都可以被认为是一种“力”，在 17 世纪牛顿写下的定律中就有清楚的描述。不过，想完全理解这一概念，就必须考虑爱因斯坦的引力理论。更好的想法是将它理解为时空的扭曲，这种扭曲表现为一种两个物体间的吸引力。

在大多数情况下，牛顿理论中的引力其实已经足够精确了，大部分太空探测器都不必考虑爱因斯坦的理论。通常，只有在处理非常强大的引力场——如黑洞——时，才需要用到完整的爱因斯坦理论。

Q316 我们如何知道引力在整个宇宙中的强度都相同呢？

彼得·伯尔，布莱顿（Peter Burr, Brighton）

我们不知道它的强度是否相同，但是所有证据都表明的确如此。不论其他星系离我们有多远，它们受到的引力似乎都和我们的相同，这表明不论是在宇宙远处还是接近我们的地方，引力的作用都是相同的。举例来说，恒星的大小有一部分由引力的强度决定，而在遥远的星系里的恒星，似乎与银河系里的恒星具有相同的大小范围。

有些理论会将大范围内的引力强度变化纳入其中，不过这些理论与某些特定情况下两个物体间的力有关，而不是整个宇宙中引力强度本质上的变化。这些理论也表明，引力的强度不会随着距离的平方而减少（即“平方反比律”，inverse-suare law），而是以别的方式改变。这些修改后的牛顿引力理论也许能解释我们归因于暗物质的一些观测结果，但它们无法解释所有观测结果。目前大多数宇宙学家都排除了这些理论的可能性。

Q317 引力有速度吗？如果有，又该如何测量呢？

丹尼尔·霍华德，比斯顿，诺丁汉
（Daniel Howard, Beeston, Nottingham）

据我们所知，引力的速度和光速相同。但这很难确定，因为所有观测都只能以光速进行，所以测量任何可能比光速快的物体都非常困难。

Q318 如果技术上允许，我们可以前往太空中不受引力影响的地方吗？

史蒂文，大曼彻斯特，阿什顿 - 马克菲尔德
（Steven, Ashton-in-Makerfield, Greater Manchester）

我们很难想象这样一个所有引力总效果为零的地方。引力的影响范围可以到达任何区域，只是会越来越弱。虽然我们可以想象宇宙中有一个地方，所有方向的星系引力刚好互相抵消，但这种地方实际上是不可能存在的。

Q319 引力波只是一种为了符合我们的观测结果而想出来的理论吗？

理查德·萨丁顿，西约克郡，哈德斯菲尔德
（Richard Saddington, Huddersfield, West Yorkshire）

引力波是引力理论所预测的一种现象，并不是在试图解释特定的事实。虽然

我们从来没有探测到引力波，但还是有很多人在这方面努力。[1] 研究人员通过探测空间在引力波通过时被拉伸的细微变化来探测引力波。就像声波会造成空气（或其他媒介）的膨胀与压缩一样，引力波也会造成时空本身的膨胀与压缩。但是这种作用非常微弱，即使测量几千米的长度，预测的拉伸程度也只有一个原子的一小部分那么长。这种探测也必须排除区域性的影响，除了不能被地震或卡车通过等影响，甚至头顶上有云飘过也不行！

虽然我们还没有探测到任何引力波，但是我们有充分的理由相信爱因斯坦的理论。在 20 世纪 70 年代，曾经有一项重要的观测成果——一颗特别的脉冲星（pulsar）。脉冲星是比太阳大很多倍的恒星残余——恒星会先变成超新星，最后以中子星的形态留下来，中子星会从磁极发射无线电波束，当它的磁轴和自转轴存在夹角时，其中一束无线电波可能会周期性地扫过地球。因此，中子星每次自转一圈时，地球上探测到的无线电波就会出现一次脉冲，这种天体被称为脉冲星。20 世纪 70 年代发现的一颗脉冲星，自转速度达到惊人的每秒 17 次。脉冲星自转是我们目前所知的最稳定的且可预测的现象之一，不过我们发现，这颗脉冲星的周期并不完全规律。这种脉冲周期的轻微变化，让天文学家推断这颗脉冲星其实与另一颗中子星形成了一个双星系统，随着两颗星的转动，无线电脉冲到达地球的时间会发生改变，有时候会比我们预期的早一点，有时候晚一点。第二颗中子星也可能会从磁极放射出类似的无线电波，但它的方向并不指向地球。这两颗中子星的直径都不到 20 千米，围绕彼此公转一次的时间不到 8 小时。

我们出乎意料地发现，两颗脉冲星的公转时间正在缩减，而这可能是由于辐射引力波引起的。缩减的速度很慢，大约每年减少不到 1/1000 秒。但是这种公转时间缩减意味着这一双星系统正在失去能量，而我们只能通过引力波来解释这件事。双星系统失去能量的情况符合爱因斯坦的理论，有力地支持了广义相对论。约瑟夫 · 泰勒（Joseph Taylor）与罗素 · 赫尔斯（Russell Hulse）也因为发现这个被称为 PSR 1913+16 的双脉冲星系统，获得了 1993 年诺贝尔物理学奖。

1　2016 年 2 月 11 日，美国激光干涉引力波天文台（LIGO）与 Virgo 合作团队宣布，他们利用 LIGO 探测器，于 2015 年 12 月 26 日探测到了来自双黑洞合并的引力波信号，这是人类首次探测到引力波。2020 年 1 月 6 日，LIGO 再次宣布，他们于 2019 年 4 月第二次探测到来自双中子星合并的引力波。——编者注

艾贝尔1689星系团（Abell 1689）的巨大质量扭曲了来自背景星系的光线，将它们的图像拉伸成长长的弧形。

Q320 如果光会被引力弯曲，那么来自遥远恒星与星系的光一定与它们在天空中的实际位置无关。这会影响我们对大爆炸以及整个宇宙的理解吗？

肖恩·徒利，伦敦，威克纳姆（Sean Tully, Twickenham, London）

在极大的尺度上，引力对光的影响的确存在，但其实影响程度很小。我们之所以可以测量出来，是因为现在的望远镜能看到细致的图像。光的扭曲被称为引力透镜效应，与形成透镜效果的物体质量有很密切的关系。引力透镜通常是由一个星系或星系团造成的，但是较小的天体也可能有相同的效果。1919年，科学家们同时进行了两项探索活动，目的是仔细观测一次日食，并探测来自太阳背景恒星的光会因为太阳发生怎样的扭曲。这次探索活动在很大程度上是成功的，也是最早证明爱因斯坦理论的实验结果之一。

引力透镜研究现在是我们测量暗物质分布的最佳方法之一，这些扭曲为我们理解宇宙带来了非常深远的影响。

黑洞

Q321 黑洞的另一边是什么?

莫德·阿贡巴，威尔特郡，索尔兹伯里；奇拉格，伦敦
（Maude Agombar, Salisbury, Wiltshire and Chirag Bajaria, London）

老实说，我们并不知道黑洞的另一边是什么。不过也许有一天，我们会知道答案。现在，一些理论试图解释黑洞的另一边会发生什么事，但都没有被证实。举例来说，我们预测黑洞另一边的时间和空间会逆转，但这本身就是难以想象的事！

Q322 如果所有物质都被吸进黑洞里会怎么样?

戈登·帕尔，罗奇代尔，诺登（Gordon Parr, Norden, Rochdale）

我们不知道物质掉进黑洞里到底会发生什么事，因为我们没有任何物理知识可以来解释这件事。不过，有一点要注意：黑洞不只像一台太空里的吸尘器，只会把东西都吸进去，物质也可能会很高兴地绕着黑洞公转，就像地球绕太阳公转一样。只有当物质太接近黑洞时才会被吸进去，永远回不来。

Q323 在巨大黑洞的中心，如我们的银河系中央，质量会被压缩成多大呢?

约翰·索恩，卡迪夫（John Thorne, Cardiff）

说到黑洞，唯一重要的大小就是事件视界（event horizon），这是连光都无

法逃脱的界限。事件视界的大小取决于黑洞的质量，我们可以举几个例子。一个质量与地球相同的黑洞，事件视界直径大约是 1 厘米；一个质量与太阳相同的黑洞，其质量大约是地球的 100 万倍，事件视界直径大约是几千米。

超大质量的黑洞，如银河系中央的黑洞，质量相当于 400 万个太阳，所以它的事件视界范围有数百万千米宽，是太阳的好几百万倍大。

Q324 不同黑洞的逃逸速度（escape velocity）是不是也不同？黑洞会不会膨胀到影响地球？

路易斯·达根，爱尔兰，朗福德郡

（Louise Duggan, Co Longford, Ireland）

我们说的黑洞的“边缘”，通常指的就是事件视界。这是逃逸速度达到光速的界限，所以没有物体能够逃逸，连光都不行。似乎黑洞只有 3 个特征会让它们彼此出现显著的差异：它们的质量、自转速度以及电荷。

黑洞的质量会决定逃逸速度为光速处距离黑洞中心的距离，这个距离可以被视为黑洞的大小。记住，天体完全可以围绕黑洞公转。如果太阳突然变成黑洞，它的直径会向内缩至几千米，但质量不变。此时地球还是会像现在一样继续围绕它公转，只不过地球会变得很黑暗！

就像我们前面讲过的，银河系中央的黑洞质量相当于 400 万个太阳，这么大的黑洞的事件视界大约为几百万千米，是太阳的几百万倍大，但仍然比地球的公转距离短。不过，接近事件视界还是会出现一些奇怪的效应。物质可以稳定地围绕黑洞公转，距离可以近到只有事件视界的几倍，不过物质可以安全围绕黑洞公转的确切距离取决于物质公转的速度。只要再近一点，公转就会很快衰减，物质也会掉进黑洞里。

如果黑洞在更遥远的地方，那么它对地球的负面效应就微乎其微。因为黑洞造成的引力效应与质量相同的恒星一样。尽管黑洞会对邻近区域产生严重的影响，但我们附近并没有任何足以对地球造成负面效应的黑洞。

Q325 引力场在黑洞的事件视界中会发生什么变化？

科林·斯普拉格，南威尔士，卡玛森
（Colin Spragg, Carmarthen, South Wales）

黑洞的事件视界没有什么特别。引力只会变得强大，足以使逃逸速度达到光速。既然不会发生什么特别的事，引力场就可能毫无知觉地通过事件视界。

这听起来也许很惊人，但强大的引力不一定会是问题。真正的问题是，当天体某一端的引力强过另一端的引力时，就会出现类似地球上引起潮汐的效应。不过重点不在于引力有多强，而是随着与中心距离的变化，引力会出现多快的变化。这相当于宇宙中的“受伤不是因为跌倒，而是因为撞到地上！”

大多数黑洞都是死亡恒星的残余，而这些潮汐力会在物体越过事件视界之前变得非常强大。但是对于一个超大质量黑洞来说，事件视界也大得多，视界处并没有强大的潮汐力。这意味着，飞掠黑洞的人也可能完整无损地通过事件视界，而根本没注意到经过黑洞这件事。当然，一旦进入了事件视界，他们就再也无法逃脱这里，最后潮汐力会强到把他们撕裂，这时候他们就会注意到了！

Q326 掉到黑洞里会是什么样子？

雷·芬尼根，什罗普郡，什鲁斯伯里
（Ray Finnegan, Shrewsbury, Shropshire）

对这种情况的最佳描述就是“意大利面化”（spaghettification），简单来说，就是物体会被拉伸到原子分崩离析为止。如果你是脚先掉下去，那么你头部附近的引力会比你的脚小很多，脚被拉伸的速度会更快，整个人会变成一根意大利面。当然，一旦你意大利面化了，那你对自身所处情况的理解也不会持续多久了！

Q327 既然掉到黑洞里的物质会在进入黑洞时经历永恒的时间膨胀，那么从我们的观点来看，应该没有东西真的掉进黑洞里。我的物理学哪里出错了吗？

杰夫 · 普利特，什罗普郡（Geoff Puplett, Shropshire）

乍看之下好像是正确的，不过，这确实是个似是而非的理论。当一个人接近黑洞时，在非常遥远的观察者眼中，这个人的确移动得越来越慢，所以当这个人通过事件视界时，看起来不是应该完全停止吗？试着从下面的角度来想，你应该可以更容易理解：想象一种监测时间的方法，就是数某个人手表的秒针嘀嗒声。当甲掉进黑洞时，由于时间膨胀的效果越来越强，位于安全距离位置的乙会听到甲的手表嘀嗒声越来越远。但是在嘀嗒声持续了一段时间后，甲就会通过事件视界，此时再也没有嘀嗒声可以传出黑洞。所以乙只会听到来自甲的最后一声“嘀嗒”。现在把嘀嗒声换成光子，你就知道乙在甲通过事件视界之前，看到的来自甲的光子数量会很有限。

时间膨胀只是黑洞效应之一。黑洞的巨大质量意味着，光爬出黑洞的引力陷阱时会经历引力红移。因此，不仅嘀嗒声会越来越远，信号也会越来越微弱，波长也会被拉得越来越长。这就是黑洞表面不会发光的原因，因为所有离开黑洞的光子都非常微弱，携带的能量极少。

Q328 “黑洞”是宇宙学的误称吗？其实应该是“黑球体”（black sphere or globe）吧？有没有规定黑洞一定是球体呢？

约翰 · 里士满，萨里（John Richmond, Surrey）

“黑洞”这个名字是由美国物理学家约翰 · 惠勒（John Wheeler）提出的，就像很多天文学上的名词一样，这个名词的确会误导人。首先，黑洞并不是洞，而是一个球体，因为它是由本身的引力场定义的。其次，黑洞当然也不是黑的。毕竟，一个看不见的物体是不会有颜色的。如果你看向一个黑洞，你只能看到来自黑洞后方（不论什么东西）的扭曲光线。不过，我们也必须承认，“黑洞”听起来比“看不见的球”更容易记住！

Q329 黑洞最后会不会吞没周围所有星系，包括暗物质？如果会，那所有黑洞最后会不会合并在一起，压碎整个宇宙，并让一切回到“奇点”？

西蒙·休伊特，伦敦（Simon Hewitt, London）

为了讨论这个问题，我们必须考虑能推测到的极遥远未来。黑洞最终会吞没周围的大部分物质，但由于每个粒子的公转轨道都会慢慢衰退，所以这个过程会非常缓慢。事实上，这个过程是如此之慢，以至于星系中会有一部分恒星在被吸收之前，就先飞到星系间的太空里了。这些飞走恒星的命运难以确定，当然它们最后也可能被另一个黑洞吞没。

就黑洞本身的合并来说，如果我们相信关于暗能量的理论，那么在数万亿年之后，宇宙会膨胀得非常大，所有剩下的黑洞会相距非常遥远，几乎不可能互相影响。

Q330 每个星系中央都有一个黑洞吗？

乔恩·古尔德，萨默塞特（Jon Gould, Somerset）

目前据我们所知，每个大星系的中央的确都有一个巨大的黑洞。我们甚至认为，在一些比标准星系小的大型球状星团里也是如此，因为它们中央的密度也很高，所以也可能存在黑洞。半人马座 ω 星团就是一个例子。

我们的银河系中央存在黑洞的最佳证据，就是紧邻中央区域的恒星运动。这些恒星的公转速度非常快，只能用这里存在一个比太阳大数百万倍的天体来解释。既然我们在那里什么都没看到，唯一的可能就是那里是一个黑洞。

我们甚至在合并的星系核心里，看到两个黑洞存在的证据。我们预计这两个黑洞最终可能会在以天文学的标准看来相对短暂的时间内合并，所以想在恰到好处的时间点看到星系碰撞是需要运气的。

Q331 如果宇宙中所有的物质和能量都聚集在一个地方，形成一个“超大质量”的黑洞，那么它的事件视界的直径会是多少？

蒂姆·谢里登，伦敦（Tim Sheridan, London）

这个问题的答案可能会令人惊讶，而且还有一点违反直觉。我们首先要澄清我们所谓的“事件视界”是什么。严格来说，它的正式名称是“史瓦西半径”（Schwarzschild radius），因为最早推导出相关方程的是德国物理学家卡尔·史瓦西（Karl Schwarzschild）。史瓦西半径指的是，某个质量的物体的逃逸速度达到光速时的半径。如果一个物体的半径小于史瓦西半径，那么它就是黑洞；如果比史瓦西半径大，那么它就不是黑洞。举例来说，以质量和太阳相同的物体来说，它的史瓦西半径大约是 3 千米；既然太阳的半径比 3 千米大很多很多，那么太阳就不是一个黑洞，这对我们是一件好事。

整个可见宇宙大得令人不可思议，而且可能这只是整个宇宙的一小部分——大部分宇宙是我们看不到的，因为那里的光还没有足够的时间到达我们这里。我们可以估计，可见宇宙中大约包含 1 万亿个星系，每个星系的质量都相当于 1 万亿个太阳的总和。用这样的数量去计算，史瓦西半径可能达数千亿光年，比我们现在看得到的范围要大得多。对此的解释是，我们处于宇宙的事件视界里，而我们永远无法离开宇宙的事件视界！

虽然这种计算非常有意思，但是对于整个可见宇宙这样一个复杂的庞然大物来说，我们所做的假设远远超过了恰当的范围。史瓦西半径的计算更适用于孤立存在的单个物体，而以研究天文学的较小尺度来看，史瓦西半径相对小了许多。当我们考虑到宇宙的史瓦西半径，就必须考虑广义相对论的复杂效应——这里的篇幅就不够讨论这种话题了。因此，尽管这种计算很有意思，但其实并不适用于整个宇宙。

Q332 两个黑洞会相撞吗？如果会，相撞后会发生什么？

彼得·安德伍德，肯特郡，哈里特山姆；罗伯特·史密斯，达勒姆；莫德·阿贡巴，威尔特郡，索尔兹伯里（Peter Underwood, Harrietsham, Kent; Robert Smith, Durham and Maude Agombar, Salisbury, Wiltshire）

会的，就像两颗行星或恒星会相撞一样，黑洞也会相撞，只是发生的概率非常低，只有当两个黑洞互相公转时才可能发生，而且很可能发生在两颗星都已经死亡，只剩下残余黑洞的双星系统中。这种双黑洞会逐渐呈现出朝彼此接近的螺旋状，最后合并形成一个更大的黑洞。在此过程中，两个黑洞会发散出引力波，所以两个黑洞的相撞，也是目前引力波探测器专门寻找的迹象之一。

我们研究过的每个巨大星系中央似乎都有一个极其巨大的黑洞。当两个星系合并时，两个黑洞最终也会合并。黑洞本身是看不见的，但是它们周围极其高热的物质会释放 X 射线。2011 年，钱德拉 X 射线天文台（Chandra X-ray）观测的结果显示，螺旋星系 NGC 3393 的中央似乎有两个巨大的黑洞，很有可能是 10 亿年前两个较小星系合并的结果。

未解现象

Q333 《圣经》里的三位智者跟随伯利恒的现象到底是什么？

| 布莱恩·米尔斯，肯特郡，希尔登堡（Brian Mills, Hildenborough, Kent）

关于“伯利恒之星”，我们必须承认我们的了解还不够，我们也不确定发生的日期。在我们的历法中，公元前1年的下一年就是公元1年，这使得我们的时间感有些混乱，因为大部分人都相信新的千禧年是从2000年1月1日开始的。可以预见的是，政府也都掉入了这个陷阱，宣布1999年的最后一天为国定假日，但事实上，新的千禧年是从2001年1月1号开始的。

伯利恒之星在《圣经》中只被提起一次，出现在马太福音里，其他地方都没有。我们引述一下马太福音第二章第1节到第2节和第7节到第10节的部分内容：

> [1] 有几个博士从东方来到耶路撒冷，说：[2]“那生下来做犹太人之王的在哪里？我们在东方看见他的星，特来拜他。”
>
> [7] 当下希律王暗暗地召了博士来，细问那星是什么时候出现的，[8] 就差他们往伯利恒去，说：“你们去仔细寻访那小孩子，寻到了，就来报信，我也好去拜他。”
>
> [9] 他们听见王的话就去了。在东方所看见的那星，忽然在他们前头行，直行到小孩子的地方，就在上头停住了。[10] 他们看见那星，就大大地欢喜。

全部内容就是这样。其他福音书里没有提及伯利恒之星，这颗星也不曾在其他地方被提到过，所以我们的信息从开始就非常有限。另外还有翻译的问题，尤其是看到那颗星“忽然在他们前头行”，可能只是“在东方”的意思。不知道曾经有多少理论想解释这颗星星？我（摩尔）认为这段话有几种可能：

一、整个故事只是神话，我们完全不知道来源。

二、这颗星星是超自然现象。

三、这是马太为了让叙述增色而自己创作的故事，或者是其他作家添加的。

四、这颗星星是真正的天文现象。

五、这颗星星其实是不明飞行物——或者，你可以说是飞碟，来自遥远的外星文明。

那智者呢？他们可能是公元前 1000 年成立的袄教[1]教徒。袄教的创立者琐罗亚斯德（Zoroaster）是一个神论者，他相信会有一个国王将他的领土变成一个安稳而和平的地方。可惜的是，这种事并没有发生。

东方三博士很受人尊敬，也很有影响力。当然，他们既是占星家又是天文观测者，这是很重要的一点，因为对他们来说，那颗星星的出现——我们假设它真的出现了——具有极大的占星学意义。那么，我们来看看我认为的这些可能。第一种可能（整个故事都是神话）对我们一点帮助都没有。第二种可能（这颗星是超自然现象）老实说也超出了这本书的范围。第三种可能（马太自己创作了这个故事）是可以理解的，但是感觉似乎不太可能。我们先不管第四种可能，看看第五种可能（那是一艘宇宙飞船）；我们并不能说这是完全不可能的，因为宇宙中一定有很多人比我们更先进，但感觉这种可能发生的概率也不高。现在，让我们回到第四种可能：这颗星星是真正的天文现象吗？

首先，我们可以排除这颗星是金星、木星或其他任何明亮恒星或行星的可能性。记住，这些智者大部分是观星人，他们对天象了如指掌。如果他们会被金星

1 琐罗亚斯德教（Zoroastrianism）是基督教诞生之前在中东最有影响的宗教，也是古代波斯帝国的国教，流行于古代波斯（今伊朗）及中亚等地，在中国被称为“袄（xiān）教”或“拜火教”。——编者注

骗了，那就实在称不上是“智”者。

所以我们要列出几个条件：一、这颗星一定很特别；二、它一定很显眼；三、可能只有智者才看得到它；四、它一定出现在公元前7年到前4年之间；五、它不可能持续很久，或者可能出现以后先消失了，然后又在适当的时候再度出现；六、它的移动方式一定与一般的恒星或行星不同。

老实说，夜空里唯一符合这些条件的物体就是飞碟——但我们已经排除这一点了。所以，我们必须试着找到一个可以满足大部分条件的物体。

这一定是个不寻常的物体，否则智者早就知道它会出现了。它也一定非常显眼，但是只有智者能看见它又是另一项限制。如果它出现的范围很大，其他人可能也会看见。它移动的方式与其他恒星或行星完全不同，这完全不符合这些条件的特征，所以我们看看能不能再进一步挖掘线索。这颗星星会是一颗彗星吗？哈雷彗星在这一日期的10年后才出现，而且也不符合其他条件。已经有很多人提过，这可能是一颗极亮的超新星，但是超新星不会突然出现又消失。如果这真的是一颗超新星，那么它会持续很长一段时间，希律王也会看到。它也不可能像《圣经》中的伯利恒之星那样移动。

很多人（不包括我）都赞同的理论是，这是一颗因为行星会合而出现的星星，也就是看起来非常接近彼此的两颗行星。这种事偶尔会发生，并且公元前7年的确出现过木星和土星的会合。然而，我觉得这种可能性可以直接被排除，因为行星会合是非常壮观的场面，而且会持续一段时间，大家都能看到。此外，木星和土星从来没有接近到肉眼看起来是一颗合并天体的距离。天空中最亮的两颗行星是金星和木星，当它们互相接近时，会出现壮丽的景象，而且也确实如此。例如1999年2月23日，当两颗行星的距离只有8角分时，就曾出现过壮丽的景象。早在1818年1月3日，金星实际上就遮蔽了木星，但是却没有这方面的记录，因为当时这两颗行星都太接近太阳了，而且只有人口稀疏的远东地区才看得见这种现象。木星和金星的下一次掩星将会出现在2123年9月14日，与太阳夹角10°的延伸线上。

我们好像已经舍弃了大部分可能性，不过最关键的一点是，如果伯利恒之星真的存在，它也只出现了短暂的时间，而且只有特定区域的少数人可以看见。目前，我认为唯一可以解释马太说法的理论是：伯利恒之星可能是两颗明亮的流星。流星可能在任何时间出现在任何方向，而且会很明亮。流星的光芒偶尔会盖过月光，甚至太阳光。因此，我们可以假设智者看到的是一颗明亮的流星（火球）划过天空，持续了几秒钟，然后消失在伯利恒的方向。几分钟后，也许是一两个小时后，另一颗流星出现了，飞行的路径与前一颗一模一样。这的确是非常罕见的情况，但也的确符合上面的条件——除了这颗星后来停在耶稣出生地的上方。没有流星能做到这一点。

我觉得自己又回到了福尔摩斯说的那句话："当你排除一切不可能的情况，剩下的不论多难以置信，都是事实。"所以我要说的是，虽然两颗流星这种说法绝对不能解决伯利恒之星的所有问题，但却比其他理论更成功。过了这么久，我们现在想找到任何进一步的证据的概率微乎其微。这意味着，这个问题依旧是未解之谜。你自己选择你要相信的吧！

Q334 关于X行星，也就是尼比鲁星（Nibiru）的存在，或者它会对地球造成危险的说法到底是不是真的？

丽贝卡·基特林厄姆，西约克郡，哈利法克斯；大卫·巴特勒，肯特郡，拉克菲尔德；布伦丹·马龙，拉格比（Kitteringham, Halifax, West Yorkshire; David Butler, Larkfield, Kent and Brendan Malone, Rugby）等

这一理论背后的想法是：外太阳系有一颗行星或较小的天体，最终会与地球相撞。简单来说，绝对没有任何证据证明这种行星的存在，我也不知道尼比鲁星这个名字是谁取的。如果真的有一颗这样的行星，我们现在当然会知道它的存在，因为我们可以看到它对天体的引力，但是现在完全没有这样的迹象。调查这些区域也毫无收获，除了观测到一些与冥王星差不多大小的天体外，并没有看到其他可疑的天体。而且这些天体都待在太阳系外围深处。当然，也没有任何伺机而动、准备对地球造成危险的行星。

对地球来说，太阳系里最大的危险来自接近地球公转轨道的天体，而这些天体的数量有一个合理的数目。这些天体都是小行星，但目前为止，还没有任何一颗会对地球造成真正的威胁。我们不能保证将来不会发现危险的近地小行星，但现在地球上有众多研究组织都在持续关注它们，勤奋不懈地扫视着天空。

Q335 火卫一上曾经发现了一个巨大的巨型独石。你能解释一下那是什么吗？

迈克·基廷，伦敦，图汀（Mike Keating, Tooting, London）

那只是一块非常平凡的岩石，并没有什么特别之处。火卫一上到处都是岩石，有些看起来很方正，尤其是连影子一起看的时候更是如此。我们看到一块普通的岩石，很容易把它想成一个很不寻常的东西。有些人可以从很普通的特征中编造出很厉害的故事。最经典的例子就是“火星上的脸”，这是海盗号（Viking）拍摄到的照片，从某个角度看，会很像一张脸。但这其实是由于影像的分辨率相对低，光线条件也不好造成的。如果从另一个角度看，就一点也不像脸了。另一个例子也是一块岩石，从勇气号的角度看起来，很像一个人坐在火星表面上。

我们必须承认，有些人的想象力真的如脱缰的野马！

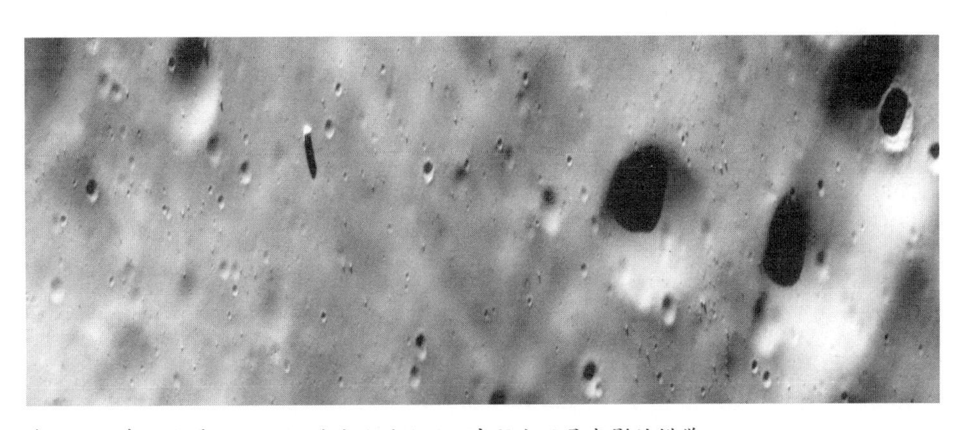

在火卫一表面上看似形状规则的巨型独石，实际上只是光影的错觉。

帕特里克·摩尔与《仰望夜空》

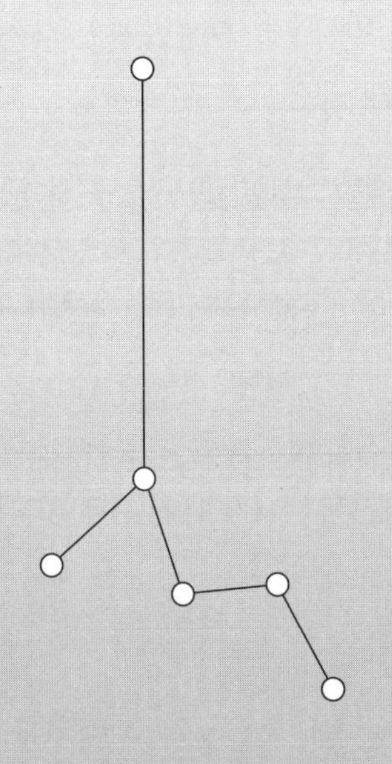

Q336 是什么让你充满热忱地投入天文学？

阿德里安·巴纳德，牛津郡，迪德科特
（Adrian Barnard, Didcot, Oxfordshire）

很简单，因为我在7岁的时候看了一本书，书名是《太阳系简史》（*The Story of the Solar System*），作者是钱伯斯（GF Chambers）。[1] 我把那本书从头到尾看完了，从此深深着迷。那本书是我妈妈的，但她对这个主题并没有那么感兴趣。事实上，这是一本给大人看的书，不过由于我的阅读能力还不错，所以读起来没有问题。此刻，在我坐的书房中，还能看到这本小书摆在壁炉架上面，旁边还有它的姐妹篇——《恒星的故事》（*The Story of the Stars*）。这两本书都是1898年出版的！

Q337 你通过望远镜看到的第一个天体是什么？

朱莉娅·威尔金森，兰开夏郡，罗奇代尔
（Julia Wilkinson, Rochdale, Lancashire）

月球！我的朋友埃·莱文少校（Major AE Levin）在塞尔西有自己的天文台，我现在就住在这里（我小时候不是）。7岁时我通过他的6英寸（约15厘米）望远镜看到了月球上的陨石坑。从那时起，月球就是我在天文学上最感兴趣的天体了。

Q338 经过多年的观测，天文学的哪个方面让你最满意？

露露·汉考克，西米德兰兹郡，杜德利
（Lulu Hancock, Dudley, West Midlands）

这个问题有两个答案。首先，也是最重要的，用我的望远镜向大家介绍天空让我很愉快，尤其是向年轻人介绍的时候。今天的初学者就是明天的研究者，我

---

1 《太阳系简史》，【英】约翰·钱伯斯著，2018年9月中信出版社出版。——编者注

这是摩尔书房众多藏书中的几本，其中就包括启发他开始天文学研究的书。

知道很多青少年以及孩子都是从我的天文台开始接触天文学，他们后来的成就将我远远抛在后头。其次，观测天象的兴奋感永远不会消减。总是有新东西可以用，也会有新天体会被发现。

Q339 你通过自己的望远镜看到最令人兴奋的观测物是什么？有什么现象是你想再看一次的？

阿德里安·布莱特，埃塞克斯，利特尔伯里；雷·沙曼，奇切斯特，亨斯顿；亚当·波特，埃塞克斯，罗姆福德（Adrian Bright, Littlebury, Essex; Ray Sharman, Hunston, Chichester and Adam Bootle, Romford, Essex）

最令我兴奋的观察？我想应该是 2004 年的金星凌日吧。凌日现象的发生并不寻常。过去曾发生过两次，前后相隔 8 年，接着一个世纪里都没有发生过凌日现象。2004 年的凌日就发生在我的塞尔西天文台上方，当时这里举行了一场不小

2004 年金星凌日，金星穿过太阳圆盘的画面。这张图像是诺森伯兰郡的阿德里安·珍妮塔使用 10 英寸（约 25 厘米）望远镜和太阳滤镜拍摄。

的聚会——各式各样的望远镜与众多天文学家齐聚一堂。金星大约出现在我家花园树木顶端的位置，一两分钟后，就在太阳的圆盘上画出一道黑色的圆圈。在接下来的两到三小时里，我们一直看着金星通过太阳的圆盘，向另一边移动。

所以，金星凌日发生的那天是伟大的一天。我很想看看 21 世纪最后一次金星凌日，它会发生在 2012 年 6 月[1]，不过从我在塞尔西的家并不能看清楚。虽然大部分人会前往东部地区观察，但如果我身体够好，我会去午夜还有太阳的北挪威地区。可惜我怀疑自己状况应该不够好，但我会尽我所能。

Q340 观测天空这么多年，你一定看过许多人无缘一见的惊人景象。你应该也曾带着敬畏与惊喜之情观测天体及其状态变化。那么，天空中哪个天体消失了，会最令你怀念呢？

詹姆斯·费文斯，汉普郡，朴次茅斯
（James Fewings, Portsmouth, Hampshire）

我观测过最壮观的现象是日全食，没有什么能比得上它了。但我最怀念的天体是什么呢？我最关注的天体一直都是月球，如果没有月球，我们的夜空会一片荒芜。另外，我也不想失去土星和土星环！

Q341 在你曾造访过的世界各地众多美妙的天文台与使用过的望远镜中（包括专业与业余的），你个人最喜欢哪个？

约翰·皮尔比姆，东萨塞克斯郡，海尔舍姆
（John Pilbeam, Hailsham, East Sussex）

除了我自己的望远镜之外，我最喜欢的就是建造在亚利桑那州弗拉格斯塔夫的洛厄尔望远镜（Lowell Telescope）了。那是一架 24 英寸（约 61 厘米）的折射式望远镜，洛厄尔本人曾用这架望远镜观测到火星上的“运河”等现象。我第一

---

1 2012 年 6 月 6 日上演的金星凌日是 2117 年以前所能看到的最后一次金星凌日现象，凌日时间长达 6 小时，当时我国大部分地区都为最佳观测地区。——编者注

次用洛厄尔的望远镜观测火星时，我真怀疑能不能看到那些“运河”。结果，我真的没看到！

我用洛厄尔望远镜做了很多研究，尤其是人类第一次登陆月球之前的那段时间。这绝对是我最喜欢的望远镜。

Q342 我爸爸说梅西耶81号（M81）星系比梅西耶82号（M82）好，但我强烈反对。梅西耶82号星系有很多很酷的尘埃，但梅西耶81号有吗？这两个星系你喜欢哪一个？为什么？

苏菲，11岁，切尔滕纳姆（Sophie,agell,Cheltenham）

这是一个很难回答的问题。梅西耶81号是一个完美的星系，而梅西耶82号的形状比较不规则，是锯齿状的。但是，梅西耶82号的确有一些特殊又迷人的天体，所以我投它一票。不过我想说的是，这两个星系都很值得观测！

Q343 BBC的档案室里保留了几集《仰望夜空》？

加里·福尔摩斯，德比郡；罗宾·弗莱姆，米德尔塞克斯郡（Gary Holmes, Derbyshire and Robin Flegg, Middlesex）

我想《仰望夜空》总共有715集，不过，这个数字显然每月都在增加！我们从1957年开始，每月播出一集，此外还有很多“特别节目”，所以想数清楚具体集数是很困难的。可惜的是，不是每集节目都会保存下来，但最近这几年的记录是完整的。

最早几集《仰望夜空》是现场直播的，没有录制下来。后面的集数就都有录像了，但是由于当时录像带很昂贵，所以我们经常把前面的节目洗掉，重复录制。还有一些节目很遗憾地消失在BBC档案室的深处，不过有一些现在已经重见天日了。我们在2011年发现了1963年播出的一集，主题是访问我的好朋友——著名科幻小说作家亚瑟·克拉克（Arthur C. Clarke）。我想在找得到的所有节目中，这应该是我最喜欢的一集了。

Q344 摩尔主持了从 1957 年开始的每集节目吗？如果是，他从来都没有放假吗？

特里·费尔霍尔，萨里郡，切辛顿
（Terry Fairhall, Chessington, Surrey）

我从来没有在《仰望夜空》的节目时间放假，但有一集不是我主持的。那天我吃了一颗坏鹅蛋，被紧急送往医院，而且病情很严重。那是我唯一没有主持的一集。要是能找到那只下蛋的鹅，我一定会扭断它的脖子。如果不是它，我就一集也不会错过了。

我曾经去旅行过，不过那并不是放假，而是《仰望夜空》第 55 集的环游世界特别节目。其中一站是夏威夷，那里有很多世界级望远镜。我们的制作人把所有人的航班都改签了，好让我们能在夏威夷多待 3 天。奇怪的是，这种事还发生了两次！

Q345 在所有的《仰望夜空》节目中，你有最喜欢的或最值得纪念的一集吗？

史蒂夫·艾利奥特，汉普郡，范堡罗；马克·伊克，肯特郡，伯金顿；戈登·罗杰斯，牛津；加里·帕丁顿，西班牙
（Steve Elliott, Farnborough, Hampshire; Mark Icke, Birchington, Kent; Gordon Rogers, Oxford and Gary Partington, Spain）

我认为最值得纪念的一集《仰望夜空》可能对你来说很难理解。我一直很投入于绘制月球上的“天平动区”（libration areas）地图。“天平动区”位于月球背对地球那一侧的边缘，这块区域我们很难观测到。在某些极端条件下，月球背对地球的那一侧的一小块区域会朝地球方向转动，此时我们就能观测到这一区域了。我们曾在这种情况下拍摄过一集《仰望夜空》，而我当时正在绘制一个月球背对地球那一侧的陨石坑——那是我永远不会忘记的一集。

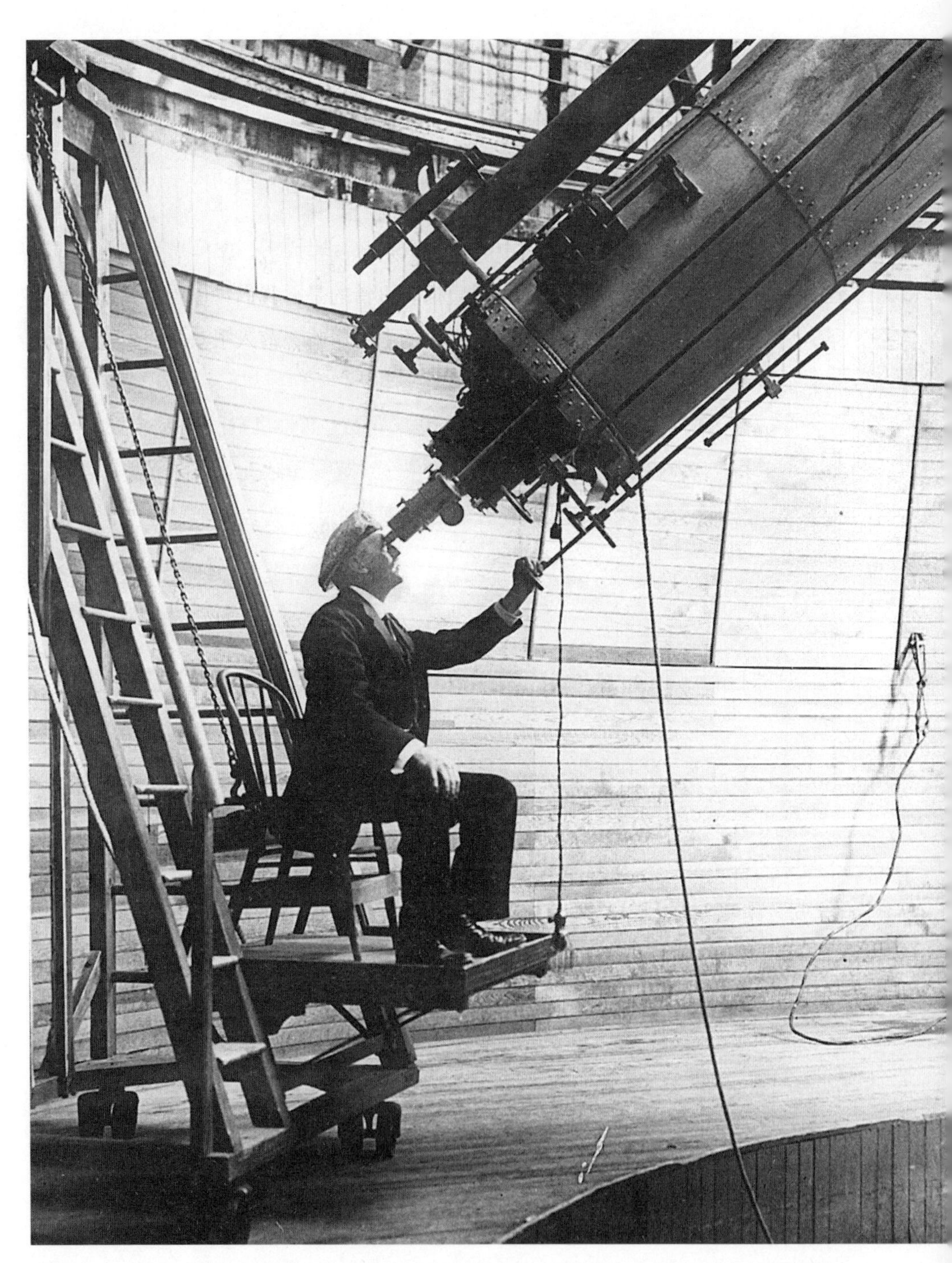

摩尔在亚利桑那州弗拉格斯塔夫附近的洛厄尔天文台使用 24 英寸（约 61 厘米）望远镜的照片。

Q346 在你曾经在节目中提到过的所有历史事件中，你认为哪一集《仰望夜空》是最重要的？为什么？

罗伯特·贝尔，达灵顿（Robert Bell, Darlington）

我只能提供我个人的答案。第一集《仰望夜空》于1957年4月播出，当时我们正在迎接阿伦特－罗兰彗星（Arend-Roland）的到来。那是我第一次通过自己的望远镜看到彗星，并进行了现场直播。可惜的是，我们再也看不到那颗彗星了，因为它在远离太阳系的途中受到木星的引力影响，落入了双曲线轨道，再也不会回来了。我很想知道它现在在哪里？我希望它一切顺利！

Q347 在所有播出的节目中，你能选出你记得的最令人兴奋，并且希望能回放的一集吗？

马克·希尔，东伦弗鲁郡，尼尔斯顿
（Mark Hill, Neilston, East Renfrewshire）

最令我兴奋的是登陆月球，听到阿姆斯特朗说“雄鹰已经着陆了”的那一刻。我们都知道航天员冒着很大的风险，有太多环节都可能会出错。那一刻，我们都如释重负！

Q348 有没有哪一集节目出现了错误的预测或理论，最好大家都忘记呢？

杰米·理查森，卡莱尔（Jamie Richardson, Carlisle）

就像大多数人一样，我曾经犯过很多错。其中一项就与我最喜欢的主题——月球——有关。关于月球怎么会有陨石坑这个问题，曾经引发了很长一段时间的争议：它们到底是陨石造成的，还是火山爆发引起的？我曾经是火山理论的坚定支持者。我记得我曾经在一集节目中，提出了一些支持火山理论的论据，因为我认为那些说法都非常有说服力，但后来证明我是大错特错了。这些陨石坑其实是由撞击造成的。

摩尔在他的书房里，他身旁的这个天球仪是《仰望夜空》的道具之一。

在20世纪80年代一集关于金星的节目中，我也严肃地说了一些关于金星的理论，当时有很多最好的科学证据支持这些说法，但是其中一个后来却被证实是错误的。果然还是活到老、学到老啊！

Q349 在历史节目中，你一定曾访问过一些大人物。有没有让你印象尤为深刻的人呢？

戴夫·琼斯，西萨塞克斯郡，波格诺里吉斯
（Dave Jones, Bognor Regis, West Sussex）

我曾在《仰望夜空》节目中访问过很多伟大的天文学家。如果从中挑选一位最伟大的学者，我会选择伯纳德·洛厄尔爵士（Sir Bernard Lovell），他是一位伟大的射电天文学家，负责在约德瑞尔班克建造洛厄尔望远镜。我可以很高兴地告诉你，他今年已经 98 岁高龄了，而且依然健在。[1]

Q350 节目中提到过的哪件事给你带来的麻烦最多？

杰夫 · 布朗，肯特郡，惠斯特布尔（Jeff Brown, Whitstable, Kent）

给我带来最多麻烦的事件是日全食。当时是 1999 年，全食带正好包括了我所在的康沃尔。不必说，在日全食发生前后的日子都阳光灿烂，日全食发生的那天却乌云密布。我们在雨啪嗒啪嗒落下的时候开始直播，只能在节目中重复说着“我的老天”“滴答滴答”以及“真是可惜”之类的话。

Q351 在《仰望夜空》节目中的书房里，摩尔身后的那些球体是什么呢？

杰拉尔德 · 赫特，德文郡，奥克汉普顿
（Gerald Hutt, Okehampton, Devon）

那是月球和其他行星的模型。月球的球体模型是俄罗斯人送给我的，当时他们要向月球发射探测器，使用了我绘制的一些月球地图。在俄罗斯人送给我的早期月球模型中，背对地球那一侧的表面上还有空白的区域，因为那时候还没有绘制出完整的月球地图。后来俄罗斯和美国发射的轨道探测器才填补了这些细节。

其他的行星模型是我通过各种方式获得的。有一个模型现在放在壁炉架上，我得到它的过程非常奇特。1954 年，当时我还在空军服役，牛津大学邀请我参观他们的天文台图书馆。当我准备离开时，我注意到纸篓里有个小球体。我走回天文台，跟他们说：“这是 1910 年的尼斯特火星模型。”他们说：“对，我们知道，但我们不想要了。”谢天谢地，我现在拥有它了——这是我引以为傲的收藏品！

1　伯纳德 · 洛厄尔爵士于 2012 年 8 月 6 日逝世，享年 99 岁。1961 年，伯纳德 · 洛厄尔因对射电天文学的贡献而被封为爵士。他主持建造的 76 米望远镜于 1957 年建成，成为当时世界上第三大可操纵望远镜，在脉动恒星的研究中发挥着关键作用，测试了包括爱因斯坦广义相对论在内的物理学理论。在开始运行的几天内，望远镜跟踪了将斯普特尼克 1 号送入轨道的火箭。——编者注

Q352　在摩尔的书房里，有时候会看到一些像漫画的图画，那是什么呢？它们看起来是一些奇怪生物的图画。那是出版的作品吗？

埃伦·哈特耶，阿姆斯特丹；迈克尔·温菲尔德，德比郡
（Ellen Harteijer, Amsterdam and Michael Winfield, Derbyshire）

说它们“奇怪”是对的！这些是我母亲画的图画，她是一位很有天分的艺术家，她的想象力天马行空，完全不受控制。她画过 20 多张图画，挂在我家的各处。她曾经出版过一本书，书名叫《摩尔太太在太空》（*Mrs Moore in Space*），里面重现了这些无与伦比的图画。

我的母亲在音乐与艺术上都很有才华，我继承了音乐的天分，但却没有艺术细胞！

摩尔母亲画的外星人的生活图画之一。

Q353 摩尔养了几只猫？它们的名字都是著名的天文学家或天体的名字吗？

劳拉和乔纳森，赫特福德郡（Lara and Jonathon, Hertfordshire）

我有一只非常可爱的猫，叫作托勒密（Ptolemy），颜色乌黑亮丽。我在它还小的时候就开始养它，对我来说，什么都无法取代它。当时我们的一个朋友养猫，他的猫生了小猫。我和这只小猫相遇时，它把头放在我的手上，我听到了它说的每一个字。

为什么叫托勒密呢？因为托勒密是古希腊最伟大的天文学家，但这并不是小猫名字的由来。我的叔叔是一位律师，除了站在法庭上外，他还会在舞台上饰演歌剧《阿玛西斯》（*Amasis*）的主角。这出歌剧当时正在伦敦演出，故事背景发生在希腊，剧情里有一只黑猫，名叫托勒密。所以我的小猫来到我家时，就叫作托勒密了。我经常给它讲这个故事，我相信它听得懂——它是一只非常聪明的猫！

Q354 摩尔真的是如今世界上在世的人中，唯一一个见过第一个搭飞机的人、第一个上太空的人以及第一个登陆月球的人吗？如果是真的，那真是令人惊奇又了不起的事。

约翰·罗奇，阿伯丁（John Roach, Aberdeen）

我不能确定我是唯一一个，但我的确见过奥维尔·赖特（Orville Wright）、尤里·加加林（Yuri Gagarin），当然还有尼尔·阿姆斯特朗（Neil Armstrong）。我不知道还有没有人也都见过他们 3 个，但我觉得我不太可能是唯一一个。因为赖特逝世于 1947 年，他的有生之年与加加林和阿姆斯特朗是有重叠部分的。

Q355 你在选择《卡德威尔目录》里的天体时有特殊原因吗？还是你在观测南北半球后，挑出了自己最喜欢的天体呢？

马克·张伯伦，赫里福德（Mark Chamberlain, Hereford）

我必须承认，《卡德威尔目录》一开始只是无心插柳。我本来在我的天文台观测木星，观测结束之后，我想自己找点乐子，于是就开始观测各种星团和星云。

我想，既然梅西耶只编录了 100 多个星团和星云，那他一定遗漏了很多天体。可能是由于这些星团或星云没有机会被梅西耶误认成他最感兴趣的彗星，或者是由于它们的位置太靠南，梅西耶无法从他所在的法国观测到。出于好玩的心理，我开始制作一份目录，记录所有用小型望远镜就可以轻易观测到的天体。与梅西耶不同，我先从最北方开始，然后再向南走。但这份目录要叫什么名字呢？我不能将它叫作《摩尔目录》，因为梅西耶目录也是以 M 开头的。我其实是双姓——卡德威尔 – 摩尔（Caldwell-Moore），所以我称这份目录为《卡德威尔目录》。

老实说，我根本没想太多。我寄了一份《卡德威尔目录》给《天空与望远镜》杂志，本来以为他们会将它丢进纸篓，但他们并没有，还出版了这份目录，并且这份目录还很受欢迎。出乎我意料的是，这份目录现在仍被广泛使用。

不过，我犯了一个错误：我用自己的名字命名了它。英国天文协会有一位严苛的先生指责我只想让自己出名，但这完全不是我的本意，可惜已经太晚了。大家好像都认为这份目录很有用，我也很高兴他们这么想。

Q356 你职业生涯中最大的成就是什么？

迈克尔 · 墨菲，弗马纳郡，利斯纳斯基
（Michael Murphy, Lisnaskea, Co. Fermanagh）

我用我的书和我的节目所做的唯一一件事，就是试图引起其他人对天文学的兴趣，带领他们进入这个领域。而我是否成功，只能留给他人评判了，但至少我尝试过。如果我在科学界有什么成就，我想就是这件事了。

Q357 在你的有生之年，天文学或宇宙学最令人惊讶或重大的发现是什么？

薇琪 · 华莱士，爱尔兰，多尼戈尔郡；菲利普 · 科尼尔，比利时；斯蒂芬 · 凯斯，彭布罗克郡，彭布罗克码头
（Vicki Wallace, Co. Donegal, Ireland; Philip Corneille, Belgium and Stephen Case, Pembroke Dock, Pembrokeshire）

我会说是“微波背景辐射”的发现，但我觉得还是让本书另一位作者来进一

步回答吧，因为他才是天体物理学家，而不是我。诺斯，交给你了！

宇宙微波背景（CMB）是阿诺 · 彭齐亚斯和罗伯特 · 威尔逊于 1965 年偶然发现的。他们本来试图利用在新泽西州贝尔实验室的大型射电望远镜探测从银河系发出的无线电波，结果却发现除了星系发射出的电波之外，整个天空还会散发出无线电波。在排除了所有他们能想到的可能原因（甚至还做了一件很出名的事，清除了天线里的鸟屎！）后，剩下唯一可能发射出电波的，就是宇宙本身。

其实，物理学家在 20 世纪 40 年代就已经预测到这些辐射的存在，但只有实际探测到这些辐射，大爆炸理论才第一次有了决定性的证据。为了肯定这一发现的重要性，彭齐亚斯和威尔逊获得了 1978 年的诺贝尔物理学奖。

数十年来，对宇宙微波背景的研究成果已经相当丰硕。在 20 世纪 90 年代，也就是 CMB 被发现 30 年后，宇宙背景探测卫星（COBE satellite）的两位科学家领军人物——乔治 · 斯穆特（George Smoot）和约翰 · 马瑟（John Mather）也因他们的研究获得了 2006 年的诺贝尔物理学奖。

CMB 的研究还在继续，普朗克卫星目前已经绘制出整个天空最精细的 CMB 地图，使宇宙学家对早期的宇宙有了更清楚的了解。结合许多其他实验的测量结果，CMB 让我们非常准确地了解宇宙的年龄与命运，并知道了宇宙数十亿年的演化以及地球在太空中移动的速度。

Q358 在过去 53 年里，哪项技术最大限度地提高了我们对宇宙的认识与了解呢？

托尼 · 戴维斯，西萨塞克斯郡，滨海肖勒姆
（Tony Davies, Shoreham-by-Sea, West Sussex）

我想我们必须说，是电子学在天文学中的发展。老式的摄影技术已经过时，取而代之的是电子设备。

而且电子设备不只在天文学，在科学的各个领域都带来了惊人的进步。再加上电子计算技术的发展，天文学家在 10 年前只能是梦想的发现，现在都得以成真。所以我必须说，这个问题的答案是电子时代的来临。

Q359　未来的天文学发现，哪一项是你现在最想实现的？

安德鲁·凯利，曼彻斯特（Andrew Kelly, Manchester）

我最希望得到的是人类接收到外层太空智慧生命发出的信息。这样就能确定我们在宇宙中并不孤单，而且生命绝对是广为分布的。我相信这是可能的，我也确定我们绝对不孤单。但想法是一回事，证明又是另外一回事。我希望在我的有生之年可以看到证明，但我承认我并不是很有信心。

Q360　你认为再过700集，或《仰望夜空》的第1000集节目会是什么主题？

杰伦特·戴，威尔特郡，斯文顿；格林·哈珀，马恩岛
（Geraint Day, Swindon, Wiltshire and Glyn Harper, Isle of Man）

我希望《仰望夜空》第1000集会从火星，或另一个星球的表面播送。我很想到火星去，但恐怕这也不太可能。我总觉得我们也许能从另一个星球播送我们的节目，但不会是在我可预见的未来。因为我们必须先解决辐射问题，但目前我们还不知道怎么做。

Q361　我曾就读于摩尔曾经任教的学校，从那时起，就一直对天文学有浓厚的兴趣。我也曾经和摩尔一起出现在BBC《仰望夜空》10周年特别节目的预告片中。现在，我的儿子和我那时的年纪差不多，只是再小一些。你建议我如何激发他和同龄小孩对天文学的兴趣？

马克·班尼特，伦敦（Mark Bennett, London）

亲爱的马克·班尼特，我不确定你儿子现在几岁，不过我建议你可以做3件事：买一副双筒望远镜给他，确认他有一些书可以看，然后带他去天文馆。

如果你来到我在塞尔西的隐居处附近，就带他来找我吧！如果能再和你见一次面就太好了，我想自从我们最后一次见面到现在，你一定改变了很多。

祝福你，摩尔上。

Q362 我受到《仰望夜空》的鼓舞，上大学时研究太空科学。30年过去了，不论是作为兴趣，还是学术研究，我们该如何才能继续鼓励下一代人关心这个领域呢?

克里斯·西德威尔·史密斯，莱斯特（Chris Sidwell-Smith, Leicester）

我认为，让未来的人们对这方面感兴趣的方法，就和让你们以及让我对此感兴趣的方法一样。让他们有书可以读、带他们去最近的天文馆、参加天文协会、装备一些光学设备——双筒望远镜是最好的开始。

至于那些对天文学的学术研究感兴趣的人，物理学和数学方面的良好基础是至关重要的。不过，研究也需要对研究主题有热情，所以一定要继续观星。

词汇表

这份词汇表并不完整，只包含了我们在本书中使用的一些常见词汇。读者应该很熟悉大部分词汇，但可能并不是全部熟悉！

二分点（Equinox）：黄道与天赤道的两个交点。在二分点上，白天和夜晚的时间一样长。

小行星（Asteroid）：太阳系中的小型天体。大部分著名的小行星都在火星和木星的公转轨道之间围绕太阳运行。

方位角（Azimuth）：天体在天空中的方位，从北方开始为零度，正东方为 90°，正南方为 180°，正西方为 270°。

天球（Celestial Sphere）：对应恒星、行星和星系位置的球体。这些位置通常会以赤经和赤纬表示。天球的赤道和两极对准地球的赤道与两极，但天球不会转动。

天球赤道（Equator, celestial）：地球赤道在天球上的投影。

天平动（Libration）：与月球有关，是月球旋转时的摆动，让我们能够看到通常被认为在月球背对地球那一侧的一块狭窄区域。

天顶（Zenith）：观测者头顶正上方的点（90° 仰角高）。

日冕（Corona）：太阳大气的最外层，由非常稀薄的气体组成。只有在日全食时才能用肉眼观测到。

日食（Eclipse, solar）：当月球正好位于太阳和地球中间，太阳被遮蔽时的现象。在条件有利时，全食可能会持续超过 7 分钟。在日偏食时，太阳不会被完全遮蔽。日环食发生在月球位于其轨道的较远部分，和太阳、地球排成一线时，这时候月球看起来比太阳小，于是黑暗的月亮周围会有一圈日光。严格来说，日“食”是太阳被月球遮住的现象。

太阳日（Day, solar）：太阳连续经过中天子午线的间隔时间平均值。一个太阳日的长度在全年都不同，平均是 24 小时。

太阳风（Solar wind）：来自太阳各个方向的原子粒子流。

太阳黑子（Sunspot）：太阳表面的暗色区域，温度比周围略低。

月食（Eclipse, lunar）：月球通过地球投影的阴影区。月食通常是全食或偏食。有时全食会持续约 1.75 小时，但大部分月食持续时间都较短。

元素（Element）：包含特定数量的质子、中子和电子的原子。

夫琅和费谱线（Fraunhofer lines）：太阳或其他恒星光谱上的黑色吸收谱线，这些谱线由特定元素吸收光而形成，可以用来推断恒星的构成。

中子（Neutron）：不带电荷的基本粒子，存在于原子核内。

中子星（Neutron star）：大质量恒星爆炸成为超新星后的残余物。中子星的质量与太阳类似，但直径大约为 10~20 千米。

柯伊伯带（Kuiper Belt）：海王星的轨道附近，由围绕太阳运动的小天体构成的带状区域。

本星系群（Local group）：星系的集合体，我们的银河系也是其中之一。

白矮星（White dwarf）：耗尽核燃料的很小且密度很高的恒星，属于恒星演变的极晚期。

地平纬度（Altitude）：在天文学中，指物体在地平线上方（有时候是下方）的角度高度。天顶的地平纬度是 90°。

自动运送飞船（Automated Transfer Vehicle）：由欧洲航天局建造发射的无人驾驶货运飞船，任务是为国际空间站提供补给。

宇宙微波背景（Cosmic Microwave Background，缩写为 CMB）：宇宙大爆炸后大约 40 万年产生的微波辐射，当宇宙冷却到足够透明时开始释放。CMB 的微小波动可以让我们了解早期宇宙的温度与密度。

宇宙射线（Cosmic rays）：从外层太空以高速到达地球的粒子，较重的宇宙射线粒子会在进入上层大气时被分裂。

宇宙学（Cosmology）：对整体宇宙的研究。

光年（Light year）：光在一年中前进的距离。

亮度（Luminosity）：天体固有的亮度，与距离远近无关。

光子（Photon）：光的粒子，携带能量但没有静止质量。

光谱学（Spectroscopy）：研究光谱的一门学科，通常有助于研究一个天体的组成成分。

光谱（Spectrum）：一个天体释放出的光的波长或颜色的范围。天体的光谱可以用来推断它的组成成分。

光球层（Photosphere）：太阳或其他恒星的可见表面。

行星（Planet）：一个围绕太阳或其他恒星公转的天体，有足够的质量成为一个球体，并且清除了公转轨道上的其他物质。

行星地球化（Terraforming）：通过调节气候，使另一颗行星或天体适宜人类居住的过程。

二至点（Solstices）：太阳位于大约 23.5° 的最大倾斜角位置的时候，时间约为 6 月 22 日（夏至，此时太阳位于北半球天空）以及 12 月 22 日（冬至，此时太阳位于南半球天空）。

角动量（Angular momentum）：一个物体围绕某一个点或轴自转或旋转的量。它由物体的质量、与轴的距离的平方以及绕点或轴的转动速度三者相乘计算得出。

赤纬（Declination）：天体在天球赤道上方的角距离，相当于地球上测量的纬度。

赤道仪（Equatorial）：可以将望远镜安装在与地球自转轴平行的转轴上的装置。用这样的装置可以只需一根轴的转动（从东向西），让天体保持在视野范围内。

赤经（Right Ascension）：用来表示天球上位置的坐标，类似于地球上的经度。

系外行星（Exoplanet, extra-solar planet）：围绕太阳以外的恒星公转的行星。

伽马射线（Gamma rays）：波长特别短且能量特别高的辐射。

事件视界（Event horizon）：黑洞的“边界”。没有光可以从事件视界中逃逸。

近日点（Perihelion）：行星或其他天体公转轨道上最接近太阳的位置。

氘（Deuterium）：也称重氢，氢元素的同位素，也就是氢元素的变体，它的原子核由一个质子和一个中子组成。

重心 / 质心（Barycentre）：一组天体——如地球和月球，或太阳和其他行星——的重心。以地月系统来说，由于地球的质量是月球的 81 倍，所以重心就位于地球的球体里。

引力波（Gravitational wave）：一种与电磁辐射不同的辐射，由质量的运动引起。引力波会表现为空间的扭曲现象。

星座（Constellation）：星星在天空中形成的图案。任何星座的星星之间其实并没有联系，因为它们与地球的距离不同。

星系（Galaxy）：由恒星、星云以及星际物质组成的系统。很多都是螺旋状的，但并不是全部。

星系团（Galaxy cluster）：一群由引力集结在一起的星系。

星云（Nebula）：太空中由气体和尘埃组成的云，里面会有新的恒星形成。

星际介质（Interstellar medium）：星系中恒星之间的物质，由气体与尘埃组成。

红外辐射（Infrared radiation）：红外辐射波长比可见光长，大约为从 7500 埃到 300 微米。

红巨星（Red giant）：接近生命最后阶段的恒星，会膨胀到原木大小的数十或数百倍。

红移（Redshift）：光的波长被拉伸的现象，可能是由于光源在远离观测者，或是由于光源在远离引力场，或是由于宇宙的膨胀造成的。

恒星日（Day, sidereal）：同一颗恒星连续经过中天子午线，或到达天顶的间隔时间：23 小时 56 分 4.091 秒。这是地球实际的自转时长。

恒星周期（Period, sidereal）：太阳系天体完成公转 1 周的时间。

秒差距（Parsec）：1 秒差距的距离：3.26 光年，26 265 个天文单位，或 30.857 万亿千米。

轨道周期（Period, orbital）：行星或其他天体围绕太阳公转一周的时间周期，或卫星绕主行星公转一周的时间周期。

相对论（Relativity）：爱因斯坦提出的理论，描述高速或是大质量物体运动时的状态。

流星（Meteor）：彗星等小天体的残骸进入地球的大气层时会燃烧，形成流星。

脉冲星（Pulsar）：中子星有非常强的磁场，当中子星绕自转轴旋转时，从磁极释放出的无线电波扫过地球被我们观察到，我们称这样的天体为脉冲星。

凌日（Transit）：一个天体通过更大天体前方时，会挡住部分或全部的光。

造父变星（Cepheid variable）：一种短周期变星，行为很有规律，它的名字出自最早发现的原型恒星造父一（仙王座 δ 星，Delta Cephei）。造父变星在天文学上很重要，因为它们的变化周期与它们的实际亮度之间有关系，所以只要通过纯粹的观测就可以得到它们真正的距离。

球状星团（Cluster, globular）：由成千上万的恒星组成的群体，彼此间因引力而互相束缚。

疏散星团（Cluster, open）：由恒星组成的群体，但这些恒星最后都会分散开来。

彗星（Comet）：一个结冰的小型天体，围绕太阳公转，是行星形成后的剩余物。当彗星接近太阳时，会丢失物质，形成独特的彗尾。

视星等（Magnitude, apparent）：天体在天空中观测到的视亮度。数值越小代表天体视亮度越亮。夜空中最亮的天体是天狼星，视星等是 -1；夜空中肉眼能看到最暗的视星等是 6。太阳的视星等是 -27。

国际空间站（International Space Station）：围绕地球公转的空间站，由美国、俄罗斯、欧洲、日本和加拿大等国合作建造。1998 年开始建造,2011 年完工。

黑洞（Black hole）：一个体积很小但质量非常大的天体，任何东西（包括光）都无法逃脱它的引力。

黄道（Ecliptic）：太阳在星空背景上一年中移动的路径。更准确地说，它是“地球轨道投射在天球上的投影”。行星在天空中运行时会非常接近黄道面。

黄道带（Zodiac）：天空中一条从黄道向两侧延伸的带状区域。在黄道带中，任何时候都可以找到太阳、月球以及行星。（正因如此，太阳系中的这些天体总会落在黄道 13 个星座中的其中一个里。）

黄道光（Zodiacal light）：一道从地平面升起，沿着黄道延伸的圆锥状的光，只有在太阳比地平线略低时才能看见，通常比较朦胧。由接近太阳系主平面的行星间稀薄物质散射太阳光造成。

寻星镜（Finder）：一个视野很广的小望远镜，装备在大望远镜上，专门用于对准观测范围。

绝对星等（Magnitude, absolute）：从距离被观测天体 32.6 光年的地方观测到的天体的视亮度。

超新星（Supernova）：一次巨大的恒星爆炸，可能与双星系统中白矮星的彻底爆炸，或非常巨大的恒星崩塌有关。

经纬仪（Alt-Az mount）：一个可以对准地平线的望远镜架台，安装在上面的望远镜可以自由地向任何方向转动。

中微子（Neutrino）：类似电子的基本粒子，但不带电荷，质量也非常小。中微子很难测量，因为它们和物质没有强烈的相互作用。

极光（Aurorae）：更明确的说法是北极光与南极光。它们会出现在地球的上层大气中，由太阳释放的带电粒子引起。

暗能量（Dark energy）：一种能量形式，宇宙中超过 2/3 能量密度由这种能量贡献，看起来也是它造成了宇宙在以不断增加的速度膨胀。

暗物质（Dark matter）：不会释放、吸收或散射光的物质，只能通过它对其他物体产生的引力影响才能观测到它。

褐矮星（Brown dwarf）：小型恒星，质量不到太阳的 1/12，但却是木星质量的 13 倍以上。褐矮星的核心无法维持氢元素的核聚变，但可以燃烧氘。

矮行星（Dwarf planet）：太阳系中和行星一样围绕太阳运行，但比行星小很多的天体。最著名的矮行星就是冥王星。

电子（Electron）：原子的一部分，是带负电荷的基本粒子。

等离子体（Plasma）：电离气体，通常温度非常高。太阳的表面由等离子体构成，早期宇宙也是。

逃逸速度（Escape velocity）：物体在没有任何外来推进力的情况下，为了逃离行星或其他天体表面所需的最低速度。

岁差（Precession）：旋转的天体（如行星）自转轴的偏移现象。

银河系晕（Halo, galactic）：位于星系主要部分周围的球状云体。主要由暗物质组成，但也包括一些数量相对较少的恒星。

欧洲航天局（European Space Agency，缩写为ESA）：一个为欧洲各国在太空研究与科技方面提供合作的协议组织。

奥尔特云（Oort cloud）：一个假想的布满彗星的球壳层，在距离约1光年的位置环绕着太阳。

质子（Proton）：一个基本的粒子，带有正电荷，存在于原子的原子核内。氢原子的原子核由一个质子组成。

卫星（Satellite）：围绕行星等天体公转的天然或人造物体。

多普勒效应（Doppler effect）：发光天体相对于观察者移动，其发出的光在波长上产生显著变化的现象。

远日点（Aphelion）：行星或其他天体在公转轨道上与太阳距离最远的位置。

双星（Binary star）：由两颗恒星组成的恒星系统，两颗恒星相互关联，围绕相同的质心运动。两颗恒星可以是相距非常遥远，公转周期长达数百万年的可鉴别双星；两者也可以非常接近，几乎可以互相接触，公转周期不到半小时。如果是很近的一对双星，从图像上来看很难分辨双星系统中的这两个成分，必须用光谱学的方法才能探测到。

陨石（Meteorite）：从太空降落到地球的固态物体。大多数陨石都来自小行星带。

滤光片（Filter）：在天文学中，一种只允许特定波长的光通过的装置。滤光片可以是“宽带”，例如，允许红光波长范围的光通过；也可以是“窄带”，只允许小范围波长的光通过，通常限于特定元素发出的波长范围。

离子（Ion）：失去或得到一个或一个以上电子的原子，所以可能带一个正电荷或一个负电荷。

电离作用（Ionisation）：原子中增加或减少电子的过程，通常由辐射的放射或吸收造成。

类天体（Quasar）：一个非常强大、遥远又活跃的星系核心，也可以用QSO（quasi-stellar object）来表示。

变星（Variable stars）：亮度在短时间内会变化的恒星，有很多种类型。

参考文献

本书中引用学术论文的格式原则如下：期刊名用斜体，卷用粗体；作者（年）、期刊名、卷（期）、页：“标题”。

观测

16 页 Q013: Large Binocular Telescope Observatory website: www.lbto.org
22 页 Q019: JPL small-body database browser: http://ssd.jpl.nasa.gov/sbdb.cgi
25 页 Q023: British Astronomical Society webpage: http://www.britastro.org/dark-skies/bestukastrolocationmap1.html
32 页 Q031: Antikythera Mechanism Research Project website: http://www.antikythera-mechanism.gr/

延伸阅读

British Astronomical Association website: http://britastro.org
Ian Ridpath (ed.), *Norton's Star Atlas and Reference Handbook* (20th edn., Addison Wesley, 2003)
Stellarium, freely downloadable planetarium software available from www.stellarium.org

月球

59 页 Q059: Hartung (1976) *Meteoritics* **11** (3), 187: 'Was the formation of a 20-km diameter impact crater on the Moon observed on June 18, 1178?'
61 页 Q061: Jutzi and Asphaug (2011) *Nature* **476**, 69: 'Forming the lunar farside highlands by accretion of a companion moon'

延伸阅读

Lunar Reconnaissance Orbiter website: http://www.nasa.gov/lro Patrick Moore, *Patrick*

Moore on the Moon (Cassell Illustrated, 2006)

太阳系

71 页 Q070: McDonaugh (2001) *International Geophysics* **76**, 3: 'Chapter 1. The composition of the Earth'
71 页 Q070: Professor Alan Fitzsimmons, BBC *Sky at Night*, episode 700
73 页 Q071: Professor Alan Fitzsimmons, BBC *Sky at Night*, episode 700
76 页 Q075: Professor Alan Fitzsimmons, BBC *Sky at Night*, episode 700
79 页 Q077: Dr Lucie Green, BBC *Sky at Night*, episode 700
80 页 Q079: Dr Lucie Green, BBC *Sky at Night*, episode 700
81 页 Q080: Dr Lucie Green, BBC *Sky at Night*, episode 700
92 页 Q095: Edberg et al. (2010) *Geophysical Research Letters* **37**, L03107: 'Pumping out the atmosphere of Mars through solar wind pressure pulses'
90 页 Q092: Professor Alan Fitzsimmons, BBC *Sky at Night*, episode 700
94 页 Q097: Professor Alan Fitzsimmons, BBC *Sky at Night*, episode 700
94 页 Q098: NASA Planetary Data System Standards Reference, Chapter 2: Cartographic Standards: http://pds.nasa.gov/tools/ standardsreference.shtml
96 页 Q100: Sheppard and Jewitt (2003) *Highlights of Astronomy*
13, 898: 'The Abundant Irregular Satellites of the Giant Planets'
98 页 Q101: Kerr (2008) *Science* **319**, 21: 'Saturn's Rings Look Ancient Again'
98 页 Q101: Poulet et al. (2003) *Astronomy and Astrophysics* 412, 305: 'Compositions of Saturn's rings A, B, and C from high resolution near-infrared spectroscopic observations'
99 页 Q104: Porco et al. (2005) *Science* **307**, 1226: 'Cassini Imaging Science: Initial Results on Saturn's Rings and Small Satellites' *p123 (Nigel Asher)*: Planetary Society blog post: http:// planetary.org/blog/ article/00002471/
100 页 Q105: Soderbolm et al. (2010) *Icarus* **208**, 905: 'Geology of the Selkcrater region on Titan from Cassini VIMS observations'
100 页 Q106: Cornet et al. (2011) *LPI Science Conference Abstracts* **42**, 2581: 'Geology of Ontario Lacus on Titan: Comparison with a Terrestrial Analog, the Etosha Pans (Namibia)'
101 页 Q107: Professor Alan Fitzsimmons, BBC *Sky at Night*, episode 700
103 页 Q108: Professor Alan Fitzsimmons, BBC *Sky at Night*, episode 700
104 页 Q110: Morbidelli (2005) 'Origin and Dynamical Evolution of Comets and their Reservoirs' http://arxiv.org/abs/astro-ph/0512256 *p129 (Roy Jackson)*: USNO website: http:// aa.usno.navy.mil/faq/docs/ minorplanets.php
105 页 Q111: IAU Resolution B5 (2006) 'Definition of a planet in our Solar System'
105 页 Q111: IAU Resolution B6 (2006) 'Pluto'

106 页 Q112: Sedna: http://www.gps.caltech.edu/~mbrown/ sedna/
106 页 Q112: Sagan and Khare (1979) *Nature* **207**, 102: 'Tholins: organic chemistry of interstellar grains and gas'
106 页 Q112: Barucci et al. (2005) *Astronomy and Astrophysics*
439, L1: 'Is Sedna another Triton?'
108 页 Q114: Universe Today article: http://www.universetoday. com/14486/2012-no-planet-x/
110 页 Q117: Q61 Genda and Ikoma (2008) *Icarus* **194**, 42: 'Origin of the ocean on the Earth: Early evolution of water D/H in a hydrogen-rich atmosphere'
110 页 Q117: Callahan et al. (2011) *PNAS* **108** (34), 13995: 'Carbonaceous meteorites contain a wide range of extraterrestrial nucleobases'
110 页 Q117: http://www.nasa.gov/topics/solarsystem/features/ dna-meteorites.html
110 页 Q117: Hartogh et al. (2011) *Nature* **478**, 218-220: 'Ocean- like water in the Jupiter-family comet 103P/Hartley 2'
111 页 Q118: Drouart et al. (1999) *Icarus* **140**, 129: 'Structure and Transport in the Solar Nebula from Constraints on Deuterium Enrichment and Giant Planets Formation'
111 页 Q119: Sekanina (1968) *Bulletin of the Astronomical Institutes of Czechoslovakia* **19**, 343: 'A dynamic investigation of Comet Arend-Roland 1957 III'
111 页 Q119: Marsden (1970) *Astronomical Journal* **75** (1), 75: 'Comets and nongravitational forces III'
112 页 Q120: Mainzer et al. (2011) *Astrophysical Journal* **743** (2), 156: 'NEOWISE Observations of Near-Earth Objects: Preliminary Results'
115 页 Q125: USGS website: http://pubs.usgs.gov/gip/geotime/ age.html
116 页 Q126: NASA Science website: http://science.nasa.gov/science- news/science-at-nasa/2003/29dec_magneticfield/
118 页 Q128: W. McDonough 'The composition of the Earth', Chapter 1 in Earthquake Thermodynamics and Phase Transformation in the Earth's Interior, Volume 76 (2000), available online: quake.mit.edu/ hilstgroup/CoreMantle/EarthCompo.pdf
119 页 Q129: Thommes, Duncan and Levison (2003) *Icarus*
161, 431: 'Oligarchic growth of giant planets'
119 页 Q129: Thommes, Duncan and Levison (1999) *Nature* **402**, 635: 'The formation of Uranus and Neptune in the Jupiter±Saturn region of the Solar System'
119 页 Q129: Scientific American Blog: http://blogs. scientificamerican.com/basic-space/2011/07/26/jupiter-sneaked-up-on- asteroid-belt-then-ranaway/
120 页 Q131: Schroeder and Smith (2008) *MNRAS* **386**, 155: 'Distant future of the Sun and Earth revisited'
120 页 Q131: Villaver and Livio (2007) *Astrophysical Journal*
661, 1192: 'Can planets survive stellar evolution?'
121 页 Q132: Professor Alan Fitzsimmons, BBC *Sky at Night*, episode 700

延伸阅读

Cassini Solstice Mission website: http://saturn.jpl.nasa.gov

Patrick Moore, *Mission to the Planets: The Illustrated Story of Man's Exploration of the Solar System* (Cassell Illustrated, 1995)
Solar Dynamics Observatory website: http://sdo.gsfc.nasa.gov Voyager website: http://voyager.jpl.nasa.gov

恒星和星系

130 页 Q137: Galaxy Map: http://galaxymap.org
140 页 Q149: Herschel Space Observatory: http:// herscheltelescope.org.uk and http://www.esa.int/herschel
154 页 Q167: Lord Martin Rees, BBC *Sky at Night*, episode 700
159 页 Q172: Lintott et al. (2009) *MNRAS* **399**, 129: 'Galaxy Zoo: "Hanny's Voorwerp", a quasar light echo?'

延伸阅读

John Bally and Bo Reipurth, *The Birth of Stars and Planets* (Cambridge University Press, 2006)
ESA's Hubble website: http://spacetelescope.org Galaxy Zoo: http://www.galaxyzoo.org
Patrick Moore and Robin Rees, *Patrick Moore's Data Book of Astronomy*

(2nd edn., Cambridge University Press, 2011)

宇宙学

166 页 Q176: Lord Martin Rees, BBC *Sky at Night*, episode 700

169 页 Q178: Kogut et al. (1993) *Astrophysical Journa*l **419**,

1: 'Dipole Anisotropy in the COBE Differential Microwave Radiometers First-Year Sky Maps'
173 页 Q180: John A. Peacock, *Cosmological Physics*

(Cambridge University Press, 1998)

173 页 Q180: John A. Peacock (2008) 'A diatribe on expanding space' http://arxiv.org/abs/0809.4573
173 页 Q180: Francis et al. (2007) PASA **24** (2), 95: 'Expanding Space: the Root of all Evil?'
176 页 Q181: Cooperstock, Faraoni and Vollick (1998) *Astrophysical Journal* **503**, 61: 'The Influence of the Cosmological Expansion on Local Systems'
177 页 Q182: Reiss et al. (1998) *Astronomical Journal* **116**, 100: 'Observational Evidence

from Supernovae for an Accelerating Universe and a Cosmological Constant'
177 页 Q182: Perlmutter et al. (1999) *Astrophysical Journal* **517**, 565: 'Measurements of Omega and Lambda from 42 High-Redshift Supernovae'
185 页 Q190: Ned Wright's Cosmology Calculator: http://www.astro.ucla.edu/~wright/CosmoCalc.html
188 页 Q193: National Solar Observatory webpage: http://www.cs.umass. edu/~immerman/stanford/universe.html
189 页 Q195: Penzias and Wilson (1965) *Astrophysical Journal* **142**, 419: 'A Measurement of Excess Antenna Temperature at 4080 Mc/s'
195 页 Q199: Lord Martin Rees, BBC *Sky at Night*, episode 700
196 页 Q202: Steven Weinberg, *The First Three Minutes: A Modern View of the Origin of the Universe* (Basic Books, 1993)
204 页 Q207: Lord Martin Rees, BBC *Sky at Night*, episode 700
206 页 Q208: Rubin, Ford and Thonnard (1980) *Astrophysical Journal* **238**, 471: 'Rotational properties of 21 SC galaxies with a large range of luminosities and radii, from NGC 4605 (R = 4kpc) to UGC 2885 (R = 122 kpc)'
206 页 Q208: Zwicky (1937) *Astrophysical Journal* **86**, 217: 'On the Masses of Nebulae and of Clusters of Nebulae'
208 页 Q211: Clowe et al. (2006) *Astrophysical Journal* **648**, 109: 'A Direct Empirical Proof of the Existence of Dark Matter'
208 页 Q211: Markevitch et al. (2004) *Astrophysical Journal* **606**, 819: 'Direct Constraints on the Dark Matter Self-Interaction Cross Section from the Merging Galaxy Cluster 1E 0657- 56'
211 页 Q213: LHC: CERN Brochure 'LHC: The Guide' http:// cdsweb.cern.ch/record/1092437/files/
211 页 Q213: Professor Brian Cox, BBC *Sky at Night*, episode 700
213 页 Q215: Square Kilometre Array website: http://www. skatelescope.org
219 页 Q219: Adams and Laughlin (1997) *Reviews of Modern Physics* **69** (2), 337: 'A dying universe: the long-term fate and evolution of astrophysical objects'

延伸阅读

Professor Peter Coles's blog 'In the Dark': http://telescoper.wordpress.org John Gribbin, In search of Schrodinger's Cat: Quantum Physics and Reality (revised edn., Black Swan, 2012)
Steven Weinberg, *The First Three Minutes: A Modern View of the Origin of the Universe* (Basic Books, 1993)
WMAP website: http://wmap.gsfc.nasa.gov

其他的世界

226 页 Q224: Direct Imaging: Marois et al. (2008) *Science* **322**, 1348: 'Direct Imaging of Mul-

tiple Planets Orbiting the Star HR 8799'
228 页 Q227: Dr Lewis Dartnell, BBC *Sky at Night*, episode 700
228 页 Q227: Borucki et al. (2011): 'Kepler-22b: A 2.4 Earth- radius Planet in the Habitable Zone of a Sun-like Star': http://arxiv.org/ abs/1112.1640
228 页 Q227: Fressin et a. (2011) 'Two Earth-sized planets orbiting Kepler-20': http://arxiv.org/abs/1112.4550
233 页 Q230: Dr Lewis Dartnell, BBC *Sky at Night*, episode 700
236 页 Q233: Vogt et al. (2010) *Astrophysical Journal* **723**, 954: 'The Lick- Carnegie Exoplanet Survey: A 3.1 M_Earth Planet in the Habitable Zone of the Nearby M3V Star Gliese 581'
236 页 Q233: Anglada-Escudé and Dawson (2010) arXiv pre-print: 'Aliases of the first eccentric harmonic : Is GJ 581g a genuine planet candidate?': http://arxiv.org/abs/1011.0186
238 页 Q236: Habitable Planet: Kaltenegger, Udry and Pepe (2011) 'A Habitable Planet around HD 85512': http://adsabs.harvard.edu/ abs/2011arXiv1108.3561K

延伸阅读

The Extrasolar Planets Encyclopaedia: http://exoplanet.eu NASA Kepler website: http://kepler.nasa.gov
Fabienne Casoli and Thérèse Encrenaz, *The New Worlds: Extrasolar Planets* (Springer, 2007)

人类的太空探索

239 页 Q245:Astronaut biographies http://www11.jsc.nasa.gov/Bios/
252 页 Q250: Piers Sellers, BBC *Sky at Night*, episode 700
254 页 Q253: Piers Sellers, BBC *Sky at Night*, episode 700
255 页 Q254: NASA Astronaut Selection and Training http://spaceflight. nasa.gov/shuttle/reference/factsheets/asseltrn.html
256 页 Q256: Piers Sellers, BBC *Sky at Night*, episode 700
256 页 Q257: ESA's ATV website: http://www.esa.int/atv
259 页 Q259: Piers Sellers, BBC *Sky at Night*, episode 700
270 页 Q278: Professor David Southwood, BBC *Sky at Night*, episode 700

延伸阅读

NASA International Space Station website: http://www.nasa.gov/station NASA Orbital Debris website: http://orbitaldebris.jsc.nasa.gov

太空任务

278 页 Q285: National Goegraphic 'Fifty Years of Exploration': http://books.nationalgeographic.com/map/map-day/2009/10/29
281 页 Q287: Professor David Southwood, BBC *Sky at Night,* episode 700
289 页 Q293: JAXA Ikaros website: http://www.jspec.jaxa.jp/e/ activity/ikaros.html
289 页 Q293: NASA Dawn website: http://dawn.jpl.nasa.gov
293 页 Q294: Venera 13 webpage: http://nssdc.gsfc.nasa.gov/nmc/ masterCatalog.do?sc=1981-106D
296 页 Q297: New Horizons website: http://www.nasa.gov/ newhorizons/
298 页 Q298: Deep Impact webpage: http://www.nasa.gov/ deepimpact
299 页 Q301: Benefits of the Space Program: http://techtran.msfc. nasa.gov/at_home.html

延伸阅读

Patrick Moore, *Mission to the Planets: The Illustrated Story of Man's Exploration of the Solar System* (Cassell Illustrated, 1995)
NASA's Voyager website: http://voyager.jpl.nasa.gov

异闻与未解之谜

302 页 Q302: NASA WMAP website: http://wmap.gsfc.nasa.gov
304 页 Q303: Romer and Cohen (1940) *Isis* **31**, 328: 'Roemer and the First Determination of the Velocity of Light (1676)'
304 页 Q303: Bradley (1729) *Philosophical Transactions of the Royal Society of London* **35**, 637: 'Account of a new discovered Motion of the Fix'd Stars'
304 页 Q303: Resolution 1 of the 17th meeting of the CGPM http://www.bipm.org/en/CGPM/db/17/1/
311 页 Q314: Professor Brian Cox and Lord Martin Rees, BBC
Sky at Night, episode 700
313 页 Q319: Hulse and Taylor (1975) *Astrophysical Journal* **195**, L51: 'Discovery of a pulsar in a binary system'
313 页 Q319: Taylor, Fowler and McCullock (1979) *Nature*
277, 437: 'Measurements of general relativistic effects in the binary pulsar PSR1913+16'
313 页 Q319: Nobel Prize website: http://www.nobelprize. org/nobel_prizes/physics/laureates/1993/press.html
320 页 Q329: Lord Martin Rees, BBC *Sky at Night*, episode 700
320 页 Q330: Fabbiano et al. (2011) *Nature* **477**, 431: 'A close nuclear black-hole pair in the spiral galaxy NGC3393'

323 页 Q333: The Bible, New Revised Standard Version (1989)
323 页 Q333: Patrick Moore, *The Star of Bethlehem* (Canopus Publishing Limited, 2001)

延伸阅读

Jim Al-Khalili, Black Holes, *Wormholes and Time Machines* (2nd edn., Taylor & Francis, 2012)
Russell Stannard, *The Time and Space of Uncle Albert* (Faber and Faber, 2005)

帕特里克·摩尔与《仰望夜空》

340 页 Q352: Gertrude L. Moore, *Mrs Moore in Space* (Creative Monochrome, 2002)
342 页 Q357: Nobel Prize website: http://www.nobelprize.org

延伸阅读

Patrick Moore, *80 Not out: The Autobiography* (Contender Books, 2003)

致谢

写这类书都具有惊人的挑战性，因为非常容易出现粗心的错误。但就我们所知，本书中并没有出现这类错误，这都要归功于完成本书的编辑与设计小组。本书源自《仰望夜空》第 700 集节目，节目在整个团队的努力下获得了巨大的成功。我要特别感谢简 · 西格（Jane Segar，原名简 · 弗莱彻）为节目与本书付出的努力。如果没有她，这本书不知什么时候才能问世。

就节目本身而言，定期与摩尔爵士出现在屏幕上的还有克里斯 · 林托特博士、保罗 · 阿贝尔（Paul Abel）、皮特 · 劳伦斯（Pete Lawrence）以及诺斯博士。不过节目的成功关键，是所有与我们分享他们的专业研究或业余天文活动等工作的来宾。在第 700 集节目中，我们很幸运地邀请到刘易斯 · 达特内尔博士（Dr Lewis Dartnell）、艾伦 · 菲茨西蒙斯教授（Prof. Alan Fitzsimmons）、露西 · 格林博士、布莱恩 · 梅博士（Dr Brian May）、皇家天文学家里斯博士（Astronomer Royal Lord Rees）以及大卫 · 怀特豪斯教授（Prof. David Whitehouse），更不能忘记我们的问题大师乔恩 · 卡尔肖（Jon Culshaw）。

《仰望夜空》的制作团队不大，预算更是不多，所以我们“瞄准”了必要的人才，才能完成节目。在幕后，我们依靠执行制片人比尔 · 莱昂斯（Bill Lyons），以及来自 BBC 伯明翰办公室的制作团队：Linda Flavell、Tracey Bagley、Leena Marwaha、Gemma Wooton、Stella

Stylianos、Natalie Breeden、Keaton Stone和Tom Prentice。当然，也不能忘记摄影、灯光以及音效团队——Rob Hawthorn、Rob Lacey、Martin Huntley和Andy Davis——他们每月都会把摩尔的书房变成一间摄影棚。接着要感谢技艺高超的各位编辑，尤其是Matthew Jinks、Stephen Killick、Martin Dowell和Simon Prentice，他们将过去几个月的节目拼凑在一起，并纠正了我们的失误和错误！

我们也非常感谢帮忙检查事实准确度的读者，特别是Paul Abel、Alan Fitzsimmons、Edward Gomez、Will Grainger、Pete Lawrence、Chris Lintott、Stuart Lowe、Derry North以及Gabi North。

特别感谢每一位慷慨提供精美照片与优质插图给我们使用的人，如果没有他们，《仰望夜空》和这本书都不可能如我们期望的那样成功。

图片提供

BBC 出版社（BBC Books）感谢以下提供照片并允许复制版权素材的个人及团体。我们已尽一切努力查询并确认版权所有者，如有任何错误或疏漏，谨此致歉。

前言　Patrick Moore
第3页　Richard Palmer Graphics
第8页　Ralf Vandenbergh
第13页　Richard Palmer Graphics
第17页　Photo courtesy of Aaron Ceranski and the Large Binocular Telescope Observatory (The LBT is an international collaboration among institutions in the United States, Italy and Germany)
第19页　Patrick Moore
第20页　Patrick Moore
第24页　Stewart Watt
第29页　Anthony Wesley
第43页　Jamie Cooper
第46页　Richard Palmer Graphics
第49页　Richard Palmer Graphics
第53页　Alan Clitherow
第61页　Julian Cooper
第69页　Richard Palmer Graphics
第75页　NASA/NSSDC Photo Gallery
第82页　NASA
第97页　NASA/JPL/Space Science Institute

第102页 NASA/JPL/Space Science Institute

第104页 NASA/JPL

第126页 Richard Palmer Graphics

第131页 NASA/JPL-Caltech

第160页 M. Blanton and the Sloan Digital Sky Survey (SDSS) Collaboration, www.sdss.org

第167页 Richard Palmer Graphics

第174页 Smithsonian Astrophysical Observatory/Gellar & Huchra (1989)

第175页 Richard Palmer Graphics

第193页 Richard Palmer Graphics

第253页 NASA (Image ID number AS17-148-22727)

第257页 STS-119 Shuttle Crew/NASA

第288页 Richard Palmer Graphics

第290页 Richard Palmer Graphics

第294页 NASA (Image ID number: YG06847)

第311页 Richard Palmer Graphics

第315页 NASA, N. Benitez (JHU), T. Broadhurst (The Hebrew University), H. Ford (JHU), M. Clampin (STScI), G. Hartig (STScI), G. Illingworth (UCO/Lick Observatory), the ACS Science Team and ESA

第328页 NASA/Mars Global Surveyor

第331页 BBC Books

第332页 Adrian Janetta

第336页 Patrick Moore

第338页 Patrick Moore

第340页 Patrick Moore

索引

A

B

C

D

E

F

G

H

I

J

K

L

M

N

N

O

P

Q

R

S

T

W

X

Y

Z

图书在版编目 (CIP) 数据

当我们仰望夜空时，BBC 和那些科学家们都在想什么？ /（英）帕特里克·摩尔 (Patrick Moore),（英）克里斯·诺斯 (Chris North) 著；钟沛君译 .-- 北京：科学技术文献出版社，2020.9

书名原文：The Sky at Night: Answers to Questions from Across the Universe

ISBN 978-7-5189-6888-6

Ⅰ.①当… Ⅱ.①帕… ②克… ③钟… Ⅲ.①宇宙—普及读物 Ⅳ.① P159-49

中国版本图书馆 CIP 数据核字 (2020) 第 121196 号

著作权合同登记号：01-2020-3553

Acknowledgement: This book is published to accompany the BBC series

当我们仰望夜空时，BBC 和那些科学家们都在想什么？

策划编辑：王黛君　责任编辑：王黛君　宋嘉婧　责任校对：张永霞　责任出版：张志平

出 版 者　科学技术文献出版社
地　　址　北京市复兴路 15 号　邮编 100038
编 务 部　（010）58882938，58882087（传真）
发 行 部　（010）58882868，58882870（传真）
邮 购 部　（010）58882873
官方网址　www.stdp.com.cn
发 行 者　科学技术文献出版社发行　全国各地新华书店经销
印 刷 者　嘉业印刷（天津）有限公司
版　　次　2020 年 9 月第 1 版　2020 年 9 月第 1 次印刷
开　　本　710×1000　1/16
字　　数　400 千
印　　张　25.75
书　　号　ISBN 978-7-5189-6888-6
定　　价　89.90 元